准噶尔盆地致密砾岩储层测井评价技术及应用

甘仁忠 毛新军 张 浩 等著

石油工业出版社

内 容 提 要

作为国内最早发现的砾岩油田,准噶尔盆地中央坳陷玛湖凹陷斜坡带三叠系底界区域不整合面上下砾岩储层获得了巨大的油气发现。然而,砾岩储集体为多期次发育,其内部地质结构和油水关系十分复杂,现有岩石物理实验和测井处理解释方法适用性差。本书针对制约准噶尔盆地砾岩油气勘探与开发的关键问题,以准噶尔盆地玛湖凹陷二叠系—三叠系砾岩储层为研究对象,围绕砾岩储层特征、岩石物理实验、储层识别、储层参数评价及储层分类,将大量生产实践案例与理论研究相结合,形成了一系列砾岩储层测井评价技术和研究成果。

本书可供从事砾岩储层研究、测井技术的科研人员阅读,也可作为高等院校相关专业师生参考用书。

图书在版编目(CIP)数据

准噶尔盆地致密砾岩储层测井评价技术及应用 / 甘仁忠等著. -- 北京:石油工业出版社,2025.3.
ISBN 978-7-5183-6924-9
Ⅰ. TE343
中国国家版本馆 CIP 数据核字第 20244MA171 号

出版发行:石油工业出版社
 (北京安定门外安华里 2 区 1 号楼 100011)
 网　　址:www.petropub.com
 编辑部:(010)64523708
 图书营销中心:(010)64523633
经　　销:全国新华书店
印　　刷:北京中石油彩色印刷有限责任公司

2025 年 3 月第 1 版 2025 年 3 月第 1 次印刷
787×1092 毫米　开本:1/16　印张:15
字数:380 千字

定价:120.00 元
(如出现印装质量问题,我社图书营销中心负责调换)
版权所有,翻印必究

《准噶尔盆地致密砾岩储层测井评价技术及应用》编写组

甘仁忠　毛新军　张　浩

袁　超　牟立伟　王　亮

前言 | Preface

准噶尔盆地是国内最早发现的砾岩盆地。中国石油新疆油田公司经过半个世纪的不懈努力，在准噶尔盆地中央坳陷玛湖凹陷斜坡带三叠系底界区域不整合面上下（三叠系百口泉组、二叠系乌尔禾组），砾岩储层获得了巨大的油气发现。2012年钻探证实了玛北斜坡具备大面积连片成藏的地质条件，勘探潜力巨大。2013年4月9日，部署在玛北斜坡的玛15井经压裂日产原油10.21m^3，日产气14651m^3。2013年4月21日，位于玛湖凹陷南斜坡的重点风险探井玛湖1井在试油过程中自喷原油48m^3。由"玛北斜坡区"和"玛湖凹陷南斜坡"构成的"玛湖凹陷斜坡区"勘探取得的一系列突破，给整个玛湖凹陷斜坡区三叠系、二叠系近5000km^{2}有利区域的油气勘探工作注入巨大的动力。目标区为典型的扇三角洲沉积，砂体类型多，岩性以砾岩为主。砾岩储集体为多期次发育，多次沉积形成，其内部地质结构和油水关系十分复杂。沉积特征在平面上表现为沉积相带变化快，沉积体互相叠加成藏；纵向上砾岩体沉积厚度变化大，岩相变化快，砾岩、泥质砂砾及泥岩等多种岩层交替出现，形成了不同岩石间的互层，岩层间的物性和含油性差异大，岩层单层沉积厚度有时非常薄，远远低于大多数的测井响应分辨率。目前采用的测井方法和解释处理方法都难以适用，其主要技术难点包括：

（1）砾岩储层物性实验技术适应性差，"岩心刻度测井"的基本原则遇到挑战。

（2）储层岩性成分复杂，骨架参数变化大，黏土矿物对砾岩储层品质影响较大，但缺乏有效的黏土含量计算方法。

（3）基于常规测井优选油、水敏感曲线交会，识别流体类型及含水饱和度的计算遇到挑战，油层解释符合率不高。

（4）物性条件差，粒度变化大，孔隙结构复杂，产能变化大，有效储层分类识别困难。

（5）作为复杂岩性储层评价的"杀手锏"技术，核磁共振测井在砾岩储层应用中面临核磁解释孔隙度的精度不高，常规转换毛细管压力计算饱和度的方法无法有效实现等问题。

针对上述制约砾岩油气勘探与开发的技术瓶颈，新疆油田公司联合国内多所高校研究团队开展技术攻关，形成了一系列砾岩储层测井评价技术和研究成果。本书以准噶尔盆地玛湖凹陷二叠系—三叠系砾岩储层为研究对象，通过创新实验方法，在梳理储层特征差异基础上，从岩性、物性、流体性质、储层有效性等方面探讨了砾岩储层测井评价的研究方法和成果，着重介绍了含沥青、含浊沸石和超压等特殊砾岩储层测井评价应用实例，以期为支撑准噶尔盆地后续勘探、油藏开发需求，深化砾岩储层测井评价方法研究提供有益借鉴。

本书共有八个章节，具体分工如下。甘仁忠负责撰写本书绪论和第一章，毛新军负责撰写第二章、第三章，张浩负责撰写第四章、第五章，袁超负责撰写第六章，牟立伟负责撰写第七章，王亮负责撰写第八章。全书由甘仁忠、毛新军统稿和定稿。在编写过程中得到中国石油天然气股份有限公司新疆油田分公司宋永、郭旭光、唐勇、雷德文、王绪龙等领导和专家的大力支持，罗兴平、黄卫东、王先虎、王刚、毛锐、房涛、蒋勇、樊海涛、申子明、周炬锋、于潇潇等参与编写，在此深表感谢。

学无止境，道阻且长。砾岩储层测井评价研究周期长，资料繁杂，限于笔者水平，本书难免存在不足和谬误，敬请读者批评指正。

目录 | Contents

第一章　绪论 ··· 1
- 第一节　国内外研究现状 ··· 1
- 第二节　勘探开发简况 ··· 6
- 第三节　测井评价难题 ··· 7
- 参考文献 ··· 10

第二章　地质概况及砾岩储层特征 ··· 16
- 第一节　玛湖凹陷区域地质概况 ··· 16
- 第二节　玛湖凹陷砾岩储层特征 ··· 34
- 参考文献 ··· 39

第三章　砾岩储层岩石物理实验 ··· 41
- 第一节　高含黏土低渗透砾岩有效孔隙度实验 ··· 41
- 第二节　沥青溶解实验 ··· 51
- 第三节　变孔隙压力岩石物理实验 ··· 54
- 参考文献 ··· 58

第四章　砾岩储层岩性测井识别 ··· 60
- 第一节　砾岩储层岩石学特征 ··· 60
- 第二节　常规测井识别岩性 ··· 63
- 第三节　成像测井自动识别岩性 ··· 75
- 参考文献 ··· 83

第五章　砾岩储层参数测井评价方法 ··· 85
- 第一节　黏土含量定量表征 ··· 85
- 第二节　孔隙度定量表征 ··· 89
- 第三节　渗透率定量表征 ··· 96

  第四节 含油饱和度定量表征 ··· 108
 参考文献 ··· 131

第六章 砾岩储层流体性质测井识别 ·· 132
  第一节 常规测井流体性质识别方法 ··· 132
  第二节 核磁共振测井流体性质识别方法 ······································ 144
  第三节 物性约束下的录井、测井多因素流体性质识别方法 ··········· 147
 参考文献 ··· 152

第七章 砾岩有效储层物性下限及储层分类 ····································· 153
  第一节 砾岩有效储层物性下限 ·· 153
  第二节 致密砾岩储层分类 ·· 159
 参考文献 ··· 172

第八章 砾岩储层测井评价应用实例 ·· 174
  第一节 含沥青砾岩储层测井评价 ··· 174
  第二节 含浊沸石砾岩储层测井评价 ·· 188
  第三节 超压砾岩储层测井评价 ··· 219
 参考文献 ··· 227

第一章 绪　　论

随着世界范围内能源需求的不断攀升，以致密油（气）、页岩油（气）、煤层气等为代表的非常规油气藏逐渐成为全球油气勘探的热点。致密砾岩油气藏作为典型非常规、隐蔽油气藏，在全球范围有着广泛分布。自1934年在阿根廷Cuyo盆地发现世界首个砾岩油田——Tupungato油田[1]，至今已有近百年的勘探开发历史。其后，美国堪萨斯州加菲尔德、阿拉斯加州库克湾盆地、加拿大西部盆地Pembina油田[2]、巴西Sergipe-Alagoas盆地[3]、英国North Sea盆地[4-5]不断有砾岩油藏发现。国内最早发现的砾岩油田为西北部准噶尔盆地的克拉玛依油田，在东北松辽盆地徐家围子断陷下白垩统[6-7]、东部渤海湾盆地济阳坳陷的古近系沙河街组[7-8]、北部二连盆地梦林油田的白垩系阿尔善组河流—洪积扇沉积[9]和塔里木盆地库车地区古近系、白垩系和侏罗系[10]也陆续发现了不同规模的砾岩油气藏，展现出巨大的开发潜力。

第一节　国内外研究现状

砾岩油藏具有致密油藏的一般特征，即覆压基质渗透率通常小于0.1mD，微纳米孔喉发育，单井一般无自然产能[11]。同时，由于砾岩主要形成于快速、不稳定、强水流的冲积扇、洪积扇和扇三角洲等近物源沉积体系，所形成的储层岩性更为复杂，骨架颗粒粒级发育广泛，涵盖了由细砂岩到粗砾岩的不同范围。由于母岩矿物成分复杂，常规碎屑岩与火山碎屑沉积共存，加上后期多种成岩综合作用，使得致密砾岩储层具有岩石成熟度低、物性差异大、非均质性更强和横向变化快等特点，导致砾岩储层测井曲线响应特征较一般致密砂岩油藏更为复杂，储层测井评价难度大。

作为当前和未来一段时间内重要的非常规油气接续资源，国内外研究人员围绕砾岩储层岩性识别、孔隙结构表征、流体识别、储层分类等方面开展了大量的研究工作。

一、岩性识别

岩性识别是测井评价的第一步，也是后续表征储层孔隙结构、储层有效性评价及建立储层参数定量解释模型的基础。通常采用常规测井、特殊测井及数学统计方法开展岩性识别。

1. 常规测井岩性识别方法

常规测井法识别岩性主要基于"岩心刻度测井"，通过筛选能反映不同岩性差异的测井曲线构建各种类型的交会图版达到识别岩性的目的。对于岩石类型多样的复杂砾岩储层，往往需要采用多级交会图，再细致分析不同岩石类型测井响应特征及差异的内在成因，确定各岩石类型在不同测井交会图上的分布区间，从而实现岩性逐级判别[12]。

2. 特殊测井岩性识别方法

相对常规测井，特殊测井具有更高的分辨率，在岩性识别方面具有更好的效果。如微电阻率扫描成像测井（FMI）可以直观反映砾石粒度，识别岩石形态和地层构造[13-14]；元素俘获测井（ECS）能够直接获取岩石矿物组分含量。研究人员利用特殊测井构建能反映岩性特征的敏感参数，达到准确直观识别岩性的目的。袁子龙等通过分析FMI图像特征，建立各种岩性在FMI图像上的识别模式，以此定性分析指导砾岩岩性识别[15]。鲁国明等利用岩心精细刻度FMI成像，构建了岩性识别曲线（LIC），反映了岩石粒序的变化，对东营凹陷深层砾岩复杂成分结构进行了有效划分[16]。张丽华等选取声波时差、自然伽马及深探测曲线等常规测井权限构建岩性敏感参数，对梨树断陷东南斜坡带砾岩岩性进行识别[17]。赵显令等从岩石粒度特征的角度划分砾岩储层岩性，经岩心刻度后，利用电成像测井实现岩石类型的表征，并提出图版法和砾石剥离法识别准噶尔盆地玛湖凹陷砾岩储层岩性[18]。赵军等利用岩石薄片资料对ECS测井计算矿物含量进行校正，通过矿物和指示元素之间的关系建立了岩性识别模型[19]。

3. 数学统计方法识别岩性

砾岩储层矿物成分及分布形态复杂，单纯利用测井曲线与岩性间建立简单的线性关系有时难以满足油田生产对复杂岩性识别的要求，以主成分分析、神经网络、判别分析等为代表的数学统计分析方法在岩性识别中发挥重要作用。李洪奇等利用决策树分析方法，结合密闭取心资料在反映砾岩储层岩性的8种测井敏感曲线中优选出原状地层电阻率、声波时差和自然伽马3个测井响应值，建立决策树岩性识别模型[20]。赵罗臣等针对不同岩性储层测井和取心资料，提取了电阻率、自然伽马、密度、声波时差等4个特征参数，利用BP神经网络对储层岩性开展识别[21]。Valentin等利用超声波和微电阻率成像资料，基于残留卷积神经网络对岩性开展识别[22]。林香亮等构建了基于主成分分析（PCA）和支持向量机（SVM）的砾岩岩性识别预测模型，降低数据维度的同时，提高了岩性识别准确率[23]。潘拓等利用主成分分析法从自然伽马、自然电位、地层电阻率、声波时差、密度、补偿中子等6种测井曲线中计算出三个主成分特征值，替代传统BP神经网络模型中6个油气参数作为新的输入参数，减少了模型计算量，提高了砾岩岩性识别准确率[24]。

二、孔隙结构表征

1. 孔隙结构表征实验方法

致密砾岩储层孔隙结构的实验表征方法主要有铸体薄片[25-26]、场发射扫描电镜（FESEM）[27]、环境扫描电镜（ESEM）[28]、聚焦离子束扫描电镜（FIB-SEM）[29]、恒压压汞[30]、恒速压汞[31-32]、低温氮气吸附[33]、微—纳米尺度CT扫描[34]及岩心核磁共振实验[35-38]等，具体可分为定性表征和定量评价两个方面。

定性表征技术中，铸体薄片是将染色树脂注入孔隙，在一定温压下使树脂固结并制成薄片，在偏光显微镜下观察孔隙、喉道的二维空间结构等。铸体薄片的最大优点在于：孔隙被染色树脂灌注后能方便地观察孔隙空间，避免人工诱导孔或缝，能提供岩石结构、粒径、分选、磨圆等基础信息，同时反映了粒间填隙物及含量、孔隙类型、孔隙发育程度等信息[39]。扫描电镜利用高能电子束对岩心扫描并激发出不同矿物成分的物理信号，通过对信号的接收、放大和成像等处理后即可得到岩心的形貌相和表面相等特征，对微观孔隙结构表征具有重要意义[40]。但铸体薄片与扫描电镜往往局限于对岩心某个二维断面进行观察，仅能获取有限的二维孔隙结构信息。

定量评价技术中，基于恒压压汞技术的毛细管压力曲线可指示样品骨架的粒径中值、分选系数、排驱压力、中值压力等微观参数，结合Washburn方程可用于孔隙结构评价和表征，毛细管压力曲线主要通过压汞、离心和半渗透隔板法获取[30,41]。与恒压压汞相对应的恒速压汞技术以恒定速度向岩心内注汞，根据进汞压力的起伏将对应的孔隙和喉道分开，但是受限于最大进汞压力，恒速压汞技术对于纳米孔的识别能力较弱。对于致密砾岩储层微纳米孔的定量表征，低温氮气吸附、微—纳米CT扫描和核磁共振等实验技术可以取得较好的效果。低温氮气吸附主要识别的是半径分布于0.5~200nm的纳米级孔喉[33]。微—纳米CT扫描研究的是半径分布于50~600nm范围内的孔隙，对于小于50nm的孔隙无能为力，相比较其他技术而言，微—纳米CT扫描的成本较高[34]，同时受到扫描图像处理技术的制约，难以广泛采用。一维核磁共振测量的是孔隙内氢核的弛豫信号，经过反演得到核磁共振T_2谱。T_2谱能反映孔径分布，表征孔隙度、渗透率、束缚水饱和度等丰富的储层参数。二维核磁共振成像是在一维核磁共振基础上发展起来的，通过线性梯度场和自旋回波脉冲技术可对岩心任意切面进行扫描得到成像图，直观反应流体的赋存状态及孔隙结构[37,42,43]。核磁共振虽然能对岩石进行三维成像，但辨识能力较为粗略，精细程度不够，且作为一项间接测量方法，核磁共振技术具有一定的局限性，还需结合其他手段开展研究。近年来，随着高分辨率成像设备在石油工业中的应用，基于高精度三维孔隙结构成像与计算机技术相结合而诞生的数字岩心技术逐渐成为一种有效的表征手段和实验模拟技术[44]。

2. 孔隙结构参数定量表征方法

针对致密砾岩储层微观孔隙结构的评价，需要基于可靠的实验技术和先进表征方法的综合分析，在发挥各自优势的基础上获取孔隙结构参数，全面反映岩石孔隙结构特征。胡勇等利用CT、压汞、核磁和薄片进行了孔隙结构分类，将储层分为孔隙型、裂缝型、致密型三种，研究了不同类型的气—水渗流特征[45]。刘卫等提出基于核磁T_2谱分布与岩石孔喉半径关系研究，对储岩孔隙结构进行定量评价，研究结果表明：在孔隙结构均质性较好或很差的储层及产水层中三孔隙度组分百分比方法能得到较好应用，而对于储集岩孔隙结构较差储层，三孔隙度组分百分比法应用效果较差；基于相似对比法及饱和度误差最小法构建的伪毛细管力曲线只在产水层中应用效果良好；利用实测的核磁共振测井资料，并基于Swanson参数构建的核磁伪毛细管压力曲线适用于各种储层孔隙结构评价[46]。李潮流等基于压汞实验，构造了一个由孔隙度、最大连通孔隙半径、分选系数组合而成的孔隙结构综合评价指数[47]。苏俊磊等结合核磁、试油等资料，筛选出有效孔隙度、绝对渗透率、排驱压力、孔隙喉道均值、分选系数等储层分类评价参数[48]。张涛等结合铸体薄片、岩石物性、高压压汞实验与常规测井分析，并引入储层品质因子，实现了利用常规测井曲线来计算孔隙结构表征参数，对单井资料进行连续定量孔隙结构评价[49]。薛苗苗等基于球管模型，利用饱和水核磁共振实验结果实现了对储集岩孔隙结构定量评价方法研究[50]。其根据高压压汞孔喉分布曲线确定了核磁T_2谱表征储集岩孔喉半径转换系数，并利用球管模型分别计算了球形孔隙与管状孔隙半径分布曲线。王勇军等基于分段等面积及相似对比法对核磁共振测井T_2谱进行处理变换，并利用核磁T_2谱构建了毛细管压力曲线[51]。Yun等人假设在多孔介质中，岩石颗粒为球形，且并非以某种固定方式排列分布，流体在孔喉中非线性流动，此时孔喉迂曲度并非一个定量。根据假定不同岩石颗粒的几何分布形态，求解在不同几何分布状态下的迂曲度方程，其推导结果更加贴近实际储层情况[52]。Muller-Huber 等认为传统的阿尔奇计算地层因素公式过于简单，提出变孔喉半径模型，随着孔喉长度孔喉半径逐渐增大，进而推导出新的地层因素计算公式[53]。肖佃师等通过将核磁共振技术、恒速压汞技术及微米 CT 技术相结合，综合分析提取了致密油储层完整的孔喉半径分布[54]。Yan 等结合一维 T_2 谱和二维 T_1—T_2 谱对致密油储层孔隙结构进行了评价，并分析了不同孔喉流体下的核磁响应特征[55]。Chen 等综合利用恒压压汞和核磁共振技术对致密砾岩储层微观结构进行表征，在获取孔喉完整分布的同时，表征了致密油储层束缚流体和可动流体的分布特征[56]。

三、储层流体性质测井识别

受到复杂岩性、孔隙结构及非均质性影响，砾岩储层油（气）测井响应特征被掩盖，不同性质流体的电阻率差异不明显，呈现低对比度油藏特征。学者们运用常规测井、成像测井新技术，以及神经网络、主成分分析等数学统计方法针对致密砂（砾）岩油层的识别问题进行了大量探索。

1. 常规测井流体性质识别方法

常规测井流体识别方法应用较多的是流体识别因子交会图技术和曲线重叠图技术。其中，交会图技术是在含油级别或测试产量可靠标定的前提下，通过将两种及以上对流体性质响应敏感的测井参数进行交会分析，直观呈现不同类型流体分布区域，从而识别流体性质。常见的交会图版包括深浅侧向电阻率交会图、自然伽马与深侧向电阻率交会图、声波时差与深侧向电阻率交会图、束缚水饱和度—含水饱和度交会图等。单一的交会图方法对复杂流体性质识别效果有限，研究人员往往采用多种类型的交会图相互佐证才能取得较好的效果。曲线重叠图技术通过寻找对油水敏感的测井数据及相关的储层参数进行搭配，能够快速直观地对储层流体进行定性识别[57]。

李甘等基于优选出的对油水层识别较好的几条常规测井曲线，利用多元线性回归方法进行曲线重构，重构出的数据包含更加丰富的地质信息，通过对多组重构数据进行交会来进行流体识别，取得了较好的应用效果[58]。任培罡等基于双孔隙度重叠方法定义了"流体指示因子"，通过构建流体识别因子—孔隙度交会图进行流体识别，预测精度得到提高[59]。Sun 等基于 Voigt-Reuss-Hill 模型建立了致密砂岩双孔隙度模型，并利用该模型预测得到的弹性参数构建了适用于低孔低渗储层的流体识别图版[60]。侯振学等利用密度孔隙度和电阻率测井数据分别对不同流体进行回归分析，并求取相关系数，结果发现不同流体的相关系数存在差异，从而提出了一种基于相关系数的流体判别方法，在鄂尔多斯盆地临兴神府地区上古生界致密砂岩储层的流体识别中取得了较好的效果[61]。

对于成因复杂的致密砂（砾）岩油层来说，构建能够综合反映多种影响因素的流体敏感参数或关系相对困难，利用单一的流体识别方法存在一定局限性[62-64]。为了更好地区分流体性质，国内外学者开展了多层次和多手段互补的流体识别方法。刘丽琼等利用孔隙度—含水饱和度交会图版与神经网络模式相结合的方式开展了储层流体性质识别[65]。赵佐安等通过电阻率特征判别法提高了测井数据识别低对比度油（气）层的精度[66]。常静春等将工程测井参数引入流体识别中，利用纵波时差—杨氏模量交会图进行流体性质识别，取得了一定的效果[67]。研究人员在深浅电阻率交会图的基础上，发展了利用视地层水电阻率法及 $P^{1/2}$ 正态频率分布图识别流体性质的方法[68]。利用电成像测井分辨率和井周图像覆盖率高的优势，能够直观反映井眼周围岩层的电导率特征，可以得到视地层水电阻率谱[69]，根据含有不同流体储层的视地层水电阻率谱的分布特征不同，能对地层流体性质进行有效识别[70]。张浩等提出用含油饱和度和含氢指数表征的测井含油因子，利用气测含油因子、测井含油因子进行交会分析，能够很好地区分油水层[71]。

2. 特殊测井流体性质识别方法

常规测井方法受限于测量模式及分辨率的影响，很容易受到矿物成分、岩石骨架对流体测井响应的影响，以核磁共振测井和阵列声波测井为代表的非电法测井技术在复杂储层的流体识别中发挥着重要作用[72]。核磁共振测井技术受岩石骨架影响小，能直观反映孔隙流体信息，被认为是解决复杂油层测井解释和储层评价的重要手段之一[73-74]。谭茂金等通过针对双 T_W 的观测模式利用可动流体体积的差构建了流体指示参数，在冀东老爷庙地区低对比度油层识别中取得了较好的应用效果，此外针对一维核磁共振双 T_W 观测数据存在非线性反演简化、信噪比低的问题，先用遗传算法全局搜索油气的 T_1 和 T_2 值，再用阻尼最小二乘法（LSQR）反演标准 T_2 分布和差谱，实现油气水的准确识别和定量评价[75]。吕婕等利用核磁共振测井资料，结合交会图版、伪毛细管压力曲线等方法进行孔隙结构分析和流体识别，提高了解释符合率[76]。然而，核磁共振测井成本高、处理解释过程复杂，并且一些老井区或油田的核磁共振测井资料十分匮乏，限制了核磁共振测井的应用。阵列声波测井能够计算得到反映骨架和孔隙流体综合性质的弹性参数，在气层的识别和评价中具有很大的优势，而对于油层来说，由于石油与水的弹性参数差异相比气层要小，再加上岩石骨架的影响，使得该技术在油层，尤其是致密油层中的应用不多。

此外，主成分分析、神经网络法、最小二乘支持向量机和模糊聚类方法等数学统计方法也为复杂砂（砾）岩流体性质识别提供了新的手段，运用的关键是提取最能反映储层流体特征的关键测井参数，并需要有大量能够反映不同流体性质差异的训练样本作为输入，以保证预测模型结果的准确性[77-78]。

四、储层测井分类

致密砂岩油藏普遍缺乏天然产能，且不同储层测试产量差异显著。开展储层分类评价，寻找优质产层，对于优化压裂改造方案和提高勘探开发效率具有重大意义。

1. 流动单元法

Hearn 最早提出了"流动单元"的构想，他认为，对于流体流动有重要影响的岩性、物性和层理特征在内部相似的储集体，在垂向和横向上是连续的，不同的流动单元具有不同的岩石物理相与岩石性质[79]。Amaefule 等根据 Poiseuille 和 Darcy 定律，针对流动单元，推导出可以表示孔隙度和渗透率关系的方程，反映了流动单元指数（FZI）的概念[80]。此后，国内外研究学者将流动单元方法应用于储层分类和储层参数精细建模。李红南等应用流动单元指数与渗透率的乘积将玛北地区砾岩储层细分为 4 类[81]。马凤春等利用流动带指数按照"单元化分类评价"的思路分不同地层对储层渗透率进行表征计算，并在此基础上建立电性参数约束下的渗透率流动带指数计算模型[82]。刘如昊等基于动静态资料开展了注水开发状态下动静结合储层流动单元划分[83]。

2. 基于孔隙结构评价的储层分类方法

孔隙结构特征控制储层储集和运移流体的能力。利用核磁共振测井 T_2 谱及毛细管压力曲线形态，特别是分选性和歪度能直观反映岩石的孔隙结构的特性，从孔喉特征维度对储层进行划分。利用毛细管压力曲线还可以提取孔隙结构参数，进行储层分类。张建龙等根据孔隙度、渗透率与孔隙结构参数的交会图，实现储层分类[84]。张丽华等根据压汞资料，总结了不同储层毛细管压力曲线的形态特征，并以此为标准对储层品质进行了分类[85]。Ge 等用高斯分布函数拟合核磁共振 T_2 分布，提取归一化权重、谱峰及标准差等参数进行孔隙结构评价和储层分类[86]。Yan 等从核磁共振 T_2 分布中提取出 T_2 算术平均值、孔隙分量累计 50% 时对应的 T_2 值及 T_2 分布幅度累计值等 17 个特征参数，进行储层分类[87]。王敏等根据分形理论计算常规测井曲线分形维数，利用反应孔隙大小的孔隙度测井曲线和反应孔隙连通程度的电阻率曲线关联维数进行储层分类[88]。

3. 数学方法

除了上述方法，选取与储层品质密切相关的参数，结合各种数理统计的方法进行储层分类。魏漪等利用主成分分析法选取储层品质的主控因子，采用聚类方法建立储层分类标准[89]。张程恩等对储层宏观品质因子 RQI 进行聚类研究，建立储层分类标准[90]。魏博等分析了研究区储层孔隙结构的影响因素，利用变异系数法给压汞参数和孔隙度赋予权重，构建了储层综合分类指数[91]。刘宗彦等选取有效厚度、渗透率和黏土含量等与储层产油能力密切相关的参数作为输入变量，采用误差反向传播神经网络对储层进行分类[92]。郑璇等对储层分类的神经网络进行优化，提高了储层类别的识别精度[93]。干磊等根据试油生产数据，分别利用线性判别分析、支持向量机和多层感知神经网络建立储层分类模型[94]。

第二节 勘探开发简况

玛湖凹陷环带砾岩油藏是准噶尔盆地石油勘探的重大战略领域，其勘探开发历程大体经历了预探、评价和开发等三个阶段。

一、预探阶段（1970—2013 年）

玛湖凹陷斜坡区最早在 20 世纪 70 年代中后期陆续开展地震勘探，1981 年钻探了艾参 1 井，该井在白垩系，侏罗系三工河组、八道湾组、三叠系白碱滩组、克拉玛依组及二叠系下乌尔禾组均见到不同程度的油气显示。

20 世纪 90 年代以后，在"跳出断裂带，走向斜坡区"的勘探思路下，玛湖凹陷斜坡区又陆续钻探了玛 2 井、玛 4 井、玛 6 井、玛 9 井等，其中玛 2 井在二叠系下乌尔禾组和三叠系百口泉组试油均获工业油流，玛北油田获得发现。1994 年玛 2 井区块三叠系百口泉组油藏上交探明石油地质储量 $2087×10^4$t，探明含油面积 $54.3km^2$；二叠系下乌尔禾组油藏上交探明石油地质储量 $2291×10^4$t，探明含油面积 $46.4km^2$。1993 年 7 月 25 日玛北油田南部部署实施的玛 6 井开钻，同年 11 月 25 日完钻，完钻井深 4130m。1994 年 4 月在百口泉组 3871~3880m 井段压裂后日产油 6.02t，1994 年 6 月在玛 6 井东北方向部署评价井玛 101 井，完钻试油未能获得工业油流。1996 年玛 6 井区按岩性圈闭圈定含油面积 $30km^2$，上交三叠系百口泉组控制石油地质储量 $587×10^4$t。但是受限于当时工艺技术条件，油藏未能有效升级动用。2000年至2008年期间玛湖斜坡区钻探了玛8井、玛10井、百75井和玛12井，受寻找构造油气藏的勘探思想和低渗透砾岩储层改造技术限制，始终没有实质性突破，致使玛湖凹陷斜坡区勘探开发工作陷入低谷。

2010年新疆油田分公司针对玛湖凹陷斜坡区重点开展了构造、岩相、油气运移等方面基础地质综合研究，突破扇体沿盆缘分布、湖盆中心为细粒沉积的传统认识，建立三叠系百口泉组退覆式扇三角洲沉积模式和源上砾岩大油区成藏新模式，明确了玛湖凹陷斜坡区是石油预探的重大战略领域。由此转变目标，由源边断裂带构造勘探逐步转到源内主体区岩性勘探[95]。

二、评价阶段（2014—2019年）

地质认识的创新深化，推动了玛湖凹陷的油气部署发现。按照"扇三角洲前缘相控大面积成藏"模式新认识，2014年以来，科研人员突破以往按照构造—岩性圈闭刻画的思路，围绕玛湖凹陷五大扇体（夏子街扇、黄羊泉扇、克拉玛依扇、夏盐扇和达巴松扇）重点开展油藏控制因素及勘探部署和实施研究工作[96]。经过近几年的油气勘探评价，相继在各大扇体新发现玛131井区块、玛湖1井区块、风南4井区块、玛18井区块、艾湖2井区块、盐北4井区块、达13井区块三叠系百口泉组油藏，玛湖1井区块二叠系上乌尔禾组、下乌尔禾组油藏，玛东2井区块二叠系下乌尔禾组油藏，进一步证实了玛湖凹陷扇三角洲前缘相控大面积成藏的新认识。

从玛湖凹陷已发现的砾岩油藏分布情况来看，玛湖凹陷斜坡区已经形成继克—乌断裂带百里油区后又一新的百里油区，展现出多层系立体成藏的巨大勘探潜力，整个玛湖凹陷呈现出满凹含油的特点。同时，随着工程技术的进步，依靠"水平井+体积压裂"技术，玛湖凹陷三叠系百口泉组油藏已开始规模建产，逐渐成为新疆油田近几年增储上产的主力层系。

截至2019年底，玛湖凹陷累计申报三级地质储量合计72540.8×10^{4}t，其中，探明石油地质储量23013.8×10^{4}t，探明含油面积475.65km^2；累计提交控制石油地质储量21764×10^{4}t，含油面积371.3km^2；累计提交预测石油地质储量27763×10^{4}t，含油面积493.4km^2。

三、开发阶段（2018年至今）

玛湖油田砾岩油藏目前均已进入水平井提产试验阶段，如玛湖1区块二叠系上乌尔禾组砾岩油藏已经开展了单井提产和井组的井距试验，已完钻水平井37口、投产水平井17口，初期日产油15~30t，新建产能26×10^{4}t/a；玛湖1区块三叠系百口泉组砾岩油藏已完钻6口，投产水平井5口，初期日产油18.3~31.8t，累计产油5.34×10^{4}t；达13区块三叠系百口泉组砾岩油藏已完钻提产水平井1口，初期日产油32.8t。玛湖油田砾岩油藏水平井提产效果明显，目前均已完成开发方案编制，正分批实施建产，未来将成为玛湖凹陷上产、稳产的资源保障。

第三节 测井评价难题

准噶尔盆地二叠系、三叠系砾岩储层岩性复杂，岩石粒度变化范围大，孔隙结构复杂，储层非均质性强，在测井评价中面临一系列困难，极大制约了对此类储层的认识和有效开发。

一、缺乏配套的岩石物理实验

准噶尔盆地砾岩储层多富含黏土，束缚水含量较大。前期工作发现，依照现有的岩心柱塞样孔隙度测试标准测量的岩心孔隙度严重失真，影响了对此类储层物性的认知。以某井为例，在高含黏土的地层中，测量的有效孔隙度在储层段和非储层段基本没有差异，且数值上基本等于核磁总孔隙度，实验结果与地质认识相违背。因此，高含黏土岩心孔隙度的准确测量成为制约砾岩储层物性评价的瓶颈技术之一。

此外，盆地内上乌尔禾组发育超压砾岩储层，有效孔隙度较正常压实地层低，但渗透率较高。超压对储层特征及对不同测井响应特征的影响尚不明确，亟须开展不同孔隙压力条件下孔隙度、渗透率、声波时差和电阻率实验测量。

二、储层物性参数表征困难

玛湖凹陷砾岩储层孔渗关系一致性较差，存在低孔高渗、高孔低渗、中孔中渗、极低孔低渗等多种孔渗关系，如图 1-1 所示。前期研究认为，导致低孔高渗的原因主要有：致密砾岩储层中夹有渗透性较好的薄砂层；孔渗分析实验样品内部可能存在微裂缝，导致渗透率非常高。区域中出现极低孔低渗现象的原因包括：储层中夹有泥质薄夹层或者渗透率极低的致密层；孔渗分析实验样品砾石颗粒较大，标准岩样所测岩心分析渗透率不能反映地层实际渗透率。由于储层孔隙连通性普遍较差，导致区域孔渗关系出现高孔低渗的现象。鉴于上述低孔低渗背景下，砾岩储层存在复杂的孔渗关系和严重的非均质性，储层物性参数准确表征困难。

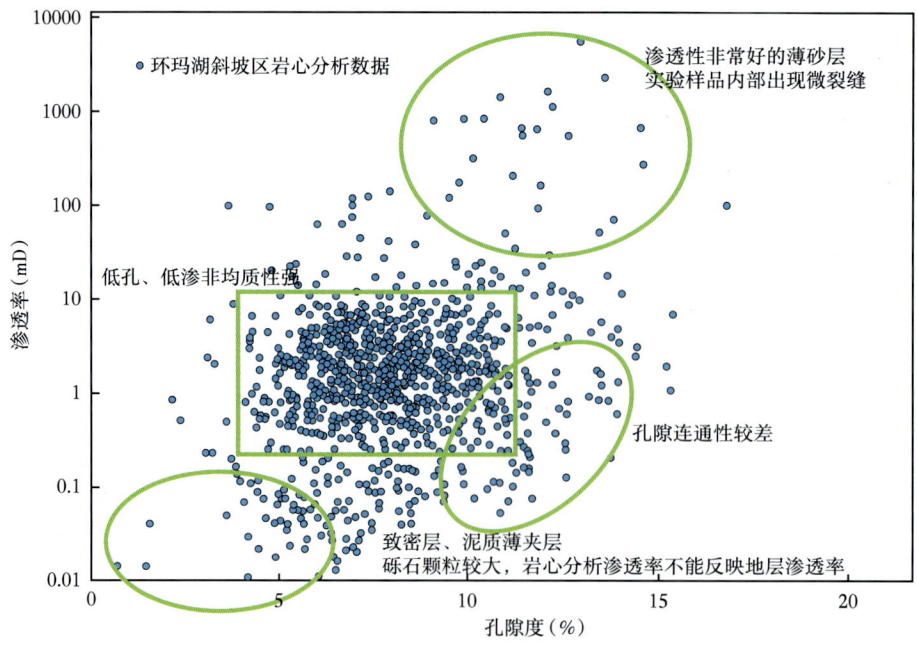

图 1-1 区域砾岩储层复杂孔渗关系

三、含油饱和度评价困难

1. "非阿尔奇"现象

盆地内砾岩储层属于低孔低渗储层,受沉积环境、沉积相带和成岩作用等复杂因素影响,导致低孔低渗储层孔隙类型多样、结构复杂、储层非均质性强。复杂的孔隙结构控制了低孔低渗储层的渗流与导电能力,对储层的物性参数和油、气、水层的电性响应特征产生不同程度的影响,低孔低渗储层的岩电关系普遍存在"非阿尔奇"现象[97-98],即在双对数坐标下地层因素(F)与孔隙度ϕ、电阻率增大率I与含水饱和度S_w之间的关系呈现出非线性特征[99]。因此,适用于中高孔渗纯砂岩地层的阿尔奇模型在低孔低渗砾岩储层含油(气)饱和度定量评价中存在较大误差,亟须构建适用于低孔低渗砾岩储层含油(气)性定量评价方法。

2. 异常高电阻率储层饱和度评价

玛湖凹陷百口泉组部分地层发育钙泥质胶结砾岩(图1-2,3155~3165m井段),受钙质成分影响,这类储层电阻率异常增大,最高可达$800\Omega \cdot m$。从常规测井、核磁共振测井响应特征上,此类储层中含有油气,测试结果也取得了较好的产量。采用阿尔奇公式、双水模型等基于电阻率测井的饱和度评价方法计算得到的饱和度明显偏高,含油饱和度甚至超过100%,与地层实际特征及测试结果不符,如何校正钙质成分对电阻率的影响,探索构建基于非电阻率的饱和度评价方法是破解异常高电阻率储层饱和度评价的重要途径。

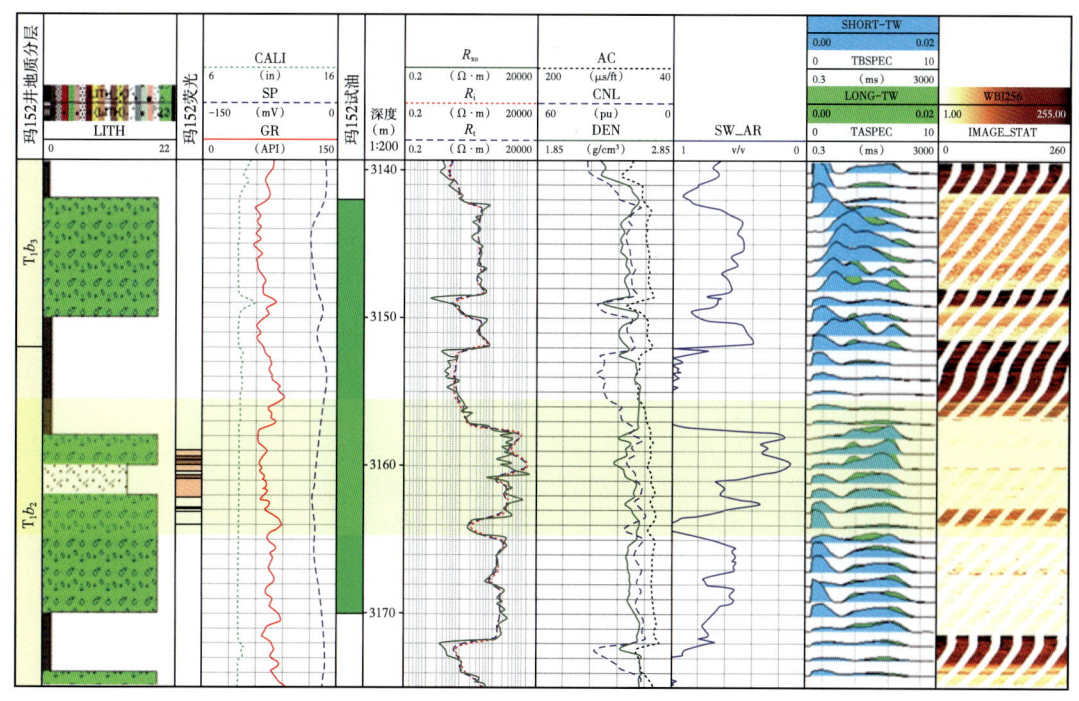

图1-2 研究区异常高电阻率储层测井响应特征

四、流体性质识别困难

受岩性、流体性质、孔隙结构、含油性和钻井液侵入等多重因素综合影响，部分砾岩储层油层、油水同层、水层、差油层之间，以及与围岩电阻率差异较小，呈现低对比度特征，流体性质识别困难，严重制约了勘探进度。针对低对比度油层，单纯依靠电阻率识别具有一定难度。如何综合利用常规测井、核磁共振测井、测试、地质资料，建立流体性质识别方法，准确识别产层、提高流体判别解释符合率是研究区砾岩储层测井评价面临的又一难题。

五、特殊砾岩储层的测井评价

准噶尔盆地内二叠系、三叠系多个层位钻遇含沥青、含浊沸石特殊砾岩储层。沥青赋存状态多样，对储层物性造成严重影响。同时，由于沥青与油气特征相似，常规测井手段极易把沥青误判为油（气）层，严重影响流体性质的判识准确性。因此，亟须开展沥青溶解实验，标定沥青对测井曲线的影响，在此基础上，进一步研究沥青对储层物性和测井参数的影响，明确沥青分布状态对声波时差和电阻率的影响，建立固体沥青测井识别及曲线校正方法。对于含浊沸石砾岩储层，浊沸石高阻、低密度的测井响应特征与优质砾岩油层极为相似，但产能却差异明显，厘清浊沸石的测井响应机理，建立浊沸石储层定性与定量评价方法是准确评价此类特殊砾岩储层的关键。

参 考 文 献

[1] Urien C M, Zambrano J J.Petroleum systems in the Neuquen Basin, Argentina[M]//Magoon L B, Wallace G D.The petroleum system-from source to trap.Washington D.C.: AAPG, 1994: 513-534.

[2] 于兴河，李顺利，谭程鹏，等.粗粒沉积及其储层表征的发展历程与热点问题探讨[J].古地理学报，2018, 20（5）：713-736.

[3] Mello M R, Koutsoukos E A M, Mohriak W U, et al.Selected petroleum systems in Brazil[M]//Magoon L B, Wallace G D.The petroleum system -from source to trap.Washington D.C.: AAPG, 1994: 499-512.

[4] 刘政，何登发，童晓光，等.北海盆地大油气田形成条件及分布特征[J].中国石油勘探，2011, 16（3）：31-43.

[5] Turner C C, Cronin B T.The Brae play, south Viking graben, North Sea: an introduction[M]//Turner C C, Croninb T.Rift-related coarse-grained submarine fan reservoirs: the Brae play, south Viking graben, North Sea: Tulsa, Oklahoma: AAPG, 2018: 1-8.

[6] 冯子辉，印长海，陆加敏，等.致密砾岩气形成主控因素与富集规律——以松辽盆地徐家围子断陷下白垩统营城组为例[J].石油勘探与开发，2013, 40（6）：650-656.

[7] 陆加敏，刘超.断陷盆地致密砾岩气成藏条件和资源潜力——以松辽盆地徐家围子断陷下白垩统沙河子组为例[J].中国石油勘探，2016, 21（2）：53-60.

[8] 潘元林，宗国洪，郭玉新，等.济阳断陷湖盆层序地层学及砾岩油气藏群[J].石油学报，2003, 24（3）：16-23.

[9] 李庆昌，吴虻，赵立春，等.中国油田开发丛书——砾岩油田开发[M].北京：石油工业出版社，1997：213-229.

[10] 李军，张超谟，唐文生，等.库车地区致密砾岩胶结指数 m 和饱和度指数 n 的主要影响因素及其量化研究[J].石油天然气学报，2009, 31（6）：100-103.

[11] Wentworth C K.A scale of grade and class terms for clastic sediments[J].The Journal of Geology, 1922, 30（5）：377-392.

[12] 南泽宇，谭茂金，张延华，等.元坝须三段致密含钙砾岩地层测井响应特征及岩性识别方法[J].科学技术与工程，2021，21（3）：969-978.

[13] 闫建平，蔡进功，赵铭海，等.电成像测井在砾岩体沉积特征研究中的应用[J].石油勘探与开发，2011，38（4）：444-451.

[14] 周伦先.成像测井技术在研究砾岩沉积构造中的应用[J].新疆石油地质，2008，29（5）：654-656.

[15] 袁子龙，陈曦，张洪江.电成像测井资料在砾岩油气藏岩性识别中的应用[J].科学技术与工程，2012，12（4）：758-761.

[16] 鲁国明.东营凹陷深层砾岩岩性测井综合识别技术[J].测井技术，2010，34（2）：168-171.

[17] 张丽华，潘保芝，刘思慧，等.梨树断陷东南斜坡带砾岩岩性识别方法研究[J].测井技术，2012，36（4）：370-372.

[18] 赵显令，王贵文，周正龙，等.地球物理测井岩性解释方法综述[J].地球物理学进展，2015，30（3）：1278-1287.

[19] 赵军，杨阳，陈伟中，等.基于ECS测井的岩性识别方法[J].地球物理学进展，2015，30（5）：2342-2348.

[20] 李洪奇，谭锋奇，许长福，等.基于决策树方法的砾岩油藏岩性识别[J].测井技术，2010，34（1）：16-21.

[21] 赵罗臣.BP神经网络在测井解释不同岩性识别中的应用研究[D].杭州：浙江大学，2012.

[22] Valentin, Manuel B B, Clecio R C, et al.A deep residual convolutional neural network for automatic lithological facies identification in Brazilian pre-salt oilfield wellbore image logs[J].Journal of Petroleum Science & Engineering, 2019, 179.

[23] 林香亮，朱建伟，刘光寿，等.基于PCA-SVM的砾岩岩性识别[J].长江大学学报（自然科学版），2020，17（1）：21-26+4-5.

[24] 潘拓，马鑫，谢安，等.利用主成分分析法优化BP神经网络模型在砾岩岩性识别中的应用[J].新疆地质，2020，38（3）：417-420.

[25] 查明，苏阳，高长海，等.致密储层储集空间特征及影响因素——以准噶尔盆地吉木萨尔凹陷二叠系芦草沟组为例[J].石油勘探与开发，2017，46（1）：85-95.

[26] Zhang C, Zhu D, Luo Q, et al.Major factors controlling fracture development in the Middle Permian Lucaogou Formation tight oil reservoir, Junggar Basin, NW China[J].Journal of Asian Earth Sciences, 2017, 146：279-295.

[27] Zhao H, Ning Z, Wang Q, et al.Petrophysical characterization of tight oil reservoirs using pressure-controlled porosimetry combined with rate-controlled porosimetry[J].Fuel, 2015, 154：233-242.

[28] Xi K, Cao Y, Haile B G, et al.How does the pore-throat size control the reservoir quality and oiliness of tight sandstones? The case of the Lower Cretaceous Quantou Formation in the southern Songliao Basin, China[J].Marine&Petroleum Geology, 2016, 76：1-15.

[29] 邱振，施振生，董大忠，等.致密油源储特征与聚集机理——以准噶尔盆地吉木萨尔凹陷二叠系芦草沟组为例[J].石油勘探与开发，2016，43（6）：928-939.

[30] 公言杰，柳少波，朱如凯，等.致密油流动孔隙度下限——高压压汞技术在松辽盆地南部白垩系泉四段的应用[J].石油勘探与开发，2015，42（5）：681-688.

[31] 明红霞，孙卫，张龙龙，等.致密砂岩气藏孔隙结构对物性及可动流体赋存特征的影响——以苏里格气田东部和东南部盒8段储层为例[J].中南大学学报（自然科学版），2015，46（12）：4556-4567.

[32] 姚泾利，邓秀芹，赵彦德，等.鄂尔多斯盆地延长组致密油特征[J].石油勘探与开发，2013，40（2）：150-158.

[33] 李海波，郭和坤，杨正明，等.鄂尔多斯盆地陕北地区三叠系长7致密油赋存空间[J].石油勘探与开发，2015，42（3）：396-400.

[34] 王明磊，张遂安，张福东，等.鄂尔多斯盆地延长组长7段致密油微观赋存形式定量研究[J].石油勘探与开发，2015，42（6）：757-762.

[35] Xiao L, Mao Z Q, Wang Z N, et al.Application of NMR logs in tight gas reservoirs for formation evaluation：A case study of Sichuan basin in China[J].Journal of Petroleum Science & Engineering，2012，81（2）：182-195.

[36] 罗少成，成志刚，林伟川，等.基于核磁共振测井的致密砂岩储层孔喉空间有效性定量评价[J].油气地质与采收率，2015，22（3）：16-21.

[37] Yan W C, Sun J M, Cheng Z Q, et al.Petrophysical characterization of tight oil formations using 1D and 2D NMR[J].Fuel，2017，206：89-98.

[38] 陈猛.致密油储层水驱油实验及动态网络模拟研究[D].成都：西南石油大学，2017.

[39] 张创，孙卫，高辉，等.基于铸体薄片资料的砂岩储层孔隙度演化定量计算方法——以鄂尔多斯盆地环江地区长8储层为例[J].沉积学报，2014，32（2）：365-375.

[40] 王坤阳，杜谷，杨玉杰，等.应用扫描电镜与X射线能谱仪研究黔北黑色页岩储层孔隙及矿物特征[J].岩矿测试，2014，33（5）：634-639.

[41] 何顺利，焦春艳，王建国，等.恒速压汞与常规压汞的异同[J].断块油气田，2011，18（2）：235-237.

[42] 徐祖新.基于CT扫描图像的页岩储层非均质性研究[J].岩性油气藏，2014，26（6）：46-49.

[43] Chen M, Li M, Zhao J Z, et al.Irreducible water distribution from nuclear magnetic resonance and constant-rate mercury injection methods in tight oil reservoirs.International Journal of Oil Gas and Coal Technology，2018，17（4）：443-457.

[44] 王振华，陈刚，李书恒，等.核磁共振岩心实验分析在低孔渗储层评价中的应用[J].石油实验地质，2014，36（6）：773-779.

[45] 胡勇，朱华银，万玉金，等.大庆火山岩孔隙结构及气水渗流特征[J].西南石油大学学报（自然科学版），2007，29（5）：63-65.

[46] 刘卫，肖忠祥，杨思玉，等.利用核磁共振（NMR）测井资料评价储层孔隙结构方法的对比研究[J].石油地球物理勘探，2009，44（6）：773-778.

[47] 李潮流，周灿灿，李霞，等.一种评价致密砂岩储层孔隙结构的新方法及其应用[J].应用地球物理（英文版），2010，7（3）：283-291.

[48] 苏俊磊，孙建孟，苑吉波，等.基于核磁共振孔隙结构的产能评价[J].西安石油大学学报（自然科学版），2011，26（3）：43-47.

[49] 张涛，张宪国，林承焰，等.基于常规测井的低渗透储层孔隙结构评价[J].成都理工大学学报（自科版），2014（4）：413-421.

[50] 薛苗苗，章海宁，刘堂晏，等.定量评价储层孔隙结构的新方法[J].测井技术，2014，38（1）：59-64.

[51] 王勇军，罗利，甘秀娥，等.低孔渗储层核磁共振孔隙结构评价方法与应用[J].测井技术，2015（1）：62-67.

[52] Yun M J, Yu B M, Zhang B, et al.A Geometry Model for Tortuosity of Streamtubes in Porous Media with Spherical[J].Chinese Physics Letters，2005，22（6）：1464-1467.

[53] Miiller-Huber E, Schon J, Bomer F.The effect of a variable pore radius on formation resistivity factor[J].

Journal of Applied Geophysics, 2015, 116: 173-179.

[54] 肖佃师, 卢双舫, 陆正元, 等. 联合核磁共振和恒速压汞方法测定致密砂岩孔隙结构[J]. 石油勘探与开发, 2016, 43 (6): 961-970.

[55] Yan W C, Sun J M, Cheng Z Q, et al. Petrophysical characterization of tight oil formations using ID and 2D NMR[J]. Fuel, 2017, 206: 89-98.

[56] Chen M, Li M, Zhao J Z, et al. Irreducible water distribution from nuclear magnetic resonance and constant-rate mercury injection methods in tight oil reservoirs[J]. International Journal of Oil Gas and Coal Technology, 2018, 17 (4), 443-457.

[57] 周银玲. 靖边乔家洼地区长6油层组低孔低渗储层测井评价[D]. 西安: 西北大学, 2014.

[58] 李甘. 鄂尔多斯盆地TN区三叠系油层快速判识技术研究[D]. 西安: 西安石油大学, 2012.

[59] 任培罡, 邱旭明, 施振飞, 等. 基于双孔模型的低孔低渗油气层测井综合评价研究[C]. 第五届中国石油地质年会, 北京, 2013.

[60] Sun J M, Wei X H, Chen X L. Fluid identification in tight sandstone reservoirs based on a new rock physics model[J]. Journal of Geophysics and Engineering, 2016, 13: 526-535

[61] 侯振学, 李波, 唐闻强, 等. 一种定量评价致密砂岩储层流体性质的新方法—相关系数法[J]. 地球物理学进展, 2017, 32 (5): 1984-1991.

[62] Mode A W, Anyiam O A, Aghara I K. Identification and petrophysical evaluation of thinly bedded low-resistivity pay reservoir in the Niger Delta. Arabian Journal of Geosciences[J]. 2015, 8 (4), 2217-2225.

[63] Lubis L A, Ghosh D P, Hermana M. Elastic and electrical properties evaluation of low resistivity pays in Malay Basin clastics reservoirs[J]. IOP Conference Series: Earth and Environmental Science. 2016, 38 (1), 012004.

[64] 毛克宇. 梨树断陷营城组致密砂岩测井流体识别方法及其适应性分析[J]. 地球科学进展, 2016, 31 (10): 1056-1066.

[65] 刘丽琼, 文环明, 彭国力, 等. 低阻油层识别方法研究[J]. 河南石油, 1998 (5): 8-11+57.

[66] 赵佐安, 何绪全, 唐雪萍. 低阻率油气层测井识别技术[J]. 天然气工业, 2000, 22 (4): 33-37.

[67] 常静春, 郝丽萍, 燕兴荣, 等. 含砾砂岩储层岩性及流体性质判别[J]. 测井技术, 2005 (3): 230-232+283.

[68] 张豆娟, 曾保森, 王善江, 等. 视地层水电阻率正态分布分析及应用[J]. 断块油气田, 2009, 16 (1): 123-125.

[69] 白松涛, 郭笑锴, 曾静波, 等. 基于电成像测井的视地层水电阻率谱方法在低对比度储层评价中的应用[J]. 长江大学学报(自科版), 2016, 13 (26): 18-23+4.

[70] 李庆峰, 李晓峰, 刘岩. 白云岩储层电成像视地层水电阻率流体识别技术[J]. 测井技术, 2017, 41 (4): 412-415.

[71] 张浩, 甘仁忠, 王国斌, 等. 准噶尔盆地玛湖凹陷百口泉组多因素流体识别技术及应用[J]. 中国石油勘探, 2015, 20 (1): 55-62.

[72] Hamada N M, Al-Blehed A S, Al-Awad M N, et al. Petrophysical evaluation of low-resistivity sandstone reservoir with nuclear magnetic resonance log[J]. Journal of Petroleum Science and Engineering. 2001, 39 (2), 129-138.

[73] Hu F L, Zhou C C, Li C L, et al. Water spectrum method of NMR logging for identifying fluids[J]. Petroleum Exploration and Development, 2016, 43 (2), 244-251.

[74] Sun J M, Wei X H, Chen X L. Fluid identification in tight sandstone reservoirs based on a new rock physics model[J]. Journal of Geophysics and Engineering, 2016, 4 (13): 526-535.

[75] 谭茂金, 石耀霖, 赵文杰, 等. 核磁共振双T_w测井数据联合反演与流体识别[J]. 地球物理学报,

[76] 吕婕.核磁测井在阜东斜坡侏罗系头屯河组储层分类及流体识别中的应用[D].西安：西南石油大学，2014.

[77] 王飞，杨小明，张永浩，等.多算法协同分类在致密砂岩流体识别中的应用[J].地球物理学进展，2015，30（6）：2785-2792.

[78] 刘丹，潘保芝，周玉凤，等.基于高分辨率阵列感应测井的GA-SVM流体识别方法[J].地球物理学进展，2017，32（5）：2051-2056.

[79] Hearn C L, Ebanks W J, Tye R S, et al.Geological Factors Influencing Reservoir Performance of the Hartzog Draw Field, Wyoming[J].Journal of Petroleum Technology, 1983, 36（8）: 1335-1344.

[80] Amaefule J O, Altunbay M, Tiab D, et al.Enhanced Reservoir Description：Using Core and Log Data to Identify Hydraulic（Flow）Units and Predict Permeability in Uncored Intervals Wells[C].Society of Petroleum Engineers, 1993: 215-221.

[81] 李红南，封猛，胡广文，等.低孔—低渗砾岩储层量化评价方法研究[J].石油天然气学报，2014，36（2）：40-44.

[82] 马凤春，柳金城，吴颜雄，等.基于流动单元的多油层储层参数计算和评价方法研究[J].现代地质，2020，34（2）：370-377.

[83] 刘如昊，孙雨，闫百泉，等.动静结合下储层流动单元研究——以孤岛油田M区新近系馆陶组为例[J].沉积学报，2023，41（4）：1170-1180.

[84] 张建龙，刁国新，胡茹文，等.南阳黑龙庙地区低孔低渗储层分类标准研究[J].石油地质与工程，2009，23（1）：22-23.

[85] 张丽华，潘保芝，李宁，等.基于三水模型的储层分类方法评价低孔隙度低渗透率储层[J].测井技术，2011，35（1）：31-35.

[86] Ge X, Fan Y, Cao Y, et al.Reservoir Pore Structure Classification Technology of Carbonate Rock Based on NMR T_2 Spectrum Decomposition[J].Applied Magnetic Resonance, 2014, 45（2）: 155-167.

[87] Yan J P, He X, Zhang S L, et al.Sensitive parameters of NMR T_2 spectrum and their application to pore structure characterization and evaluation in logging profile：A case study from Chang 7 in the Yanchang Formation, Heshui area, Ordos Basin, NW China[J].Marine and Petroleum Geology, 2020, 111（1）: 230-239.

[88] 王敏，胡松，宁从前，等.基于测井曲线分形维的碳酸盐岩孔隙结构分类方法[J].地球物理学进展，2021，36（2）：668-674.

[89] 魏漪，赵国玺，周雯鸽，等.模糊数学方法在长庆油田低渗透储层综合评价中的应用[J].石油天然气学报，2011，33（1）：60-62.

[90] 张程恩，潘保芝，刘倩茹.储层品质因子RQI结合聚类算法进行储层分类评价研究[J].国外测井技术，2012，11（4）：11-13.

[91] 魏博，赵建斌，魏彦巍，等.福山凹陷白莲流二段储层分类方法[J].吉林大学学报（地球科学版），2020，50（6）：1639-1647.

[92] 刘宗彦，王燕，曹润荣，等.测井储层分类评价方法的研究[J].国外测井技术.2008，23（4）：19-22.

[93] 郑璇，赵军龙，许建涛，等.神经网络技术在储层分类评价中的应用[J].陕西煤炭，2013，32（2）：63-66.

[94] 干磊，何东博，郭建林，等.机器学习方法在储层分类中的应用[J].数学的实践与认识，2019，49（13）：138-144.

[95] 雷德文，陈刚强，刘海磊，等.准噶尔盆地玛湖凹陷大油（气）区形成条件与勘探方向研究[J].地

质学报，2017，91（7）：1604-1619.
[96] 支东明，唐勇，郑孟林，等.玛湖凹陷源上砾岩大油区形成分布与勘探实践[J].新疆石油地质，2018，39（1）：1-8+22.
[97] 曾文冲，刘学锋.碳酸盐岩非阿尔奇特性的诠释[J].测井技术，2013，37（4）：341-351.
[98] 张志松.阿尔奇公式的理论本原[J].地球物理学进展，2020，35（4）：1514-1522.
[99] 游利军，吴需要，康毅力，等.致密砂岩电学参数的非阿尔奇现象[J].地球物理学进展，2016，31（5）：2226-2231.

第二章 地质概况及砾岩储层特征

准噶尔盆地位于新疆维吾尔自治区北部,为阿尔泰山系、天山山系及西准噶尔界山夹持的三角形封闭式内陆盆地,面积约 $13.5×10^4km^2$,其地形呈东高西低,海拔介于 250~1000m。自 20 世纪 50 年代开始,经过几代石油人的艰苦奋斗,新疆油田在准噶尔盆地获得了大量油气发现,2002 年原油产量历史性突破千万吨,并连续 20 年保持在千万吨以上运行。准噶尔盆地内新区勘探连年获得新发现,老区仍有较大的挖掘潜力,已成为我国重要的含油气盆地之一[1]。盆地内以玛湖凹陷为主,纵向上三叠系百口泉组,二叠系乌尔禾组、夏子街组、佳木河组发育多套砾岩储层[2],成为油气勘探重点区域之一。

第一节 玛湖凹陷区域地质概况

一、构造特征

1. 区域构造特征

玛湖凹陷属于准噶尔盆地一级构造单元中央坳陷,是中央坳陷分布最北的一个二级构造单元(图 2-1)。深层石炭系、二叠系局部构造发育,目标众多。玛湖凹陷构造特征具

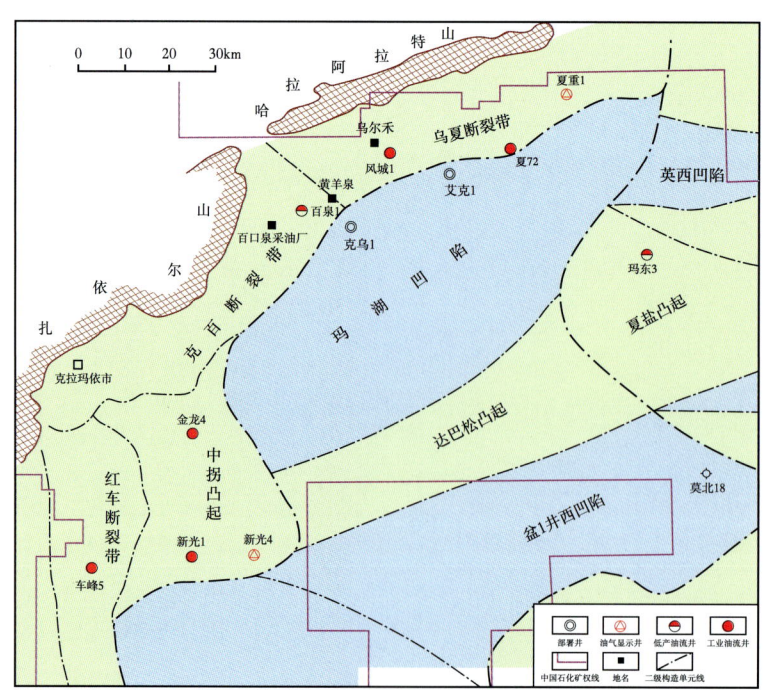

图 2-1 玛湖西斜坡构造位置图

成排排列特点，背斜沿构造带呈珠状排列，是海西构造运动的产物，浅层逐步成为单斜构造，倾向南东。玛湖凹陷构造格局形成于侏罗纪早期，构造较为简单，基本表现为东南倾的平缓单斜，局部发育低幅度平台、背斜或鼻状构造。勘探中，将玛湖凹陷的构造划分为断裂带和斜坡区两个部分。

玛湖凹陷是准噶尔盆地最富生烃凹陷[3-4]，三次资源评价计算的资源量约 $33.4 \times 10^8 t$，已探明储量主要集中于断裂带及断裂带上盘。截至西北缘精细勘探（2005年）前，断裂带共发现 8 个油田，累计探明石油储量 $12.26 \times 10^8 t$（占盆地总探明储量 $17.6 \times 10^8 t$ 的 70%），当年产油 $726 \times 10^4 t$（占全年产油量 65%）。20 世纪 80 年代末，西北缘油气勘探首次提出"跳出断裂带，走向斜坡区"的勘探思路，百口泉组沿玛湖凹陷周缘发育一系列鼻状隆起带，油气优先聚集在构造及储层甜点叠合发育区，油气成藏受有利相带、鼻凸构造及断裂共同控制[5]。

2. 构造演化

早二叠世晚期，准噶尔盆地周缘海槽已全部褶皱成山，由于盆地周缘褶皱山系向盆地冲断的推覆作用，致使早二叠世末准噶尔盆地中相对于边缘冲断推覆带形成了西北缘前陆盆地[6]。中二叠世—晚二叠世盆地西北缘边缘褶皱山系持续向盆地内挤压推进。早三叠世，由于准噶尔盆地整体抬升地层遭受剥蚀，盆地西北缘大部分区域缺失该时期地层，随后盆地西北缘地区进入了沉降—抬升的震荡发展阶段，该时期为盆地西北缘构造最为活跃的阶段。盆地西北缘受到了强烈的构造挤压、扭压应力，形成了一系列的冲断、褶皱、不整合及超覆等构造组合，并发育大量同沉积断裂[7]。

准噶尔盆地西北缘前陆冲断带的形成是由于西准噶尔洋在晚古生代向哈萨克斯坦板块俯冲、消减乃至发生碰撞作用，使盆地西北缘地区成为碰撞隆起带及隆起带相邻的碰撞前陆型沉积坳陷[8]。准噶尔盆地西北缘前陆冲断带的形成可以划分为 6 个阶段的演化：

中寒武世—早石炭世：准噶尔盆地西北缘地区处于准—吐块体西北部的被动大陆边缘，盆地西北缘北准噶尔洋与哈萨克斯坦板块相隔。

中、晚石炭世—早二叠世：西准噶尔洋向哈萨克斯坦板块之下俯冲消减，直至在早石炭世发生初始碰撞，大陆边缘坳陷开始上隆，碰撞作用不断加剧，形成推覆体构造，在盆地西北缘前方形成前陆坳陷。

晚二叠世：盆地西北缘内部碰撞挤压、冲断作用达到高潮，将前期形成的推覆体前缘断褶带也掩覆，同时在其前缘又形成新的断褶带，致使前陆坳陷的沉降中心向盆内迁移。

三叠纪—中侏罗世：盆地西北缘内推覆体构造得到继承发展，逆掩活动强度持续减弱，致使断层面变陡。

晚侏罗世—早白垩世：盆地西北缘内推覆体停止活动，直至下沉掩埋。晚侏罗世—早白垩世沉积超覆于推覆体之上。

晚白垩世—第四纪：该阶段为盆地西北缘地壳局部性隆起阶段，在经历了海西运动直至燕山运动后，西北缘前陆冲断带基本形成，在喜马拉雅运动后西北缘地区成为碰撞隆起带及与隆起带相邻的碰撞前陆型沉积坳陷。

二、地层发育特征

1. 地层划分

玛湖凹陷斜坡区地层发育较全，自下而上发育石炭系，二叠系佳木河组、风城组、夏子街组、下乌尔禾组，三叠系百口泉组、克拉玛依组、白碱滩组，侏罗系八道湾组、三工河组、西山窑组、头屯河组及白垩系[9]。其中二叠系与三叠系，三叠系与侏罗系，侏罗系与白垩系为区域性不整合（图2-2）。主要地层岩性特征如下：

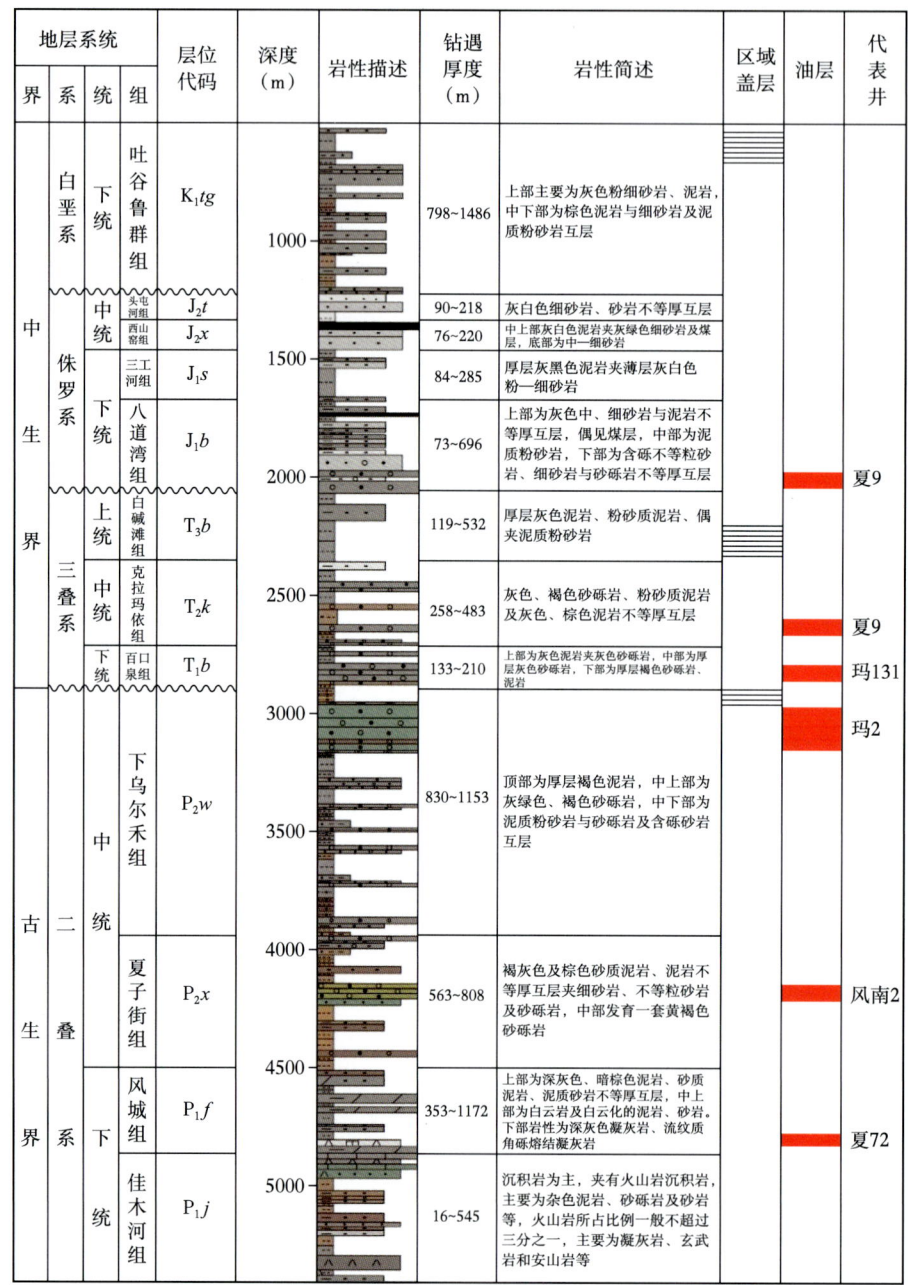

图 2-2 玛湖凹陷斜坡区地层综合柱状图

1）白垩系（K）

白垩系中、上部主要为灰色、浅灰色泥质砂岩、砂质泥岩互层；底部为灰色砂砾岩。

2）侏罗系（J）

侏罗系上部以灰色砂岩、含砾砂岩、泥质砂岩、泥岩夹煤层的互层为主；中部主要是灰色含砾不等粒砂岩、砂岩夹泥质粉砂岩、泥岩薄层，富含煤层；下部为厚层砂砾岩及砂质砂砾岩。

3）三叠系（T）

白碱滩组（T_3b）：主要为灰色、绿灰色泥岩、粉砂质泥岩、夹泥质砂岩。

克拉玛依组（T_2k）：主要为灰色、灰绿色砂砾岩、含砾不等粒砂岩、细砂岩夹绿灰色泥质粉砂岩、砂质泥岩等。

百口泉组（T_1b）：主要为灰绿色砂砾岩、含砾砂岩和夹灰色、绿灰色泥岩、砂质泥岩。根据岩性、电性特征及沉积旋回，三叠系百口泉组共分为三段，自下而上依次为百口泉组一段（T_1b_1）、百口泉组二段（T_1b_2）和百口泉组三段（T_1b_3）。其中百口泉组三段和二段全区广泛分布，百口泉组一段分布范围较小，在中拐凸起高部位和玛东地区遭受剥蚀。

4）二叠系（P）

下乌尔禾组（P_2w）：主要为绿灰色砂砾岩夹绿灰色泥质砂岩、深灰色砂质泥岩。

夏子街组（P_2x）：自下而上分为夏子街组一段（P_2x_1）、夏子街组二段（P_2x_2）、夏子街组三段（P_2x_3）和夏子街组四段（P_2x_4）；夏子街组四段（P_2x_4）岩性主要为灰褐色的砂砾岩、泥岩、泥质粉砂岩；夏子街组三段（P_2x_3）岩性主要为灰色、灰白色的白云质粉砂岩、白云质泥岩、砂砾岩；夏子街组二段（P_2x_2）岩性主要为褐色砂砾岩、白云质粉砂岩、粉—细砂岩、透镜状泥岩、泥质砂岩、砂质泥岩；夏子街组一段（P_2x_1）岩性主要为灰褐色砂砾岩、白云质粉砂岩、粉—细砂岩、含砾泥岩、泥质粉砂岩。

风城组（P_1f）：内部自下而上分为三段，即风城组一段（P_1f_1）、风城组二段（P_1f_2）和风城组三段（P_1f_3）。风城组一段（P_1f_1）岩性主要为深灰色、灰色云质粉砂岩、泥质白云岩和深灰色泥岩、粉砂质泥岩，在风城南和夏子街地区还分布有熔结凝灰岩；风城组二段（P_1f_2）岩性主要为深灰色薄层泥质云岩和云质泥岩互层，局部发育膏质粉砂岩；风城组三段（P_1f_3）上部岩性为灰黑色、灰绿色泥岩、粉砂质泥岩，下部为泥质白云岩。

佳木河组（P_1j）：上部主要为灰、灰绿、灰黑色砂岩、泥岩互层夹薄层火山熔岩（安山岩、玄武岩）；中部及下部以大套的火山岩为主（凝灰岩、安山岩、玄武岩及火山熔岩）。

2. 不同区块砾岩差异性分析

玛湖凹陷西北缘地区得到了不同区块的物质供给，导致玛湖、玛南及玛西地区砾岩组分具有明显的差异性，而不同沉积相带由于沉积过程中水动力的不同及所载物质的不同，导致砾岩中砾石的砾径、密度、分选、磨圆及支撑类型具有明显的差异。

1）玛西地区

玛西地区主要根据艾湖1井、艾湖2井、艾湖4井的薄片资料对该地区砾岩成分进行统计。

百一段：砾岩岩性主要为灰色—深灰色砂质砾岩、含泥砾岩等。砾石含量最高可达83%，最小值为12%，砾石组分以花岗岩砾石、凝灰岩砾石及泥岩砾石为主，且泥岩砾石含量最高，花岗岩砾石含量次之，凝灰岩砾石含量较低，导致该层段砾岩岩石硬度相对较低。砂质成分中岩屑以花岗岩岩屑含量最高、泥岩岩屑含量次之、凝灰岩岩屑含量较低。

百二段：砾岩岩性主要为砾岩、砂质砾岩等。砾石含量最高可达85%，最小值为60%，平均值为72.57%，砾石成分主要为花岗岩砾石、凝灰岩砾石、泥岩砾石、石英岩砾石及砂岩砾石。其中砂岩砾石含量最高，其次为花岗岩砾石及凝灰岩砾石等岩浆岩砾石，而泥岩砾石和变质岩砾石含量很低，该层段砾岩岩石硬度相对较低。砂质成分中凝灰岩岩屑、花岗岩岩屑等岩浆岩岩屑含量较高，泥岩岩屑、砂岩岩屑等沉积岩屑含量较低，未见变质岩岩屑。

百三段：在取样过程中未见砾岩，主要发育砂岩，其中岩屑以凝灰岩岩屑含量最高，平均值可达50%，其次为沉积岩岩屑。

2）玛湖地区

百一段：砾岩岩性主要为灰绿色、棕红色砾岩，灰色含砾砂岩，砾石含量最高为94%，最小值为10%，平均值为65.3%。砾石成分主要为霏细岩砾石、花岗岩砾石、凝灰岩砾石、安山岩砾石、流纹岩砾石。其中凝灰岩砾石含量最高，其次为花岗岩砾石，霏细岩砾石等其他岩浆岩砾石含量相对较低。砂质成分中同样以凝灰岩岩屑、霏细岩岩屑和花岗岩岩屑等岩浆岩岩屑为主，少见沉积岩屑，未见变质岩屑。

百二段：砾岩岩性主要为灰绿色、灰褐色砾岩。其中砾石含量最大值为65%，最小值为15%，平均值为65%。中砾石成分以凝灰岩砾石、花岗岩砾石、霏细岩砾石、安山岩砾石、流纹岩砾石、玄武岩砾石等岩浆岩砾石为主。砂质成分中同样以凝灰岩岩屑、霏细岩岩屑和花岗岩岩屑等岩浆岩岩屑为主，少见沉积岩屑，未见变质岩屑。

百三段：砾岩岩性主要为灰色砾岩。砾石成分以凝灰岩砾石、霏细岩砾石、安山岩砾石、流纹岩砾石等岩浆岩砾石为主，砂质成分中同样以凝灰岩岩屑、霏细岩岩屑和花岗岩岩屑等岩浆岩岩屑为主。

3）玛南地区

玛南地区仅磨制百一段岩石薄片，但根据物源区物质供给相，且沉积具有继承性，百二段与百三段砾岩组分应具有相似性。该区内百一段砾岩岩性主要为灰绿色、棕红色砾岩，灰色含砾砂岩，砾石含量最高为84%，最小值为4%，平均值为44.7%。砾石成分以凝灰岩砾石、花岗岩砾石及变质岩砾石为主，可见沉积岩砾石，砂质成分中以凝灰岩岩屑与花岗岩岩屑为主。

综合对比玛北、玛南、玛西三个不同物源区的岩石成分发现，玛北、玛西地区砾岩中砾石成分以凝灰岩砾石、霏细岩砾石等岩浆岩砾石为主，但玛西地区存在沉积岩砾石；而玛南地区主要为凝灰岩砾石、花岗岩砾石，区别于玛北玛西地区，玛南地区具有变质岩砾石。上述差异表明玛北地区为岩浆岩物源区，玛西地区为岩浆岩与沉积岩物源区，玛南地区则主要为岩浆岩与变质岩物源区。

根据雷德文等对玛湖凹陷百口泉组扇三角洲不同沉积微相沉积岩石特征进行的探讨[10]。扇三角洲平原相主要发育泥质含量较高的混杂含巨砾砂砾岩和砾岩；扇三角洲前缘内带表现为泥质含量少，且以砂质胶结或钙质胶结为主的砾岩；扇三角洲前缘外带表现为泥质含量较低，颗粒粒度较小的含砾中—细砂岩；前扇三角洲表现为泥质含量较少的砂岩或泥岩。利用沉积相带叠加法将整个研究区划分为富泥沉积岩+变质岩砾岩相区、贫泥沉积岩+变质岩砾岩相区、富泥凝灰岩+花岗岩+泥岩砾岩相区、贫泥凝灰岩+花岗岩+泥岩砾岩相区、富泥凝灰岩+霏细岩砾岩相区、贫泥凝灰岩+霏细岩砾岩相区、贫泥混合岩砾岩相区。

3. 不同区块不同相带砾岩表征参数差异

1）砾石直径

根据岩心描述资料，玛西、玛湖与玛南地区砾岩中砾径大小有所差异，玛湖地区夏子街扇三角洲砾岩粒度粗，变化范围大，砾石砾径主要分布范围在10~60mm；玛西地区黄阳泉扇三角洲砾岩粒度中等，砾石砾径通常在2~30mm；玛南地区克拉玛依扇三角洲粒度中等偏细，砾径主要在2~20mm。根据区域内测井解释成果，针对粗砾岩、大中砾岩、小中砾岩和细砾岩厚度进行统计，靠近物源区方向，粗砾岩的厚度逐渐增厚，而细砾岩厚度则逐渐减小。

2）砾石密度、分选、磨圆及支撑类型

结合沉积相分布，砾石密度、分选、磨圆及支撑类型表现出规律性变化，靠近物源方向，砾石密度较高，分选差、磨圆差，支撑类型以泥质支撑为主；靠近湖盆方向，砾岩密度则逐渐降低，分选、磨圆变好，支撑类型也逐渐变为砂质支撑，具体可分为四种类型：泥质支撑漂浮砾岩、砂质支撑漂浮砾岩、多级颗粒支撑砾岩和层理状砾岩（图2-3）。

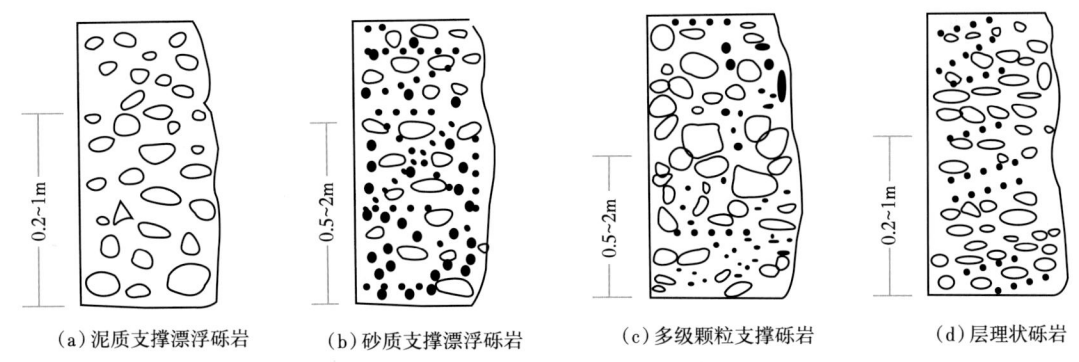

（a）泥质支撑漂浮砾岩　（b）砂质支撑漂浮砾岩　（c）多级颗粒支撑砾岩　（d）层理状砾岩

图2-3　研究区砾岩类型模式图

泥质支撑漂浮砾岩为高泥质含量的碎屑流沉积，反映扇三角洲端部泥质含量高的碎屑朵体。典型识别标志为不同粒径的砾石漂浮于泥岩基质中，砾石通常与界面平行顺层排列，偶见直立状，其粒径直方图为多峰态，且物性差。砂质支撑漂浮砾岩中，粗砂为填隙物的富砂碎屑流沉积，反映扇三角洲中部碎屑朵体或碎屑水道沉积。碎屑流沉积中当砂质碎屑含量较高时，砾石悬浮于砂质颗粒中，为其典型识别标志。其主要粒径为砂质粒径与砾石粒径，因而其粒度直方图呈双峰态，且砂质含量更多，呈正偏双峰态。颗粒间孔隙空间相对适中，但连通性较好。多级颗粒支撑砾岩典型识别标志为大小混杂，多级颗粒支撑，砾石分选与磨圆差，粗砾石之间充填中砾、细砾和粗砂，各个级别粒度基本均有覆盖，为扇三角洲平原上的洪流沉积，多呈厚层块状出现于水道的底部。颗粒间孔隙空间较小，连通性也差，属于最差的岩相类型。层理状砾岩为呈层状、叠瓦状、槽状交错、板状交错等沿固定方向或有规律分布的砾岩，表现为水动力条件相对比较强或比较稳定的扇三角洲前缘沉积环境。

三、沉积特征

1. 物源分析

玛湖凹陷西北缘和斜坡带位于准噶尔盆地中央凹陷和陆梁隆起的西侧，为山前坳陷。玛湖凹陷西北缘主要接受来自哈拉阿拉特山及扎依尔山的物质供给。根据玛湖凹陷内钻井的重矿物、砾岩厚度统计资料，结合玛湖百口泉组地层残余厚度图、砾岩平面分布图、地震属性图、地震相图、古地貌图，分析认为玛湖凹陷百口泉组主要发育扇三角洲—湖泊沉积体系[11]。扇三角洲扇体是沿着凹陷周缘分布，可划分出夏子街扇群、黄羊泉扇群、克拉玛依扇群。玛湖地区主要接受夏子街扇群的物质供给，玛西地区主要接受黄羊泉扇群的物质供给，玛南地区则主要接受克拉玛依扇群的物质供给，导致不同区块的物质组成存在差异。

2. 沉积相类型

玛湖凹陷沉积相类型主要划分为扇三角洲和湖泊（淡水湖泊）两大沉积相[12]，进一步可细分为四大沉积亚相和十一种沉积微相（表2-1，图2-4）。

表2-1 玛湖斜坡区百口泉组主要沉积相类型划分表

沉积相类型	亚相类型	主要微相类型
扇三角洲	扇三角洲平原	辫状分流河道、河道间、泥石流
	扇三角洲前缘	水下分流辫道、分流间湾、席状远沙坝、前缘碎屑流
	前扇三角洲	前缘泥、席状浊积砂
湖泊（淡水湖泊）	滨浅湖	湖泥、滩坝

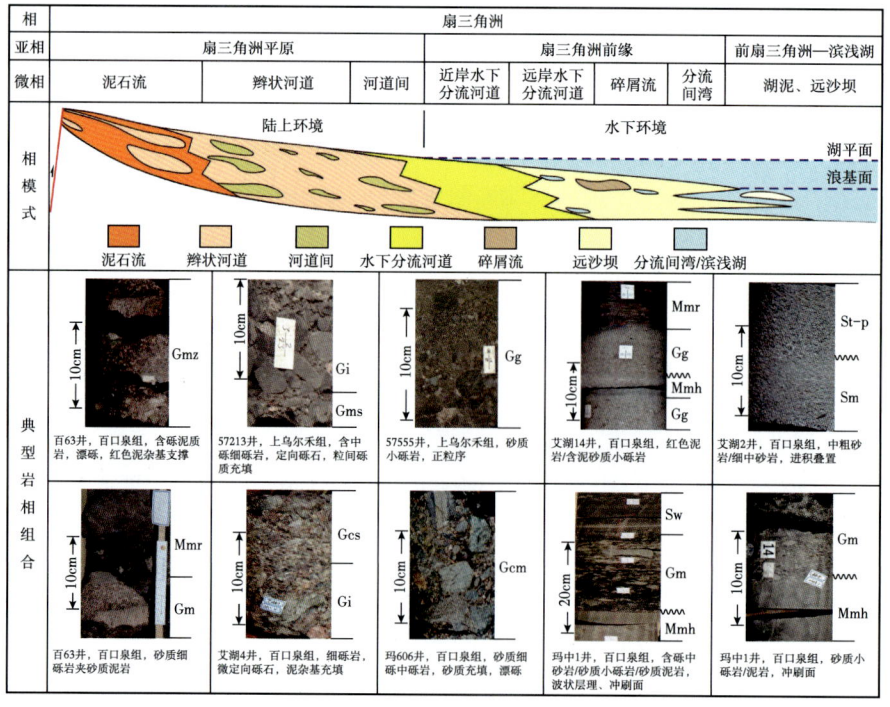

图2-4 玛湖凹陷斜坡区百口泉组和上乌尔禾组扇三角洲沉积微相与岩相特征

扇三角洲平原河道与水道间是扇三角洲平原的主要微相，其中平原水道又可以细分为碎屑水道和辫状水道，二者的测井响应类似，均为高幅、锯齿、厚层箱形，顶部呈钟形[13]。因而，碎屑水道与辫状水道的识别标志与区别特征关键在于其岩心特征。碎屑水道岩心上表现为混杂堆积，分选较差，碎屑流特征突出；辫状水道岩心上可见砾石叠瓦状排列，分选相对较好，牵引流特征明显。粗粒辫状水道与辫流坝间是紧密联系的。由于水动力条件变化复杂，水道经常对坝进行侵蚀、改造，坝也经常在水道中迁移，且二者测井响应特征基本一致，因此二者在微相上也很难区分识别。水道间常为浅灰褐色粉砂或含砾泥岩，测井曲线变现为中高幅、微锯齿状指型。

扇三角洲前缘相带是指时而处于水上、时而处于水下的沉积环境。前缘内带是指时常出露水面，但在洪水期没于水下。前缘外带是指时常位于水下，仅在枯水期出露地表。依据岩心与测井识别标志，以及沉积微相在空间上的延续性，扇三角洲前缘可细分为辫状分支水道、水下分流河道、水下分流间湾、河口坝等4种微相类型。其中，辫状分支水道是平原相辫状水道的延伸分支，其河道规模较小，沉积厚度和沉积构造规模均相对辫状水道较小，主要的砾岩粒度也相对较小，以中砾岩为主，泥岩含量大幅降低，发育粒级层理、槽状交错层理等牵引流成因沉积构造；测井曲线表现为高幅、微齿状钟形。辫状分支水道再往前推进就过渡为水下分流河道，河道交叉更频繁，弯曲度更高，即砾岩与泥岩间互频繁，岩石粒度在3种水道中最细，为中细砾岩、细砾岩，分选性和磨圆度较好，以槽状交错层理为主，测井曲线为中高幅钟形。在扇三角洲前缘外带边缘，由于沉积载荷松动发生富泥碎屑流沉积，呈朵状向前推移，称之为水下碎屑朵体，其在测井上识别难度大，而在岩心观察中特征明显。在前缘外围局部发育与岸线平行的河口坝，岩性为含砾粗砂岩、细砾岩，砂砾岩，以相对较好的分选性与磨圆度及大量板状交错层理发育为主要识别标志，测井曲线为中幅漏斗形。水下分流间湾是水道之间细粒沉积，岩心及测井上均能较好识别，其岩性以灰绿色粉砂岩为主，测井曲线为低幅指形。前扇三角洲泥位于浅湖中，泥岩以深灰色为主，局部含一些砂质碎屑，测井曲线为低幅锯齿状线形。

3. 沉积相平面展布特征

从区域上来看，沉积相由盆地边缘向盆内依次出现冲积扇、辫状河三角洲—湖泊交替相、湖泊相，研究区沉积主体位于扇三角洲—湖泊相沉积体系。从百口泉组优势平面图上来看（图2-5），玛湖凹陷主要发育5条水系，分别受到夏子街扇、黄羊泉扇、克拉玛依扇、中拐扇物源和达巴松扇的影响。从取样井井位位置，夏90井—玛152井一线发育在扇三角洲平原沉积相区，夏55井—玛137井一线发育在扇三角洲前缘沉积相区，主要受到夏子街扇物源区的影响。艾湖4井—艾湖7井一线发育在扇三角洲平原沉积相区，艾湖8井—艾湖6井一线主要发育在扇三角洲前缘沉积相区，主要受黄羊泉扇物源区的影响。玛湖2井—玛湖3井一线发育在扇三角洲前缘沉积相区，主要受克拉玛依扇物源区的影响。玛湖5井发育于扇三角洲平原沉积相区，主要为中拐扇物源区控制。

四、成岩作用特征

1. 储层成岩作用类型

成岩作用是沉积物沉积之后转变为沉积岩直至变质作用之前，或因构造运动重新抬升至地表遭受风化作用以前所发生的物理、化学、物理化学和生物的作用，以及这些作用所引起的沉积物或沉积岩的结构、构造和成分的变化。以玛湖凹陷典型砾岩储层——百口泉组为例，成岩作用类型主要包括压实作用、胶结作用及溶蚀作用等[14-15]。

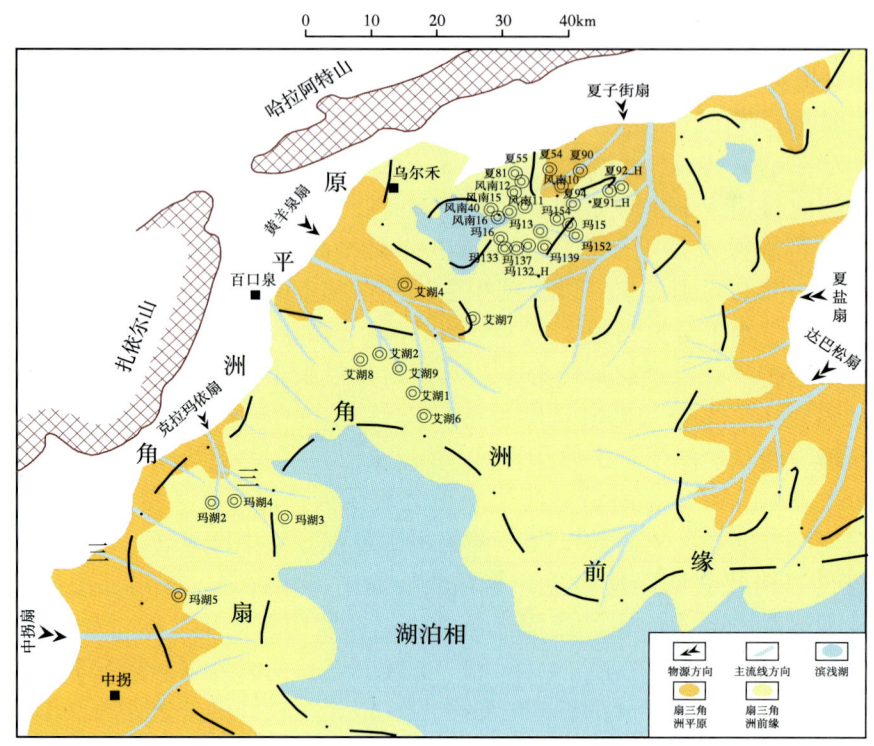

图 2-5　玛湖凹陷百口泉组优势沉积相平面图

1）压实作用

沉积物在埋藏过程中，由于上覆沉积物不断堆积，地层静负荷压力增大，沉积物颗粒发生重新排列，排出粒间水，致使密度增加、孔隙度减小的成岩作用，即为压实作用。这种成岩作用广泛发生于各种类型的沉积物中，压实作用最明显的结果是沉积物体积缩小和发生排水、脱水作用，最终导致原始孔隙度的绝对减少，并且这种作用过程是不可逆的。研究表明，在显微镜下可以观察到的压实现象常常有：塑性的云母碎片发生挠曲、一些泥岩岩屑被挤压变形、形成假杂基、刚性颗粒断裂等。在黏土杂基含量较高的砂岩和砾岩中，由于粒间黏土矿物的润滑作用，碎屑沉积物被迅速压实，粒间孔隙度损失较快，甚至消失殆尽。

机械压实作用主要发生在早成岩阶段 A、B 期和晚成岩阶段 A 期。在成岩早期，碎屑沉积物均较松散、易被压实，而达到晚成岩 A 期，经过初期压实的碎屑颗粒间通过相对位置的调整作用，由游离状接触调整为线接触状，颗粒间接触面积增加，从而极大地增强了抗压实能力，这时保存下来的粒间孔隙很难被单纯的机械压实作用所破坏，机械压实作用影响的最大埋藏深度，通常认为在 2500m 左右。在准噶尔盆地环玛湖凹陷二叠系和三叠系的砾岩和砂砾岩中，常常含有较多的火山岩岩屑（特别是含有大量的凝灰岩岩屑），其中部分半塑性的火山岩岩屑如凝灰岩岩屑、火山碎屑岩岩屑等在埋藏深度达到4000m的强压实作用下，就会发生塑性变形，与周围碎屑颗粒呈凹凸接触（或呈假杂基状），使砾岩和砂砾岩中的粒间孔隙遭到进一步破坏，导致储层物性急剧变差，进一步加大了压实作用对储层物性的破坏力，这时砾岩和砂砾岩的孔隙度一般小于10%，渗透率一般小于1mD（图2-6）。玛北地区三叠系百口泉组储层埋藏深度为3000~3800m，部分储集岩经受了较强的压实作用改造。受压实作用影响较大的储层主要为：分选性较差、泥质杂基含量较高、碳酸盐胶结物含量较低的砾岩。部分储层在压实过程中凝灰岩等半塑性岩屑受压变形，压实作用对储层物性产生了较大的破坏性作用。

图2-6 玛湖凹陷玛北地区三叠系百口泉组碎屑岩储层的压实作用特征

（a）玛005井，3451.68m，T_1b，砂砾岩，颗粒呈压嵌胶结，黏土膜和高岭石发育；（b）玛009井，3613.65m，T_1b，砂砾岩，压嵌式胶结，粒间发育伊/蒙混层；（c）玛001井，3577.89m，P_2w，砂砾岩分选中等，磨圆较好，压实作用强烈；（d）玛6井，2584.29m，T_1b，砂岩中泥质杂基含量较高，颗粒紧密接触，压实作用强

压实作用除了与埋藏深度有关外，还与岩石的成分成熟度和结构成熟度相关，而准噶尔盆地环玛湖凹陷二叠系和三叠系碎屑岩的成分成熟度和结构成熟度普遍较低，火山岩岩屑及杂基含量较高。这抑制了碳酸盐类等早期胶结作用的发育，加之泥质杂基的润滑作用，造成机械压实作用对储层物性的影响增大。玛北地区三叠系百口泉组的部分砾岩或不等粒砂岩分选性较差，泥质杂基含量较高，这些砾岩或砂岩的物性普遍较差。一方面是由于杂基含量的大量发育堵塞了储集岩的粒间孔，造成物性变差；另一方面杂基含量较高的储层，碳酸盐等化学胶结物含量低，压实作用对储层影响大（图2-7）。

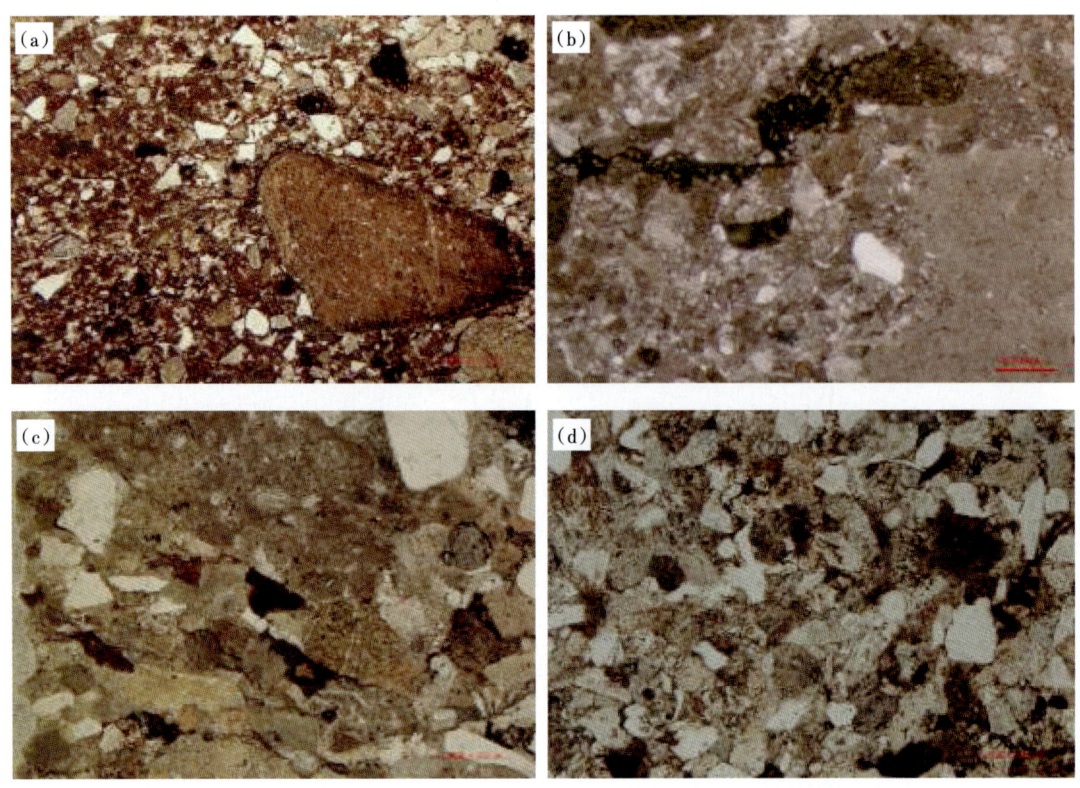

图 2-7　玛湖凹陷玛北地区三叠系百口泉组碎屑岩高杂基含量储层特征

（a）玛 006 井，3451.61m，T_1b，砂岩分选较差，泥质杂基含量较高，物性差；（b）玛 001 井，3489.41m，T_1b，砾质砂岩，分选差，泥质杂基含量高，物性较差；（c）玛 006 井，3464.40m，T_1b，含砾砂岩分选差，泥质杂基含量高，物性较差；（d）玛 6 井，3883.12m，T_1b，不等粒砂岩，分选差，泥质杂基含量较高，物性较差

对于玛湖凹陷玛北地区三叠系百口泉组储层来说，其埋藏深度大都在 3000m 以深，在冲积扇、扇三角洲平原沉积环境下，形成的储层的结构成熟度、成分成熟度都要很低，压实作用对储层破坏性更大，只有在有利的沉积相带上，由于长期水流的淘洗作用，泥质杂基含量降低，压实作用有所减弱，才可以保存一些优质储层。显微观察表明，该区可见到的压实作用现象主要是塑性岩屑被挤压变形、出现假杂基等。

2）胶结作用

胶结作用是指矿物质从孔隙溶液中沉淀出来，将松散的沉积物固结为岩石的作用。在多数情况下，胶结物都来自孔隙水。胶结作用是沉积物转变为沉积岩的重要作用，也是使沉积层中孔隙度和渗透率降低的主要原因之一。胶结作用可发生在成岩作用的各个阶段，并且呈现时代性的特点。后来的胶结物可以取代早期胶结物，胶结物形成后也可以发生溶解作用，形成次生孔隙。显微研究表明，砾岩中的胶结物类型多样，常见的有碳酸盐类（主要为方解石、铁方解石）、沸石类（主要为浊沸石、方沸石、片沸石）、硅质（包括石英增生和粒间孔边缘的自生石英小晶体）、自生黏土矿物（常见高岭石、绿泥石和伊利石等）和石膏等[16-17]。

玛湖凹陷玛北地区三叠系百口泉组主要发育砂砾岩和砾岩，它们主要形成于扇三角洲平原和扇三角洲前缘沉积环境,这种环境形成的粗碎屑岩往往含有大量的黏土矿物,在成岩作用过程中,黏土矿物胶结作用往往较发育;玛北地区三叠系百口泉组砾岩储层中常发育有伊/蒙混层黏土矿物,通过对储层的显微镜下观察不难发现,伊/蒙混层黏土矿物常与沸石类胶结物共生(图2-8),部分已经转化为片沸石或浊沸石,储层中这类混层黏土矿物发育应该与砾岩中火山岩岩屑含量较多存在一定关系。

图2-8 玛湖凹陷玛北地区三叠系百口泉组储层中混层黏土矿物发育特征
(a)玛13井,3107.25m,T_1b,油浸含砾砂岩,高岭石胶结;(b)玛132井,3273.9m,T_1b,砂岩,伊利石充填;
(c)玛133井,3136.2m,T_1b,砂岩,不规则的鳞片状伊利石和不规则的绒状块状蒙脱石;(d)玛16井,
3214.1m,T_1b_2,砂岩,高岭石绿泥石共生

但在扇三角洲前缘沉积环境下,特别是扇三角洲前缘水下分流河道中,由于受到湖水的不间断淘洗作用,形成的砾岩含有的泥质杂基较少,在合适的介质条件下,成岩作用过程中,也容易形成碳酸盐类胶结物(主要是方解石、铁方解石)、沸石类胶结物,这类胶结物往往容易在成岩作用后期发生溶蚀作用,成为改善储层物性重要的成岩作用。在玛湖凹陷内可见到的胶结物主要有方解石、绿泥石、硅质、沸石类、伊利石等,玛北地区三叠系百口泉组砾岩储层中常见有方解石等碳酸盐胶结物发育,部分储集岩中碳酸盐胶结物含量较高,充填了大量粒间孔隙,造成储层物性急剧变差(图2-9)。有些储集岩的粒间孔隙边缘,可见到自形方解石胶结物发育。方解石胶结物对储层影响具有双面性。

图 2-9 玛湖凹陷玛北地区三叠系百口泉组砂岩和砂砾岩的碳酸岩胶结作用特征

（a）玛006井，3413.51m，T_1b_2，砂砾岩，方解石胶结，占据粒间孔隙；（b）玛001井，3642.44m，T_1b_2，砂岩，方解石胶结，占据粒间孔隙；（c）玛6井，3809.19m，T_1b，砂砾岩，粒间发育自形方解石胶结物，并见有机质充填；（d）玛006井，3404.27m，T_1b，砂岩粒间发育大量碳酸盐胶结物。

3）溶蚀作用

碎屑岩中的任何碎屑颗粒、杂基、胶结物和交代矿物，包括最稳定的石英和硅质胶结物，在一定的成岩环境中都可以不同程度的发生溶解作用。组分的溶解包括两种方式：一致溶解和不一致溶解。前者指的是对组分的直接溶解，如纯的 NaCl、SiO_2、$CaCO_3$ 等的溶解，其溶解的固相的新鲜面成分上没有变化；后者是指岩石组分的不一致溶解，也称为溶蚀作用，它指的是溶解过程有选择性，矿物中残留下来的未溶组分成分有所改变，并形成与被溶矿物化学组成相近的新矿物，如长石在溶解过程中发生高岭石化。在环玛湖凹陷二叠系和三叠系储层中，更多的溶解作用是溶蚀作用，即选择性溶解作用，故在以下的讨论中，主要探讨溶蚀作用。溶蚀作用的结果导致了碎屑岩中次生孔隙和裂缝的形成，它们的形成是岩石中的矿物组分被溶解、岩石组分破裂或收缩所形成的孔缝。由于碎屑岩物质组成及孔隙水性质等方面存在的差异，在溶蚀作用过程中各种成分都可以被溶解，包括碎屑颗粒、胶结物、杂基或者它们的任意组合。在不同的地区，不同的层位，这种溶蚀作用对砾岩储层的各种组分的溶解程度是不同的，这些组分往往发生部分溶解，甚至全部溶解，并形成多种类型的次生孔隙，因而对储集性能有较大的改善作用，是改善储层物性的重要成岩作用。

玛北地区二叠系乌尔禾组和三叠系百口泉组砾岩储层的储集空间主要是粒间孔及粒间溶孔。后者包括碳酸盐类及沸石类等胶结物的溶蚀作用、长石等碎屑颗粒的溶蚀，还有部分杂基的溶蚀作用（图2-10）。其中泥质杂基含量较少的扇三角洲前缘水下分流河道微相的砂砾岩的胶结物及颗粒往往容易发生溶蚀作用。

图2-10　玛湖凹陷玛北地区三叠系百口泉组砂岩和砂砾岩的溶蚀作用特征

（a）玛133井，3202.3m，T_1b_3，溶蚀作用，油浸粗砂岩；（b）玛132井，3273.9m，T_1b_2，砂岩，长石的溶蚀；（c）玛001井，3426.75m，T_1b_3，砂砾岩，粒间、粒内溶孔，长石溶蚀，铸体薄片；（d）玛001，3426.75m，T_1b_3，砂砾岩，粒间、粒内溶孔，长石溶蚀，铸体薄片

2. 成岩阶段的划分方案

在成岩过程中自生矿物的出现和分布有其一定的物理、化学条件和特定的地质历史环境，它的形成和分布结合岩石结构、构造的变化能指示岩石形成发展过程。随着地层温度、压力的变化和孔隙水化学性质的差异，在不同性质的水与岩石之间及有机、无机之间相互反应，就会出现不同类型的自生矿物，所以自生矿物常被作为成岩阶段划分的重要依据。在成岩演化过程中，有机和无机矿物的演化是相辅相成的，所以在划分成岩阶段时还可以结合有机地球化学指标作为划分成岩阶段的依据。

不同组合、不同类型自生矿物不仅可提供有关成岩过程中水介质性质的演变资料，同时也具有一定地质温度计意义。根据对准噶尔盆地环玛湖凹陷二叠系和三叠系砾岩微观特征的详细观察、统计，并使用扫描电镜和电子探针对各类成岩特征和自生矿物的分析（图2-11），结合前人研究成果，制定出了适合该区碎屑岩的成岩阶段综合划分方案（表2-2），该划分方案考虑了以下几个方面。

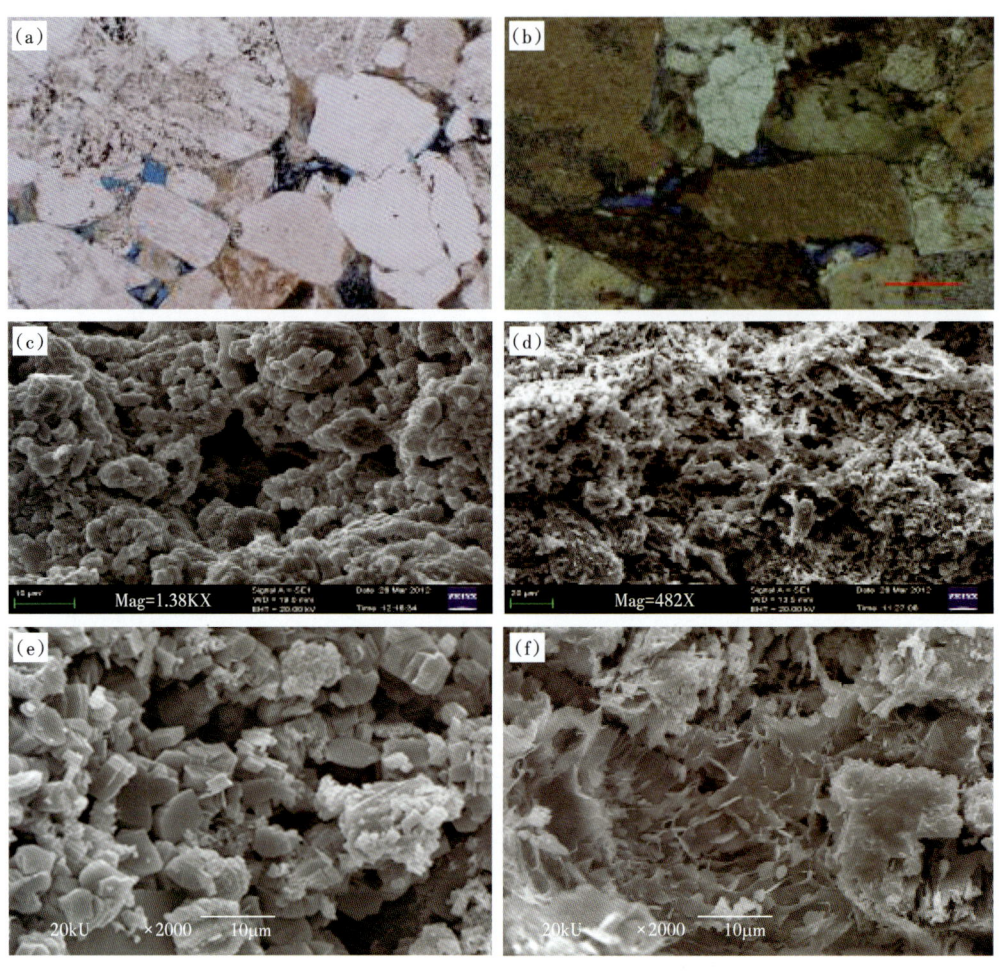

图 2-11 研究区百口泉组碎屑岩成岩作用微观特征

（a）玛 004 井，3427.37m，T_1b，砂砾岩中粒间孔及黏土收缩孔；（b）玛 001 井，3426.75m，T_1b，砂砾岩粒间孔和粒间溶孔发育，并有沥青质充填；（c）玛 131 井，3193.54m，T_1b，长石颗粒被溶蚀形成的粒内溶孔特征，扫描电镜 ×1390；（d）玛 131 井，3188.17m，T_1b，碎屑颗粒表明被溶蚀形成的粒间溶孔特征，扫描电镜 ×492；（e）玛 133 井，3138.6m，T_1b_1，沸石胶结；（f）玛 16 井，3213.65m，T_1b_2，砂岩，伊利石胶结

首先，岩石中颗粒接触特征和孔隙组合类型。岩石的结构特征是成岩演化最直接的反映，也是最容易观察到的成岩现象，因此它是成岩阶段划分重要依据之一。

其次，自生矿物的成分、形态、产状、生成顺序和组合特征。它们是划分成岩阶段的另一个重要的岩石学依据，其主要受控于温度、压力、孔隙流体组分和酸碱度特征，是反映成岩环境的重要证据。

最后，应考虑有机质成熟度。准噶尔盆地环玛湖凹陷二叠系和三叠系砾岩中能反映其形成温度或形成顺序的常见自生矿物主要有：碳酸盐类胶结物（主要有方解石、含铁方解石和白云石等）、石英次生加大或硅质胶结、长石增生或自生长石、自生沸石类矿物及黏土矿物等。碳酸盐类胶结物可形成于不同胶结世代，在同生、浅埋和深埋过程中可形成不同结晶程度或类型的碳酸盐类胶结物，通过对其包裹体测定可以了解不同世代胶结物的

第二章 地质概况及砾岩储层特征

表2-2 准噶尔盆地环玛湖凹陷二叠系和三叠系碎屑岩成岩阶段划分表

成岩阶段		R_o(%)	成岩温度(℃)	泥质岩 泥层类型	泥质岩 S(%)	机械压实作用	压溶作用	碎屑颗粒变形	自生矿物					溶蚀作用 碳酸盐类	溶蚀作用 长石及岩屑	溶蚀作用 沸石类	孔隙类型	颗粒接触类型	次生孔隙生成	油气形成
早成岩阶段	A	0.4	<70	分散状蒙脱石	>70	较强		塑性碎屑颗粒变形	高岭石	方解石			沸石			弱	I类为主	点状为主	次生孔隙形成	生化甲烷
早成岩阶段	B	0.7	90	无序混层带	50	弱	强		自生高岭石 粒状完状	泥晶方解石	石膏		方沸石	弱	弱	弱	I类为主	点状为主	次生孔隙形成	初期生油
晚成岩阶段	A	1.3	130	有序混层带	20	弱	较强		晶体完好的高岭石增多 线球状	亮晶方解石 泥晶白云石	硬石膏	弱	片沸石	弱	弱	弱	I—II类	点状—线状	次生孔隙形成	大量油气生成
晚成岩阶段	B	2.0	170	伊利石—绿泥石带	<20	较强	较强	半塑性火山岩岩屑发生塑性变形 片状	高岭石向伊利石转化	亮晶含铁方解石 自形亮晶白云石	片钠铝石	强（自生钠长石发育）	浊沸石	强	强	强	II—III类	线状—凹凸状	次生孔隙大量发育	湿气
晚成岩阶段	C	>2.0	>170	0		强	弱			方解石重结晶 亮晶铁白云石	重晶石		浊沸石 石英—绿纤石	弱	弱	弱	III—IV类	凹凸状—缝合状	裂隙裂缝发育	干气

形成温度，从而确定其形成顺序和形成序列。此外，通过对其氧碳稳定同位素分析，可以对其形成温度和形成时的水介质特征及成因特点做出进一步解释。石英次生加大在砂岩储层中分布比较普遍，根据石英次生加大的发育程度，特别是对次生加大部分的包裹体温度的测定，可对其形成顺序和阶段做出判断。研究表明，通常弱的石英次生加大或硅质胶结中包裹体的温度为 65±5℃，随着成岩温度的增加，分别测得石英次生加大包裹体的温度有 90℃、126℃、155℃ 等，这可为成岩阶段的划分和成岩序列的确定提供重要证据。在准噶尔盆地环玛湖凹陷二叠系和三叠系的砾岩中，由于石英颗粒含量较低，次生加大并不普遍，但是在砾岩的粒间孔隙中常可见到自生硅质（石英质）胶结物。同时，长石的加大、钠长石化及各种沸石的分布，也可为成岩环境的解释和成岩阶段的划分提供依据。同时，砾岩储层中自生黏土矿物的自生程度、结晶程度和 I/S 混层比等也是划分其成岩阶段和成岩序列的重要依据。

依据前述划分原则，准噶尔盆地环玛湖凹陷二叠系和三叠系碎屑岩的成岩阶段可划分为早成岩（A、B）和晚成岩（A、B、C）两个阶段，具体特征如下：

1）早成岩阶段

早成岩阶段 A 期：处于该阶段的沉积物，颗粒呈未接触状—点接触状，粒间体积大，压实作用较弱，颗粒间多被早期泥晶碳酸盐矿物充填（主要为泥晶方解石、泥晶菱铁矿等）。岩石疏松，呈未固结—半固结状，以原生粒间孔为主，其次为填隙物（陆源黏土杂基、泥晶碳酸盐）内微孔隙。黏土矿物中蒙脱石含量高，蒙脱石层在伊/蒙混层中含量大于 70%。埋藏温度 14~70℃，镜质组反射率（R_o）小于 0.4%。有机质未成熟，处于生化甲烷阶段。孔隙水与底水或大气降水相通，孔隙水中 CO_2 分压（p_{CO_2}）高，加之有机质很快腐烂分解，可生成腐殖酸，成岩环境以酸性特征为主。

早成岩阶段 B 期：颗粒间仍以点接触为主，出现部分线接触，压实作用逐渐增强。岩石呈半固结状，粒间被部分泥晶方解石或泥晶白云石充填，并出现溶蚀现象，形成原生粒间孔、粒间溶孔和填隙物内溶孔组合。该期原生粒间孔受压实作用和胶结作用影响，孔隙体积减小，向下次生溶蚀孔隙增加。R_o 为 0.4%~0.7%，有机质半成熟，成岩环境为酸性，开始出现混层黏土矿物，蒙脱石层含量 70%~50%，属无序混层带。此外，在局部地区可见少量自生硅质胶结物或石英次生加大，在部分火山岩岩屑周围或长石颗粒边缘可出现少量自生方沸石。

2）晚成岩阶段

晚成岩阶段 A 期：颗粒间以线接触为主，压实作用较强，岩石多已固结，开始出现少量粉晶铁白云石。石英和长石自生加大普遍，多围绕碎屑颗粒形成单一晶面，砂砾岩粒间孔隙中常出现自生方沸石、片沸石等矿物。原生孔隙基本定型，次生孔隙大量出现，多由碳酸盐胶结物、沸石类、长石或岩屑溶蚀而成，形成混合孔隙组合特征。伊/蒙混层矿物普遍出现，蒙脱石层含量在 50%~20%，为有序混层带。处于晚成岩 A 期上部的地层的 R_o 值达 0.7%~1.3%，有机质处于低成熟阶段，开始生成热解烃，大量有机酸生成，并与黏土矿物演化过程中析出的层间水混合，进入孔隙水体中，对岩石中化学性质不稳定的长石、沸石类、火山岩屑和碳酸盐矿物等易溶组分进行溶蚀，并生成大量次生溶蚀孔隙。

晚成岩阶段 B 期：该期典型标志为刚性颗粒间普遍呈线接触，甚至出现凸凹接触类型，粒间体积较小。R_o 值在 1.3%~2.0%。成岩自生矿物中开始大量出现晚期铁方解石、铁白云石，并交代石英颗粒，使其边缘呈港湾状，交代强烈时石英呈残余状，漂浮在碳酸盐交代物中。该阶段中常出现自生钙沸石和浊沸石等矿物，这类沸石矿物的稳定较差，当孔隙水地球化学环境（特别是 pH 值）发生变化时，极易发生溶蚀。

晚成岩阶段 C 期：该期的成岩环境完全为碱性环境，R_o 大于 2.0%，自生黏土矿物几乎不含蒙脱石、砂岩颗粒间以凹凸状—缝合线状接触，油气形成阶段为干气阶段。

准噶尔盆地玛湖凹陷玛北地区三叠系百口泉组埋藏程度常常达到 2200~3800m，碎屑岩普遍经受了较强的压实作用改造，碎屑颗粒大都以点接触—线接触为主，砾岩储层物性普遍较差，其中原生孔隙已大量丧失，仅在砂岩中见到较发育的原生粒间孔，次生孔隙成为其中最主要的孔隙类型。在该地区碎屑岩中其中富含火山岩岩屑，方沸石和片沸石等自生矿物普遍发育，方解石胶结物常见，含铁方解石和白云石等晚期碳酸盐胶结物罕见。碎屑岩中碳酸盐类、沸石类和长石类等易溶矿物含量非常高，这些矿物（特别是碳酸盐类矿物）的溶蚀作用是该地区砾岩次生孔隙的主要成因类型。此外在砾岩的粒间孔隙中，高岭石、伊利石和绿泥石等自生黏土也比较常见。

通过对玛北地区三叠系百口泉组储集岩成岩特征及孔隙类型的研究，建立了该区储层成岩序列及孔隙演化模式（图 2-12、图 2-13），确定了上述层位储集岩所处的成岩阶段主要为晚成岩阶段 B 期，部分埋藏较浅的储集岩则处于晚成岩阶段 A 期，主要依据有：

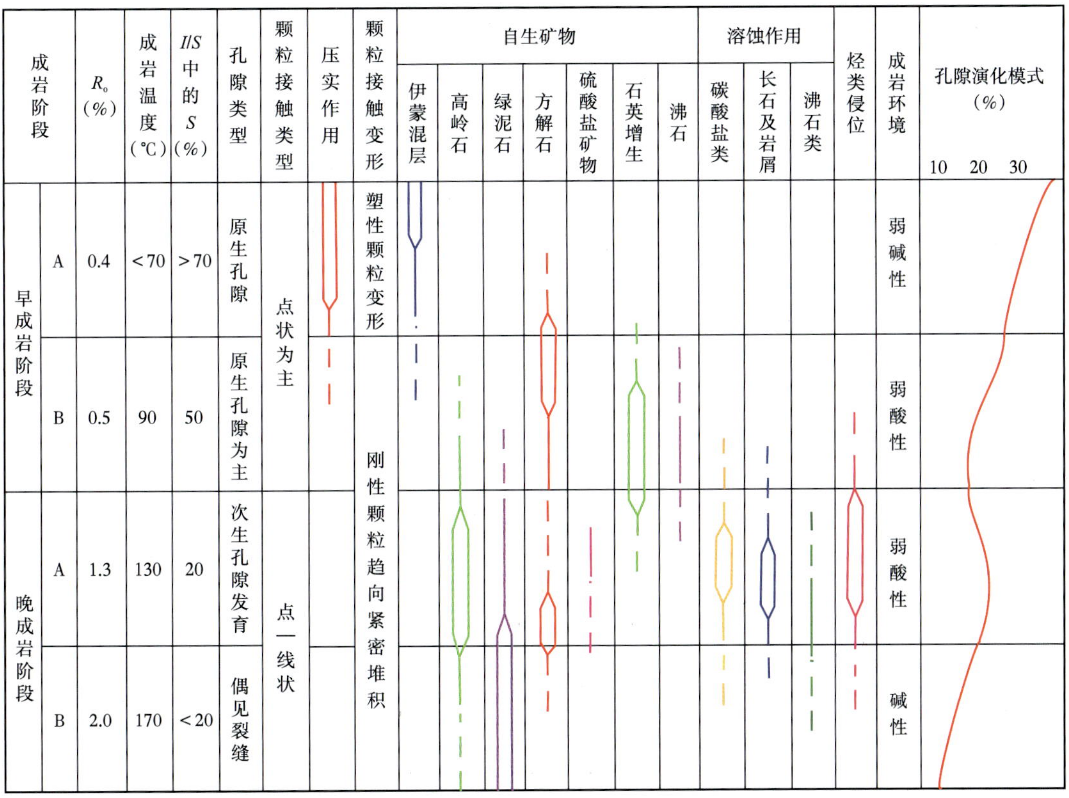

成岩阶段		R_o（%）	成岩温度（℃）	I/S 中的 S（%）	孔隙类型	颗粒接触类型	压实作用	颗粒接触变形	自生矿物						溶蚀作用			烃类侵位	成岩环境	孔隙演化模式（%）10 20 30
									伊蒙混层	高岭石	绿泥石	方解石	硫酸盐矿物	石英增生	沸石	碳酸盐类	长石及岩屑	沸石类			
早成岩阶段	A	0.4	<70	>70	原生孔隙	点状为主	塑性颗粒变形													弱碱性	
	B	0.5	90	50	原生孔隙为主															弱酸性	
晚成岩阶段	A	1.3	130	20	次生孔隙发育	点—线状	刚性颗粒趋向紧密堆积													弱酸性	
	B	2.0	170	<20	偶见裂缝															碱性	

图 2-12 玛湖凹陷玛北地区三叠系百口泉组储层成岩序列

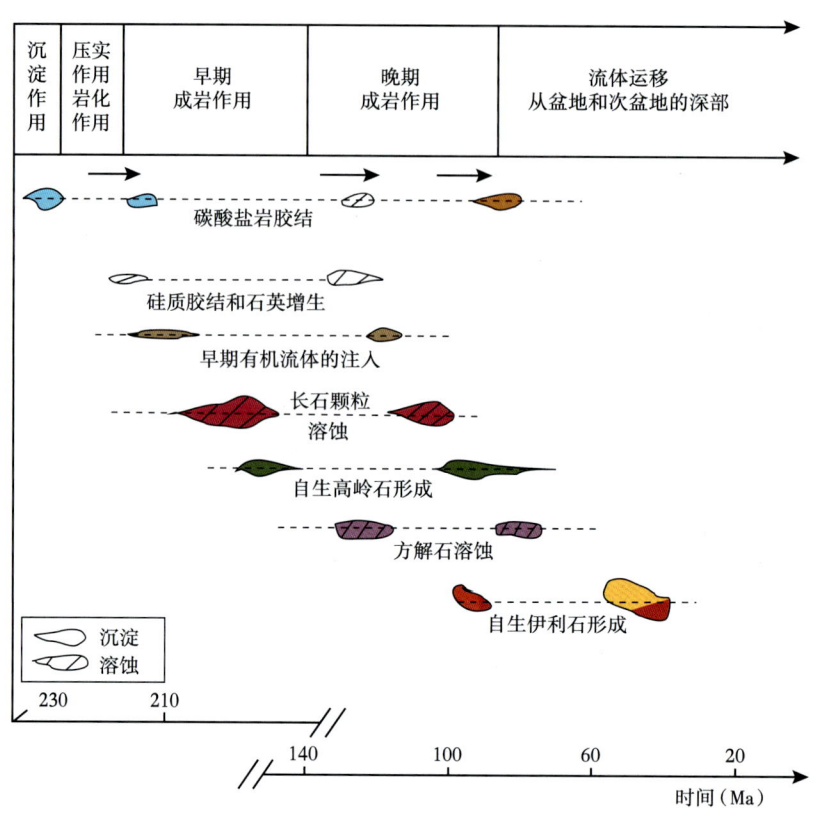

图 2-13 玛湖凹陷三叠系百口泉组储层成岩演化模式图

（1）储集岩埋藏深度较大，主要在 2200~3800m，碎屑颗粒以线接触为主，压实作用对物性影响大。

（2）砂岩储集空间主要为残余粒间孔、粒间和粒内溶孔。常见长石和沸石类矿物发生溶蚀作用，次生孔隙所占比例较大。

（3）砂岩粒间孔中发育的黏土矿物为书页状高岭石、伊利石和绿泥石，蒙脱石及混层黏土矿物罕见。

（4）砂岩粒间孔中常发育沸石类自生矿物，并常有溶蚀现象。

（5）石英颗粒的石英次生加大及粒间孔中自生石英晶体比较常见。

第二节 玛湖凹陷砾岩储层特征

一、岩石学特征

玛湖地区三叠系百口泉组储层以砂砾岩、不等粒砂砾岩、含砾粗砂岩、砂岩为主。结构既有分选和磨圆较差的，也有砾石具有一定磨圆度，甚至具有一定分选性。胶结物以泥质、钙质为主[18]。自下而上颜色从褐色、棕褐色为主逐渐过渡到灰绿色、灰色为主，反映出沉积相从扇三角洲平原演化为扇三角洲前缘的水进沉积特点。玛湖斜坡区百口泉组储层岩性主要为灰色、灰绿色砾岩、砂质砾岩及不等粒砂岩。砾石大小不等,最大粒径为 10cm,一般为 0.5~2cm,颗粒磨圆为次棱状,胶结中等到致密。砾石成分以凝灰岩为主(44.3%),其次为变泥岩(11.3%)及少量花岗岩(4.97%)、安山岩(3.54%)、流纹岩(2.95%);砂质成分以凝灰岩为主(12.9%),其次为石英(4.21%)和长石(4.22%)。填隙物以高岭石、泥质为主(4.58%),少量的为绿泥石(0.81%)和方解石(0.51%)。砂岩储层成分成熟度和结构成熟度均较低,以岩屑砂岩为主,少量长石岩屑砂岩,颗粒分选差,颗粒间线接触的压嵌式胶结类型为主。储层黏土矿物以伊/蒙混层较多,并且大部分已向伊利石转化,平均含量为 38%,次为方解石(23%)和绿泥石(25%),伊利石含量相对较低(14%),详见表 2-3。

表 2-3 岩石学特征统计成果表

储层类型	典型岩性	碎屑组分(%)		碳酸盐组分(%)		结构特征			主要碎屑粒径区间(mm)
		砾石	砂质	泥质	方解石	分选性	磨圆度	支撑类型	
Ⅰ	灰色砂砾岩	>50	25~50	<2	<2	较好	次圆状	砂质支撑	0.25~4
	含砾粗砂岩	10~25	>75	<2	<2	较好	次圆状	砂质支撑	0.25~3
Ⅱ	灰色砂砾岩	>90	<10	<2	<2	中等	次圆状	砂质支撑	2~4
	灰色砂质砂砾岩	>75	10~25	<2	<2	中等	次圆状	砂质支撑	0.25~4
Ⅲ	灰绿色砂砾岩	>50	25~50	2~5	<5	较差	次圆状	泥质支撑	0.25~4
	钙质砂砾岩	>50	25~50	<2	<2	中等	次圆状	砂质支撑	0.25~4
	灰色中、粗砂砾岩	>90	<10	2~5	<5	差	次圆状	砂质支撑	>4
Ⅳ	杂色、褐色砂砾岩	>50	25~50	>5	<5	差	次棱角—次圆状	泥质支撑	<6.4
	褐色砂砾岩	>85	<10	>5	<5	差	次棱角—次圆状	泥质支撑	>2

二、物性特征

储层的物性特征主要包括孔隙度和渗透率。根据铸体薄片分析资料,玛湖地区三叠系百口泉组储集岩孔隙类型主要为剩余粒间孔、粒内溶孔、粒间溶孔,少量微裂缝。百口泉组的部分砾岩或不等粒砂岩分选性较差,泥质杂基含量较高,这些砾岩或砂岩的物性常较差。一方面,由于杂基的大量发育堵塞了储集岩的粒间孔,造成物性变差;另一方面杂基含量较高的储层,碳酸盐等化学胶结物含量低,压实作用对储层影响大[19]。

根据岩心分析数据统计,玛湖地区百口泉组三个段储层的物性差别较小。孔隙度在百一段以 6%~14% 为主,平均值 9.44%,在百二段以 4%~12% 为主,其中以 6%~10% 占主导,平均值 8.03%,在百三段以 4%~10% 为主,其中以 6%~8% 为主导,平均值 7.22%;渗透率在三个段基本都以 0.8~20mD 为主,平均值依次是 0.92mD、1.04mD、1.39mD,详见图 2-14。

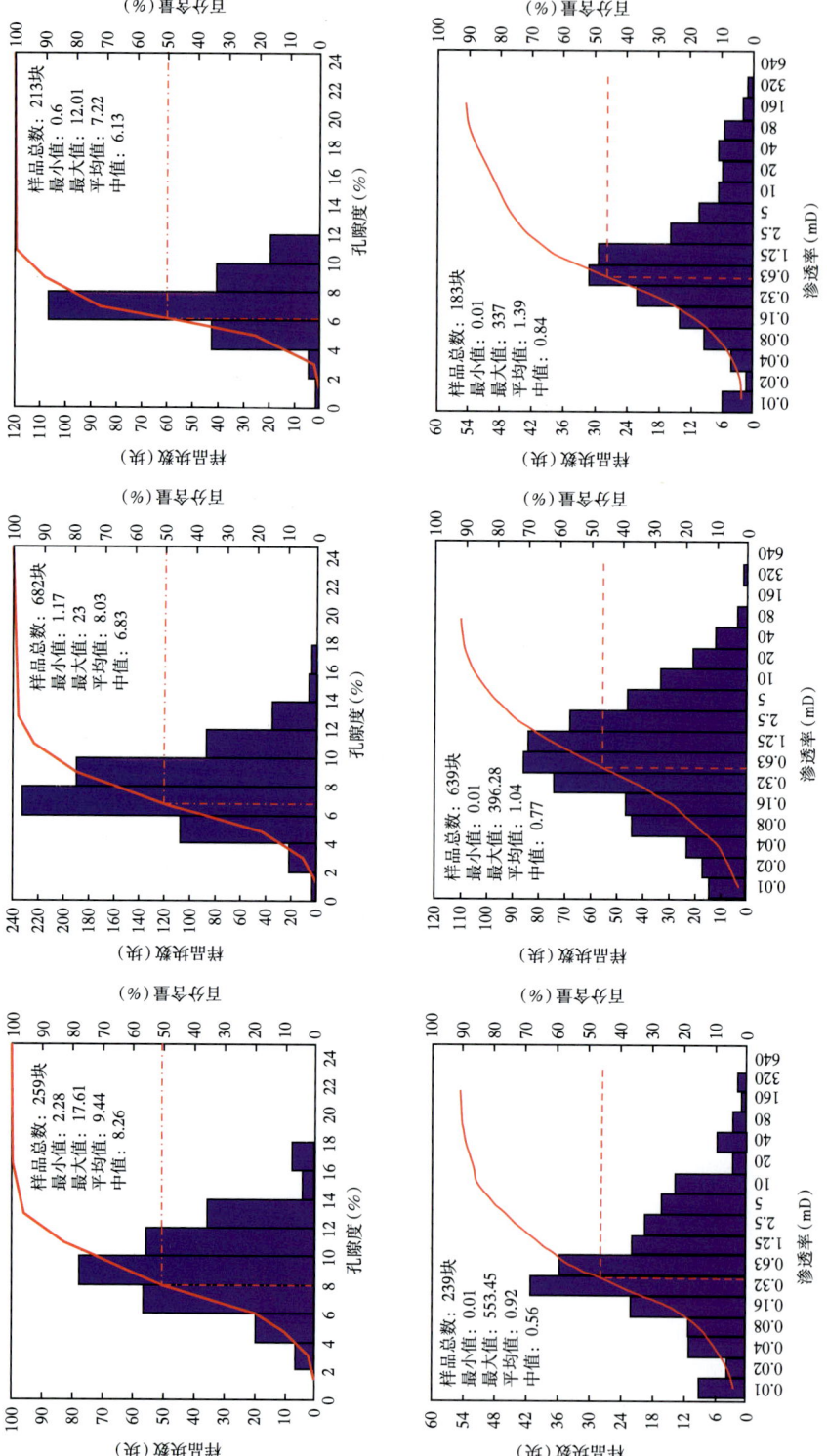

图2-14 玛湖凹陷百口泉组储层物性参数统计

三、储集空间类型

玛湖凹陷砾岩储层孔隙类型主要包括原生剩余粒间孔［图 2-15（a）］、次生粒内溶孔［图 2-15（b）、（d）、（e）］与粒间溶孔［图 2-15（c）］、微裂缝［图 2-15（f）］等。剩余粒间孔是原生粒间孔隙经压实、胶结等成岩作用后，部分孔隙空间被充填，所残余的粒间孔隙，主要发育于粗砂、细砾岩。粒内溶孔主要发育于岩石颗粒内部，是长石与岩屑中易溶组分被孔隙流体溶解的产物，主要发育于细砾与小中砾岩。在强烈的溶解作用下，岩屑内部矿物可整个被溶解仅剩颗粒轮廓、岩石结构等特征，形成铸模孔。粒间溶孔主要为高岭石晶间溶孔，多呈现窗格状［图 2-15（c）］。裂缝在小中砾与大中砾岩中较为常见，多沿刚性颗粒边缘发育，也有部分因溶蚀作用形成的溶蚀裂隙［图 2-15（f）］。

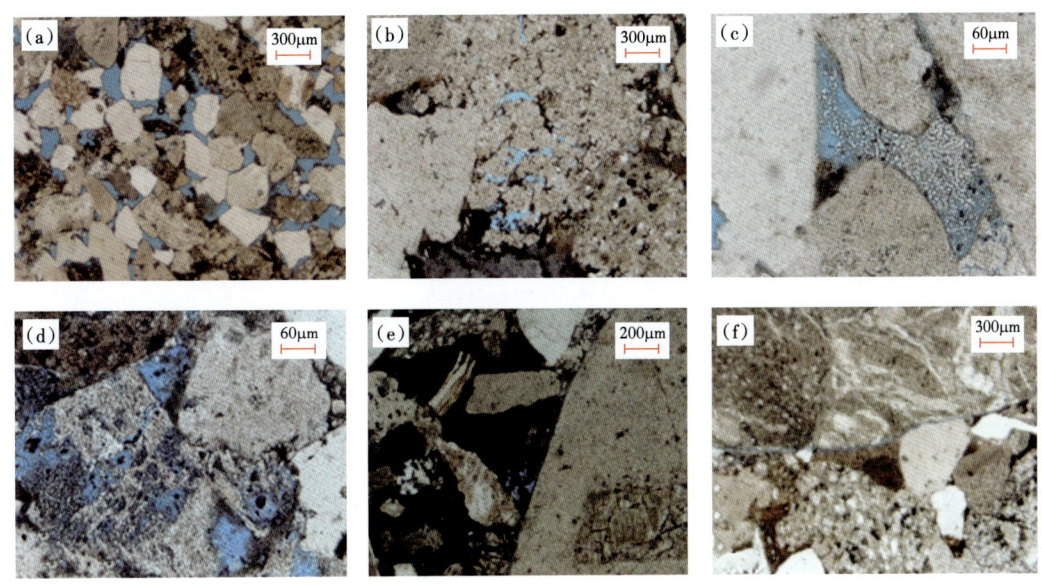

图 2-15 玛湖凹陷百口泉组储集空间类型

（a）玛 139 井，深度为 3259.7m，原生粒间孔，面孔率为 18%，孔隙度为 16.7%，渗透率为 70.9mD；（b）夏 723 井，深度为 2682.25m，砾石内溶孔，面孔率为 3.5%，孔隙度为 8.7%，渗透率为 0.89mD；（c）M152-6 灰色细砂砾岩（单偏光），发育高岭石微晶间溶孔，泥质杂基含量低，孔隙度为 10.11%，渗透率为 0.0807mD；（d）玛 154 井，深度为 3026.375m，长石粒内溶孔，面孔率为 4%，孔隙度为 5.73%，渗透率为 0.16mD；（e）玛 139 井，深度为 3271.23m，杂基溶孔，面孔率为 1.8%，孔隙度为 10.2%，渗透率为 0.21mD；（f）M133-2 灰色小中砂砾岩（单偏光），发育微裂缝，泥质杂基含量高，孔隙度为 8.19%，渗透率为 0.4274mD

四、储层孔隙结构特征

压汞实验资料显示（图 2-16），玛湖凹陷百口泉组储层毛细管压力曲线为偏中—细歪度，最大进汞饱和度较低，一般小于 60%，几乎没有明显的进汞平台，孔隙分选性较差，具有小孔隙和细喉道[20]；统计分析表明，玛湖斜坡区毛细管压力特征为：饱和度中值压力分布范围为 2.4~19.22MPa，平均值为 9.99MPa；饱和中值半径分布范围为 0.1~0.8μm，平均值为 0.37μm；排驱压力分布范围为 0.18~1.35MPa，平均值为 0.52MPa；毛细管半径分布范围为 0.12~1.6μm，平均毛细管半径为 0.5μm。

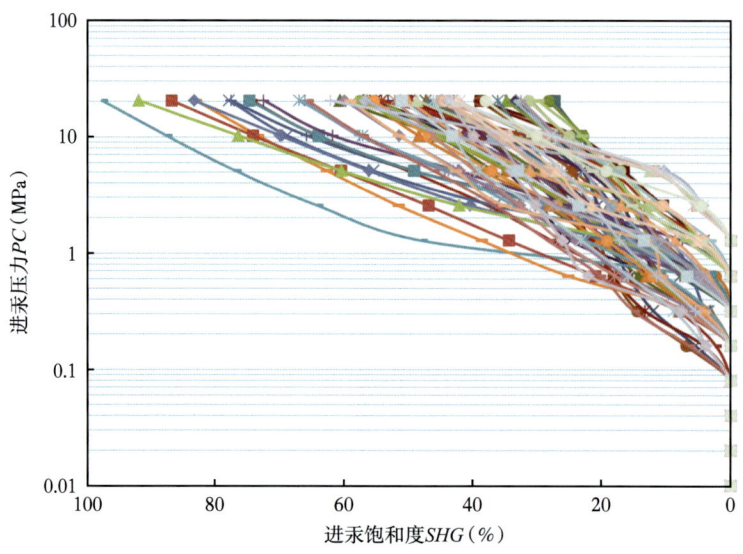

图 2-16　环玛湖斜坡区百口泉组毛细管压力特征

分区域看，玛西斜坡区相对玛北斜坡区压汞曲线分选系数较大，压汞曲线中间段较长，喉道大小的分布较集中，有效孔隙度较大；平均毛细管半径、中值半径、孔喉体积均较大、排驱压力较小，反映该区域岩石具有更轻的渗流能力（表2-4）。玛西斜坡区优于玛北斜坡区的成因主要从沉积成因上分析，如表2-5所示。

表 2-4　玛北斜坡区与玛西斜坡区毛细管压力孔隙结构参数对比

区域	有效孔隙度（%）	分选系数	平均毛细管半径（μm）	中值半径（μm）	排驱压力（MPa）	孔喉体积（mm³）
玛北斜坡	7.91	1.655	0.237	0.0544	1.742	1.98
玛西斜坡	8.47	1.946	0.772	0.0898	0.057	2.989

表 2-5　玛北斜坡区与玛西斜坡区储层控制因素分析

特征与控制因素		玛西斜坡	玛北斜坡
微观	孔喉半径	平均毛细管半径、中值半径较大	平均毛细管半径、中值半径较小
	孔喉体积	较大	较小
	分选系数	分选系数较大	分选系数小
宏观	粒度	粒度较细，2~30mm	粒度较粗且变化范围大，20~60mm
	结构成熟度	分选、磨圆均较好，结构成熟较高	分选较差、磨圆中等，结构成熟度低
	成分成熟度	见石英颗粒，成分成熟度较高	见长石与花岗岩岩屑，成熟度较低
	母岩性质	变质岩为主	花岗岩为主

续表

特征与控制因素		玛西斜坡	玛北斜坡
沉积成因机制	地形坡度	较缓	较陡
	物源距离	较远	较近
	物源性质	变质岩稳定性较高	花岗岩稳定性较差
	水动力强度	中等、较强	强
	搬运机制	持续稳定的牵引流为主	间歇性洪水为主

参 考 文 献

[1] 邹才能, 侯连华, 匡立春, 等. 准噶尔盆地西缘二叠—三叠系扇控成岩储集相成因机理[J]. 地质科学, 2007(3): 587-601.

[2] 匡立春, 唐勇, 雷德文, 等. 准噶尔盆地玛湖凹陷斜坡区三叠系百口泉组扇控大面积岩性油藏勘探实践[J]. 中国石油勘探, 2014, 19(6): 14-23.

[3] 钱海涛, 尤新才, 魏云, 等. 玛东地区百口泉组地层新认识及油气勘探意义[J]. 西南石油大学学报(自然科学版), 2020, 42(2): 27-36.

[4] 覃建华, 张景, 蒋庆平, 等. 玛湖砾岩致密油"甜点"分类评价及其工程应用[J]. 中国石油勘探, 2020, 25(2): 110-119.

[5] 陈建平, 王绪龙, 邓春萍, 等. 准噶尔盆地油气源、油气分布与油气系统[J]. 地质学报, 2016, 90(3): 421-450.

[6] Wang X, Song Y, Bian B, et al. Basement structure of the Junggar Basin[J]. Earth Science Frontiers, 2021, 28(6): 235-255.

[7] 何登发, 张磊, 吴松涛, 等. 准噶尔盆地构造演化阶段及其特征[J]. 石油与天然气地质, 2018, 39(5): 845-861.

[8] 陆钢, 王利利, 张恺, 等. 准噶尔盆地西北缘红山咀—夏子街地区构造演化特征及其含油远景评价[J]. 石油勘探与开发, 1987(1): 10-19.

[9] 滕卫卫, 王辉. 玛湖凹陷西部斜坡区二叠系乌尔禾组厚层砂砾岩沉积相及储层特征[J]. 新疆地质, 2021, 39(1): 99-103.

[10] 雷德文, 阿布力米提, 唐勇, 等. 准噶尔盆地玛湖凹陷百口泉组油气高产区控制因素与分布预测[J]. 新疆石油地质, 2014, 35(5): 495-499.

[11] 潘建国, 王国栋, 曲永强, 等. 砂砾岩成岩圈闭形成与特征——以准噶尔盆地玛湖凹陷三叠系百口泉组为例[J]. 天然气地球科学, 2015, 26(S1): 41-49.

[12] 于兴河, 瞿建华, 谭程鹏, 等. 玛湖凹陷百口泉组扇三角洲砾岩岩相及成因模式[J]. 新疆石油地质, 2014, 35(6): 619-627.

[13] 汪孝敬, 李维锋, 董宏, 等. 砂砾岩相成因分类及扇三角洲沉积特征——以准噶尔盆地西北缘克拉玛依油田五八区上乌尔禾组为例[J]. 新疆石油地质, 2017, 38(5): 537-543.

[14] 朱宁, 操应长, 葸克来, 等. 砂砾岩储层成岩作用与物性演化——以玛湖凹陷北斜坡区三叠系百口泉组为例[J]. 中国矿业大学学报, 2019, 48(5): 1102-1118.

[15] 陈波, 王子天, 康莉, 等. 准噶尔盆地玛北地区三叠系百口泉组储层成岩作用及孔隙演化[J]. 吉林大学学报(地球科学版), 2016, 46(1): 23-35.

[16] 郭晖，纪宝强，杨森，等.准噶尔盆地环玛湖凹陷二叠系砂砾岩储层沸石类胶结物的形成及石油地质意义[J].石油学报，2022，43（3）：341-354.

[17] 瞿建华，张磊，吴俊，等.玛湖凹陷西斜坡百口泉组砂砾岩储层特征及物性控制因素[J].新疆石油地质，2017，38（1）：1-6.

[18] 李思辰.准噶尔盆地玛湖凹陷三叠系百口泉组砂砾岩岩石学特征[D].武汉：长江大学，2017.

[19] 高阳.准噶尔盆地玛湖凹陷砂砾岩储层物性分类及控制因素[J].成都理工大学学报（自然科学版），2022，49（5）：542-551+560.

[20] 况晏，司马立强，瞿建华，等.致密砂砾岩储层孔隙结构影响因素及定量评价——以玛湖凹陷玛131井区三叠系百口泉组为例[J].岩性油气藏，2017，29（4）：91-100.

第三章　砾岩储层岩石物理实验

油气勘探开发过程中，岩石物理实验是获取储层参数，掌握深部地层信息最为直接的手段，实验测量结果直接影响地球物理数据的可靠标定。勘探实践中发现，基于常规方法开展砾岩储层岩石物理实验存在一定的不适应性，例如，准噶尔盆地砾岩储层中富含黏土的砾岩岩心有效孔隙度测量结果失真；受黏土类型、胶结情况的影响，部分砾岩柱塞样品极易崩塌，导致含沥青砾岩储层中沥青含量难以有效测定；超压砾岩储层存在的超压现象对测井参数的影响不明确等一系列实验分析难题。因此，开展针对性的岩石物理实验，准确把握储层岩石组分、微观特征及形成机理，准确标定测井数据，可为开展后续储层参数测井评价奠定坚实的实验基础。

第一节　高含黏土低渗透砾岩有效孔隙度实验

常用的有效孔隙度测量方法包括注氦法、液体饱和法、颗粒法等。上述方法在应用时均存在一定缺陷，例如，样品在利用注氦法测量之前，需要在规定的烘干温度、湿度环境下进行烘干预处理，烘干时间一般为4小时以上，对于不同黏土含量的样品，烘干的环境条件及烘干时间均难以控制，过度烘干会导致测量结果产生较大误差[1]。液体饱和法，对于低孔低渗储层样品，由于狭小的孔隙及喉道在真空状态下很难充分释放其中的气体，使得液体不能完全充满孔隙介质，导致测量结果存在较大偏差[2]。同时，如果用煤油对样品进行饱和，测试完毕后需要用有机溶剂清洗，可能改变岩石原始的孔隙结构，进而影响后续联测实验结果的精度[3]。颗粒法需要对岩样进行粉碎，岩样总体积与粉碎的颗粒体积之差为有效孔隙度。然而，颗粒法对于粉碎的程度难以控制[4-5]。对于致密储层，粉碎程度不够，大量微纳米孔隙未得到释放，可能造成有效孔隙度较小，过度粉碎又会造成不连通孔隙被"释放"，导致有效孔隙度测量偏大。

准噶尔盆地二叠系乌尔禾组、三叠系百口泉组等砾岩储层黏土矿物含量普遍偏高。前期研究中，依据行业标准（SY/T 5336—2006）测量有效孔隙度时，通常是将其放进相对湿度为40%、烘干温度为63℃的烘箱中烘干至恒重（一般烘干时间超过4小时），最后注入氦气测量岩样的有效孔隙度。对于黏土含量较低的储层，测量的孔隙度、渗透率误差不大，但对于黏土含量较高，尤其是含有大量蒙脱石矿物的高束缚水储层样品会产生脱水现象。较高的烘干温度、不当的湿度控制都会导致样品中黏土束缚水大量挥发，造成所测得有效孔隙度偏大。同时，由于研究区部分储层还发育大量沥青，沥青在高温下发生裂解，会进一步造成测量的有效孔隙度偏大。

以玛132井高含黏土砾岩层段为例（图3-1），测试结果证实，该井上部发育一套灰色砾岩高阻段（3266~3272.5m）储层，下部褐色砾岩低阻段（3272.5~3280.5m）为非储层。按照行业标准测量的有效孔隙度在上部高阻段和下部低阻段实验孔、渗参数差异不大,但实际渗透率甚至有向下变好的趋势,实验结果与地质认识相违背。因此,高含黏土岩心孔隙度的测量成为此类储层物性评价的瓶颈技术。

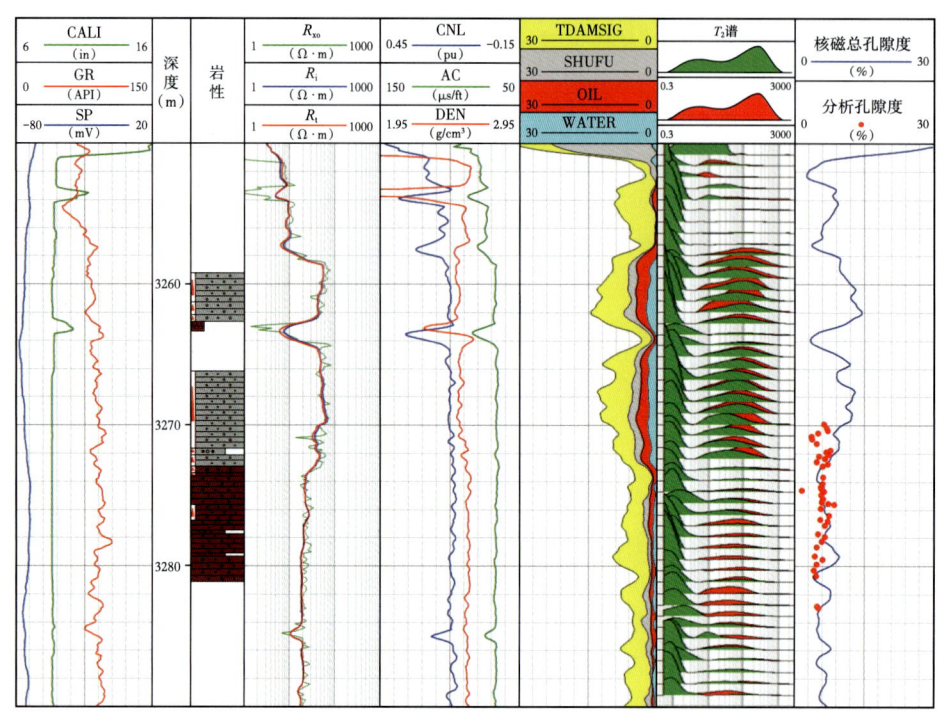

图3-1 综合测井与实验分析孔隙度对比图(玛132井)

一、实验测量及测井评价总孔隙度和有效孔隙度的差异

1. 实验室测量总孔隙度和有效孔隙度

按照测量方式不同,岩心孔隙度测量包括总孔隙度测量和有效孔隙度测量。岩心实验中,总孔隙度是指一定实验条件下(包括干燥、温度和压力等)对连通孔隙和孤立孔隙度的度量,而有效孔隙度是指一定实验条件下对连通孔隙的度量,不包括孤立孔隙。实验条件不同,尤其是干燥条件不同,会导致测量结果差异。测量有效孔隙度和总孔隙度的实验原理是利用标准柱塞样品测量有效孔隙度,通过注入流体(包括液体或气体)直接确定连通孔隙体积,进而得到有效孔隙度[6]。利用碎样方式测量总孔隙度,首先测定岩样总体积(BV),然后将样品粉碎到一定程度,以充分破坏样品中的不连通的孤立孔隙[5],然后测定碎样颗粒体积(GV),进而确定总孔隙度(ϕ_t)。

$$\phi_t = (BV - GV)/BV \tag{3-1}$$

式中 BV——岩样总体积,cm^3;
GV——颗粒体积,cm^3。

地下岩石都不同程度含有束缚水,尤其是岩石粒度细,孔隙结构复杂的非常规储层,孔隙中相当部分被束缚水占据。地下束缚水条件下，砂岩储层有效孔隙地质含义明确，它包括连通的原生粒间孔隙和次生孔隙，不包括束缚水所占据的微细孔隙。束缚水包括黏土束缚水和毛细管束缚水，前者为黏土矿物表面或黏土矿物晶间吸附的薄膜水，后者为微细喉道中由毛细管力滞留的束缚水[1]。

实验室测定时常常对岩石进行烘干干燥处理，以去除岩石中的水分。目前有两种烘干处理方式：一是完全干燥方式，二是模拟地层束缚水条件，采用湿度控制干燥技术，使黏土或其他矿物表面保留一定量的束缚水，使得测量结果能够反映地下地层束缚水条件的结果。实验室束缚水处理方式同样会给孔隙度测量结果带来差异。

一般来说，只有在火山岩中发育孤立气孔，碳酸盐岩中由于选择性溶蚀作用形成大量孤立孔隙，使得总孔隙度和有效孔隙度差异大。而对于传统砂岩储层，不连通孤立孔隙不发育或较少发育，束缚水体积含量占比小，因此总孔隙度与有效孔隙度测量结果相近，且有效孔隙度测量技术成熟、测量时间短、效率高，因此在生产实践中，常常选择有效孔隙度进行测量，并作为测井和储层评价的基础数据。而对于砾岩储层由于束缚水含量高，不同实验室条件下测量的孔隙度差异大，会给地质评价和资源评价带来不确定性。

2. 测井总孔隙度和有效孔隙度

测井储层评价中的总孔隙度是指对地下流体占据的所有孔隙空间的量度，包括连通孔隙和孤立孔隙，也包括束缚水所占据的孔隙。测井地层评价中的有效孔隙度则指对自由流体所占据的连通孔隙的量度，不包括束缚水孔隙，也不包括孤立孔隙。由于实验条件下束缚水含量与地层条件下束缚水含量存在显著差异，造成储层测井评价中的孔隙度与实验室岩心测量孔隙度含义不完全相同[7]。图3-2展示了不同干燥条件下岩心总孔隙度、有效孔

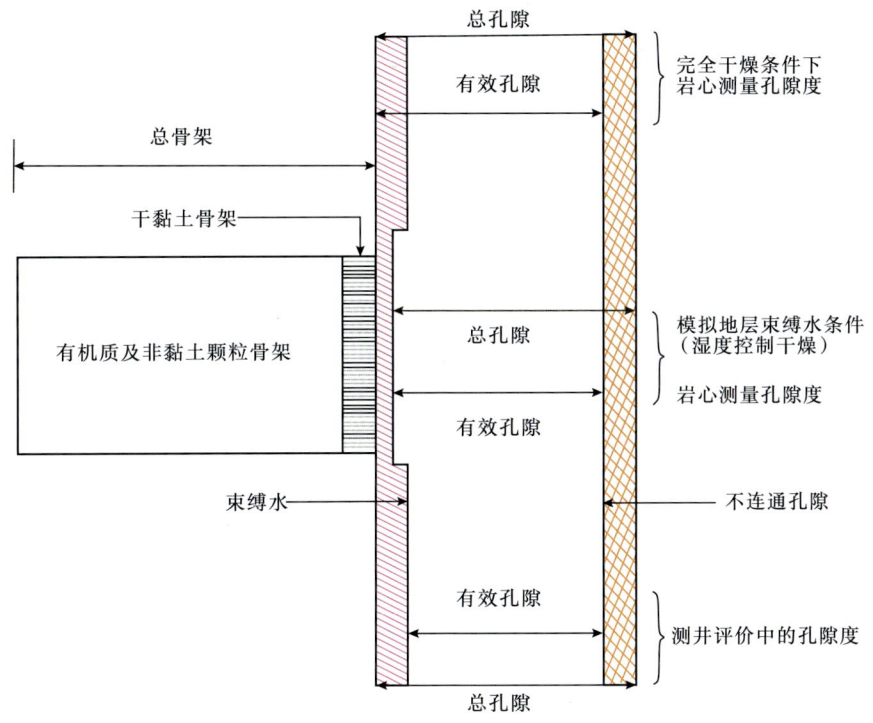

图3-2　实验及测井地层评价中总孔隙度与有效孔隙度含义

隙度与测井分析中总孔隙度、有效孔隙度含义对比。只有在完全干燥条件下，岩心测量的总孔隙度与测井储层评价中的总孔隙度含义一致，在完全模拟地层束缚水条件下岩心测量的有效孔隙度与测井地层评价中有效孔隙度含义一致。但实际上，实验室的湿度控制、干燥条件很难准确模拟地层束缚水条件，必然造成岩心测量有效孔隙度与测井分析结果不一致，尤其是对于砾岩储层两者可能呈现显著差异。

二、岩石孔隙流体蒸发机理

为了弄清高含黏土砾岩岩心有效孔隙度测量存在的问题，首先需要弄清岩石孔隙流体蒸发机理。岩石的孔隙度按照孔隙半径的大小以及流动能力，可以分为可动流体孔隙度、毛细管束缚水孔隙度、黏土束缚水孔隙度（图 3-3），其中可动流体孔隙度半径最大、流动能力强，毛细管束缚水流体半径小、流动能力较弱，而黏土束缚水孔隙半径最小且没有流动能力。黏土束缚水只能在高温烘干的时候以气体的形式从孔隙中蒸发出来。开尔文热力学公式揭示了岩石在烘干过程当中，不同孔隙空间流体的蒸发所需的压力与孔隙半径之间存在着如下的关系[8]：

$$P_w = P_0 e^{\frac{2\sigma\cos\theta}{RT\rho r}} \quad (3-2)$$

式中　P_w——孔喉半径为 r 时蒸发需要达到的蒸气压，MPa；
　　　P_0——自由流体的蒸气压，MPa；
　　　R——通用气体常数；
　　　T——烘干温度，℃；
　　　ρ——流体密度，g/cm³；
　　　σ——表面张力，mN/m；
　　　θ——润湿角，（°）；
　　　r——孔隙半径，μm。

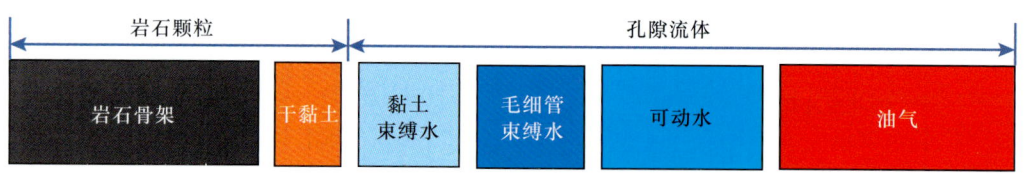

图 3-3　砾岩岩样孔隙流体构成

对于地层水饱和的特定岩心在恒温恒湿的条件下进行加热，P_0、R、T、ρ、σ、θ 等参数皆为常数，孔隙中水的蒸发压 P_w 与孔喉半径呈现负相关关系。这表明，孔隙中的流体所需的蒸发能量与孔隙半径为负相关关系，即孔隙半径越大，蒸发所需要能量就小，反之则越大。因此，根据上述理论分析，可以判断不同孔隙空间流体的蒸发顺序应该是先可动流体，毛细管束缚流体次之，最后蒸发黏土吸附流体（表 3-1）。

表 3-1 不同类型孔隙空间的性质

孔隙空间类型	孔隙半径	流体流动能力	蒸发所需能量
可动流体	大	好	低
毛细管束缚	中	差	中
黏土吸附	小	无	高

通过大量的核磁测井及岩心 X 射线衍射实验发现，研究区砾岩储层含有大量的泥岩碎屑矿物是导致黏土束缚水大量存在的原因。

根据美国石油协会 API RP40 NEQ 实验标准，实验室测量孔隙度、渗透率时，一般在 116℃ 温度下对岩样进行烘干（表 3-2），烘干时间一般为 12 小时。对于黏土含量极低的储层，烘干过程对结晶水的损失影响不大，测量的孔隙度误差较小。然而，对于黏土含量较高的岩样，尤其是含有大量黏土矿物的砾岩储层样品，即使降低温度、改为可控干湿度温箱，烘干时间过长同样会导致黏土毛细管吸附水大量挥发，造成所测得有效孔隙度偏大。

表 3-2 不同岩样烘干方法

岩石类型	实验方法	温度（℃）
砂岩（黏土含量低）	常规烘箱	116
	真空烘箱	90
砂岩（黏土含量高）	可控干湿度温箱，相对湿度 40%	63
碳酸盐岩	常规烘箱	116
	真空烘箱	90
含石膏岩石	可控干湿度温箱，相对湿度 40%	60
页岩或其他高含黏土岩石	可控干湿度温箱，相对湿度 40%	60

分析不同烘干温度条件下的砾岩岩心核磁共振实验结果不难发现，随着烘干温度的升高，岩心核磁共振 T_2 谱幅度整体呈现逐渐降低趋势，40℃ 烘干四小时后，大孔隙中的可动水快速散失殆尽，而黏土束缚水损失量也逐渐增大；按照行业标准推荐的 105℃ 烘干温度下，烘干 4 小时，黏土束缚水损失超过 90%；烘干 8 小时，黏土束缚水几乎完全损失，此时，测量的孔隙度不是有效孔隙度，而是总孔隙度（图 3-4）。因此，尽可能减少烘干过程中黏土束缚水的损失是高含黏土砾岩储层有效孔隙度测量的关键，这就需要实验过程中选取合适的烘干温度、烘干时间和烘干湿度。

三、高含黏土束缚水无损失的有效孔隙度测量环境

针对致密砾岩储层高含黏土矿物的特点，设计了有效孔隙度的实验方法[9]，具体的实施步骤如下。

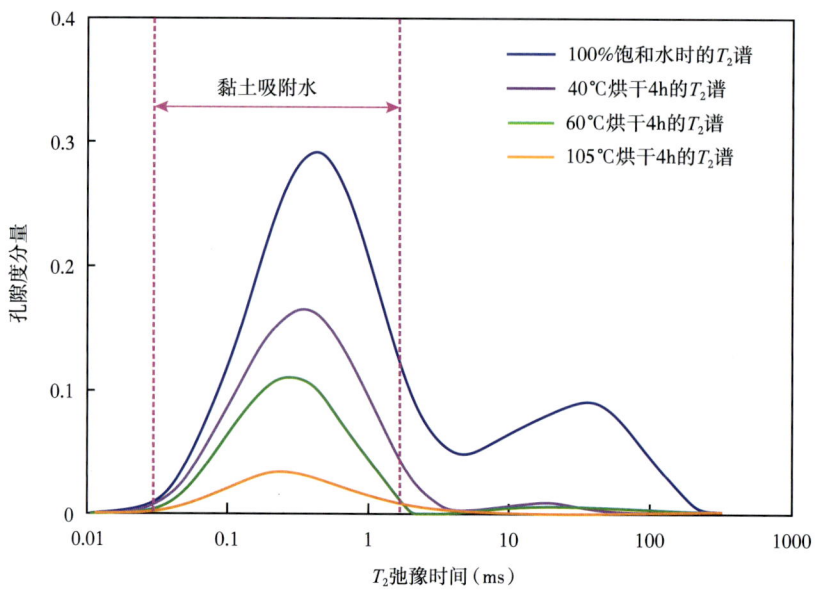

图 3-4　砾岩岩心在不同烘干温度下的核磁共振 T_2 谱（JL42-6 号样）

1. 岩样的预处理

现有行业标准中所有岩样孔隙度测量方法对于含油岩样均需要工作人员先对岩样进行洗油、饱和操作等，然后进行孔隙度测量。由于致密砾岩储层含油岩样具有孔隙较小、含油饱和度较高、渗透率低的特点，导致研究人员应用现有技术对致密砾岩含油岩样的孔隙度进行测量存在以下两个方面的技术缺陷：首先，对岩样进行洗油的操作过程所占用的时间长，一般洗油的操作时间需要 25~30 天，即使是实验室对样品进行快速洗油测量孔渗也需要 5~7 天，从而导致实验时效低；另一方面，由于岩样中黏土含量较高，洗油、饱和过程极易造成岩样破碎、崩解，岩样破碎的比例大约占总体岩样的三分之一左右，这使得此类岩样实验成功率低。为此，采用不洗油条件测量有效孔隙度，进而缩短实验时间。

2. 烘干温度的确定

为了弄清烘干温度为何值时会导致岩心样品黏土束缚水遭到破坏，研究人员分别测试并对比不同温度下岩心核磁共振实验 T_2 谱的形态（图 3-5）。在 60℃ 时岩心中的可动流体、毛细管吸附水已经基本挥发，而黏土束缚水孔隙度变化较小（黏土峰降低程度小）。当温度大于 85℃ 时，T_2 谱幅度降低明显，黏土束缚水含量明显减小。上述分析表明，烘干温度为 60℃ 条件下时，黏土束缚水的损失较小。

进一步分析不同烘干温度与岩心孔隙度的关系（表 3-3），JL42 井 3 块岩心在温度为 60℃ 时分别烘干 1.5 小时、3 小时、4.5 小时后孔隙度变化量很小，随着温度的升高，在相同的烘干时间内，经过 85℃、105℃ 的烘干后，孔隙度显著增大。即 60℃ 烘干温度下，孔隙中的黏土束缚水基本未损失；85℃、105℃ 的烘干温度将导致岩心样品中黏土矿物（如蒙脱石、伊利石）中赋存的束缚水大量蒸发，从而导致孔隙度测量值变大。因此，确定高含黏土岩心不损失束缚水的烘干温度为 60℃。

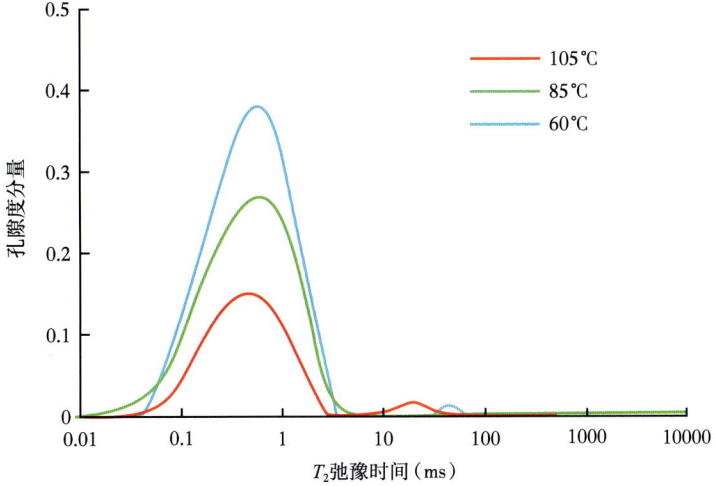

图 3-5　砾岩岩心不同烘干温度与孔隙度的关系图（JL42-6 号样）

表 3-3　JL42 井三块岩心不同烘干温度与孔隙度的关系表

岩心编号	孔隙度（%）	时间（h）	烘干温度（℃）
JL42-6	1.862	1.5	60
	2.122	3	
	2.336	4.5	
	3.619	6	85
	5.264	7.5	105
JL42-12-1	3.81	1.5	60
	4.758	3	
	5.443	4.5	
	7.001	6	85
	8.544	7.5	105
JL42-19-2-2	6.509	1.5	60
	8.171	3	
	9.368	4.5	
	10.92	6	85
	12.62	7.5	105

3. 烘干湿度的确定

除了考虑温度因素外，烘干过程中干燥的环境也是导致砾岩储层中大量黏土矿物（以蒙脱石、伊利石为主）发生脱水现象的重要原因[10]，为了避免干燥环境造成黏土束缚水损失，这就需要在可控干湿度的温箱将岩样进行烘干，保持接近于油藏条件下的黏土水化状态。从图 3-6 可以看出岩心在不同湿度条件下的孔隙度幅度，湿度 50% 的环境下，束缚水丢失明显，湿度为 70% 时含有黏土的样品脱水程度较低，即只有在高湿度的条件下才能保证黏土束缚水的损失最小，因此，确定烘干湿度为 70%。

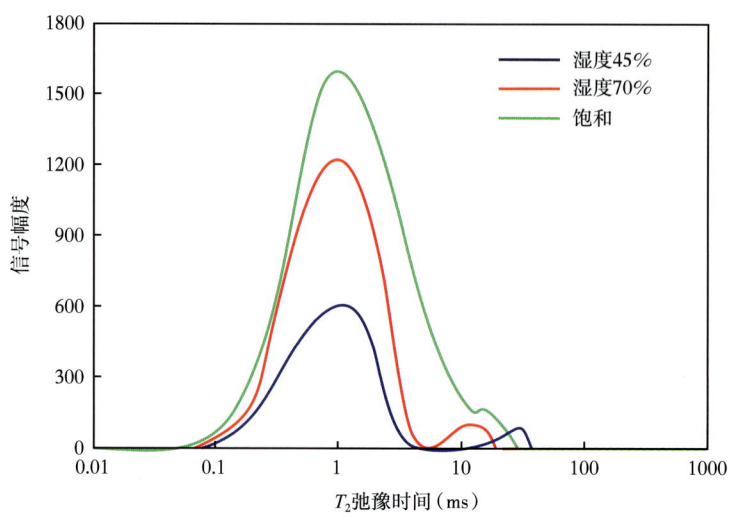

图 3-6　砾岩岩心 60℃ 温度时不同湿度与孔隙度的关系图（FN4-2-17 号）

4. 烘干时间的确定

在烘干温度 60℃、烘干湿度 70% 的条件下进行烘干，如果烘干时间过短，自由水和毛细管吸附水不能完全挥发出去，导致测得的有效孔隙度值偏小；如果烘干时间过长，难以避免黏土束缚水会挥发出去，导致测得的有效孔隙度值偏大，因此，富含黏土致密砾岩有效孔隙度测量除了要考虑温度和湿度，还需要确定合理的烘干时间。实验测量孔隙度与烘干时间相关性分析表明（图 3-7），实验进行 T_1 个小时，曲线进入第一个"平台"，此时最大孔径中的可动流体基本烘干，此时测得可动流体孔隙度；实验进行 T_2 个小时，曲线进入第二个"平台"，毛细管束缚水基本烘干，此时测得有效孔隙度；如果实验继续进行下去，那么就会进入第三个平台，后续烘干的将是黏土束缚水。为了避免或减少黏土束缚水的损失，多次实验结果证实准噶尔盆地砾岩储层在烘干 4~5 小时测得的有效孔隙度值会趋于平稳，此时测量获得的有效孔隙度值没有受到黏土束缚水损失的影响，是相对可靠的，因此，将烘干时间确定为 4~5 小时。

由于每块岩心的黏土含量不同，有效孔隙度大小不同，孔喉结构也存在差异，烘干时间不会是一个定值，而是动态变化的。因此，烘干过程中的孔隙度变化的监测就需要同时观察考虑能够表征孔隙结构变化的实验参数。电阻增大率是测井评价中常用来确定饱和度指数 n 的岩石物理参数，其表达式为

$$I = \frac{R_t}{R_0} = \frac{b}{S_w^n} \tag{3-3}$$

式中　R_t——不同含水饱和度下岩石的电阻率，$\Omega \cdot m$；
　　　R_0——饱和水岩石的电阻率，$\Omega \cdot m$；
　　　I——电阻增大率；
　　　S_w——岩石的含水饱和度，%；
　　　b——与岩性有关的常数；
　　　n——饱和度指数。

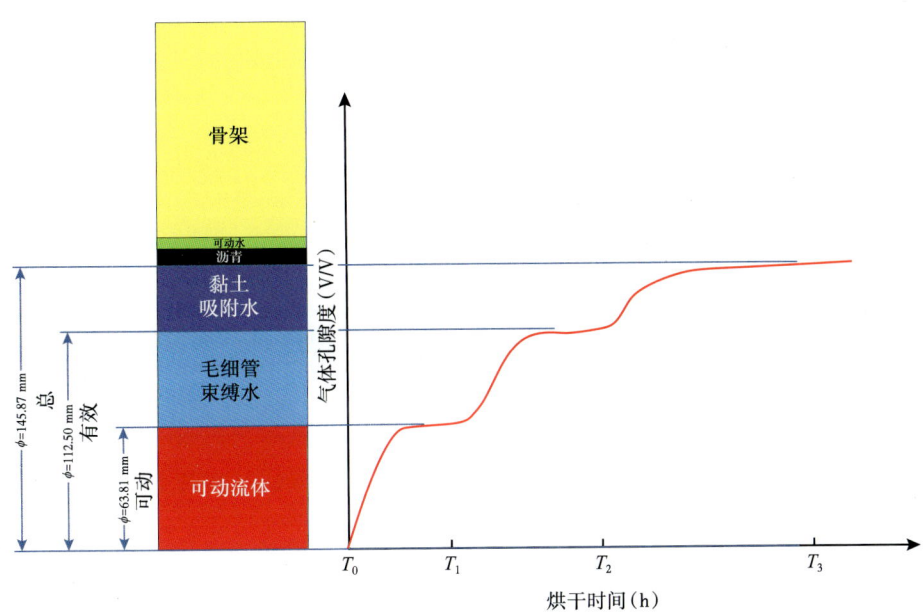

图 3-7　岩心孔隙组分随时间变化曲线图

饱和度指数 n 的变化主要受岩石润湿性、孔隙结构的影响。利用自吸法测定研究区内岩心润湿性实验结果显示，润湿性均为水润湿，相对润湿指数变化不大，可以近似认为润湿角 θ 变化较小，因此岩石饱和度指数 n 主要受控于孔隙结构。如果岩石的孔隙结构是均质的，对于一块特定岩心而言，其 n 值应是一个定值，电阻增大率与含水饱和度的交会图近似为一条倾斜的直线。然而，砾岩储层岩石非均质性强，孔隙结构复杂，电阻增大率与含水饱和度的交会图呈现曲线特征。由于孔隙被分为可动流体孔隙、毛细管束缚孔隙、黏土束缚孔隙，因此曲线应近似呈现为 3 段倾斜程度不同的折线及两个拐点（图 3-8），并且每一段折线都应有独自的 n 值。基于上述分析，只要找到电阻增大率中的两个拐点所对应的时间，即可以分别确定可动流体孔隙、毛细管束缚流体孔隙的烘干时间，进而确定有效孔隙度。

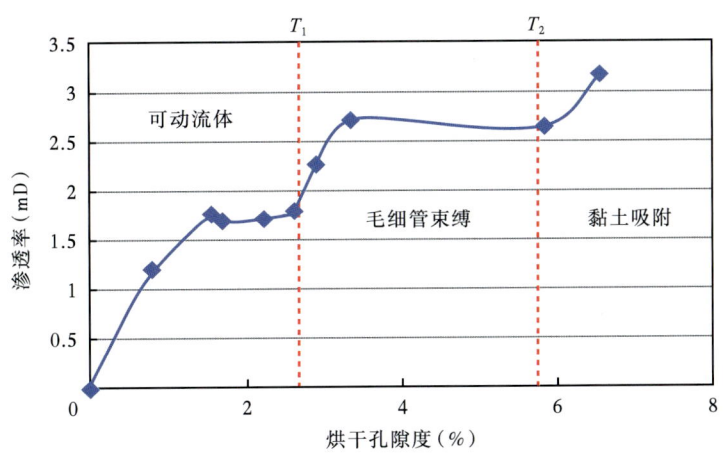

图 3-8　孔隙度与空气渗透率联测确定"拐点"

需要注意的是，常规的电阻增大率实验是利用油驱替饱和水岩心获得不同饱和度下岩石的 R_t 与 S_w，而本实验测量的是烘干过程中不同失水状态下岩石的电阻率 R_t 与 S_w，烘干过程中含水饱和度 S_w 可以表示为

$$S_w = 1 - \frac{\phi_{烘干}}{\phi_t} \quad (3-4)$$

式中　ϕ_t——饱和水岩样的核磁共振孔隙度，%；

　　　$\phi_{烘干}$——不同烘干时刻测量的核磁共振孔隙度，%。

为保证能够精确定位每个台阶的拐点，设计每隔 0.5h 进行一次核磁共振与电阻增大率的联测。图 3-9 是两块物性不同的岩石联测实验结果，可以看出无论物性好差，烘干过程中的电阻增大率均呈现三段式并具有两个拐点：E 样品的第一个拐点时间为 1h，第二个拐点时间为 2.5h；F 样品的第一个拐点时间为 1.5h，第二个拐点时间为 3h。对于物性较好的

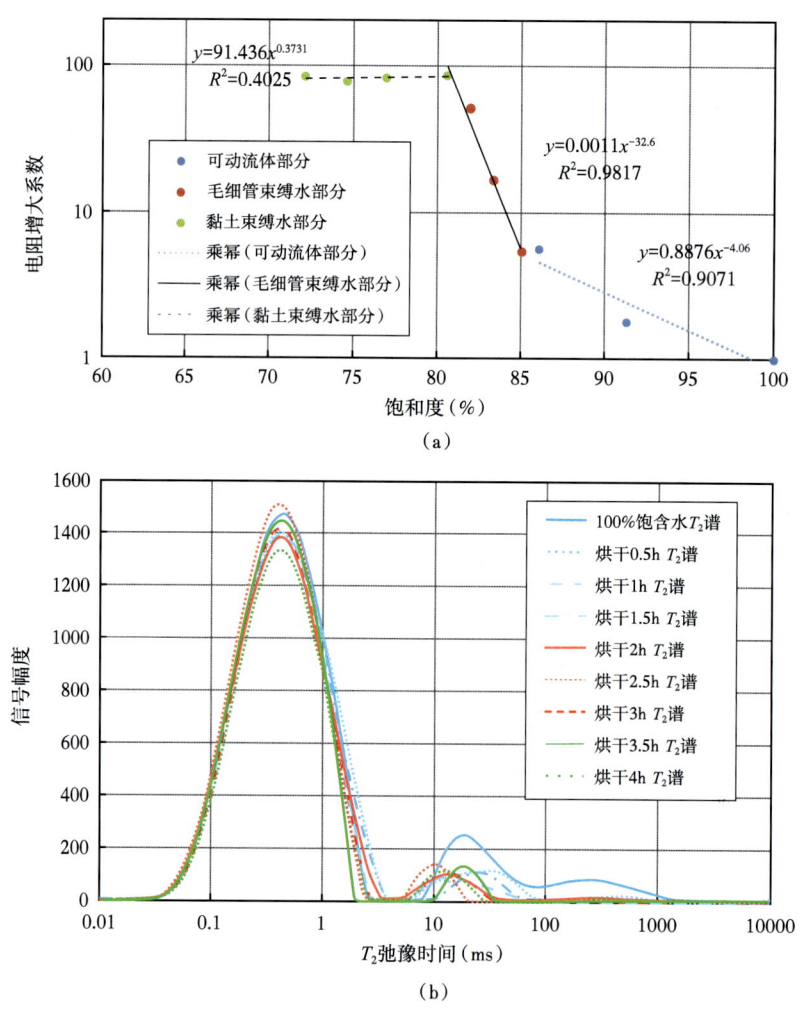

图 3-9　两块岩心的核磁共振 T_2 谱与电阻增大率联测确定有效孔隙度

E样品，从饱和水样到烘干1h的T_2谱短弛豫时间的谱峰位置（2ms）基本无变化并保持在同一个信号幅度，长弛豫时间（10~1000ms）的可动水信号幅度逐渐变小；烘干时间1.5~2.5h的T_2谱，大弛豫时间信号幅度接近0，说明可动水已经烘干，短弛豫时间谱峰位置前移至1.2ms，且谱的形状逐渐变窄，表明毛细管束缚水在逐渐烘干；烘干时间3~5h的T_2谱短弛豫时间谱峰位置继续前移至0.7ms，T_2谱进一步收窄，黏土束缚水逐渐烘干。E样品黏土束缚水与毛细管束缚水的T_2范围有一定重叠，如果不依靠电阻增大率确定拐点位置，很难将二者区分。F样品饱和水T_2谱为明显分离的双峰，且短弛豫时间的黏土峰幅度大，长弛豫时间T_2幅度小，说明物性较差。烘干开始后，长弛豫时间T_2谱虽然逐渐减小，但幅度较小且谱形都重叠在一起，很难观察烘干过程孔隙结构的变化。然而，通过电阻增大率就可以准确确定烘干时间及有效孔隙度。

第二节　沥青溶解实验

固体沥青在世界许多含油气盆地中均有所发现[11-12]。我国四川盆地震旦系—侏罗系、塔里木盆地奥陶系和志留系及准噶尔盆地三叠系—侏罗系也发现了大量固体沥青[13-14]。准噶尔盆地玛湖凹陷三叠系百口泉组、二叠系上乌尔禾组砾岩储层中沥青较为发育。沥青的存在，不仅对储层物性造成严重影响，更重要的是沥青与含油储层电性特征相似，利用常规测井手段极易把含沥青层段误认为油层，严重制约了勘探与开发。为了研究沥青对储层物性和测井参数的影响，需要在保证岩石结构不发生破坏改变的情况下，对岩心样品中的沥青进行溶解处理。

一、沥青溶解实验方法

国外在研究沥青、蜡及胶质的溶解过程中，多采用二甲苯等烃类溶剂，或与其他一些溶剂联合使用，如氯仿、醇、二硫化碳等[15]。近年来，国内一些学者采用二硫化碳、N-甲基-2-吡咯烷酮、氯仿与丙酮等混合溶剂对煤的溶解实验研究结果表明，其混合溶剂与烟煤的结构单元之间相互以物理力缔合，而不是以化学键缔合的结构模型，用二硫化碳、N-甲基-2-吡咯烷酮、氯仿与丙酮等混合溶剂对大分子有机物溶解效果较好[16]。

为了避免对实验岩心样品原始结构造成破坏，实现最大限度地溶解沥青及最大限度地提高溶解率，沥青的溶解实验没有采用强酸或强碱的溶剂进行溶解，而是采用正己烷、二氯甲烷、三氯甲烷、甲苯、苯、丙酮、二硫化碳、N,N-二甲基甲酰胺、N-甲基-2-吡咯烷酮等有机溶剂和组合有机溶剂对不同成熟度沥青进行多次溶解实验，优选出沥青溶解的最佳有机溶剂与最有效的溶解方法。研究人员通过多次实验验证，确定沥青溶解实验步骤如下：

（1）沥青样品烘干称重；
（2）加入适量的有机溶剂进行溶解；
（3）溶解物分离称重；
（4）溶解后岩心烘干称重；
（5）计算溶解率：溶解率 = 溶出有机质质量 / 岩石质量。

由于实验样品很难采集到纯沥青，所以采用相同或相似的含沥青岩心进行溶解实验对比分析。实验采用溶解率来表征溶剂对溶质的溶解能力，溶解率越大，沥青在溶剂中溶解量越多，同时溶解率也符合相近溶解原则，溶质易于溶解在极性相近的溶剂中，沥青溶解率越高，溶剂颜色也随溶解时间增加而加深。

溶解实验发现，对于同一种沥青，采用不同的有机溶剂，沥青溶解率存在显著的差异。正己烷溶解效果最差，二氯甲烷、氯仿、丙酮、甲苯、苯、二硫化碳、N，N-二甲基甲酰胺、N-甲基-2-吡咯烷酮溶解效果逐步改善，N-甲基-2-吡咯烷酮有机溶解对沥青溶解效果最好，溶解率接近8%，岩心中沥青几乎全部溶解。而对于不同成熟度的沥青而言，同一种有机试剂溶解效果也有显著的差异，随着沥青成熟度的增加，沥青溶解率越来越低，沥青越难溶解（图3-10）。

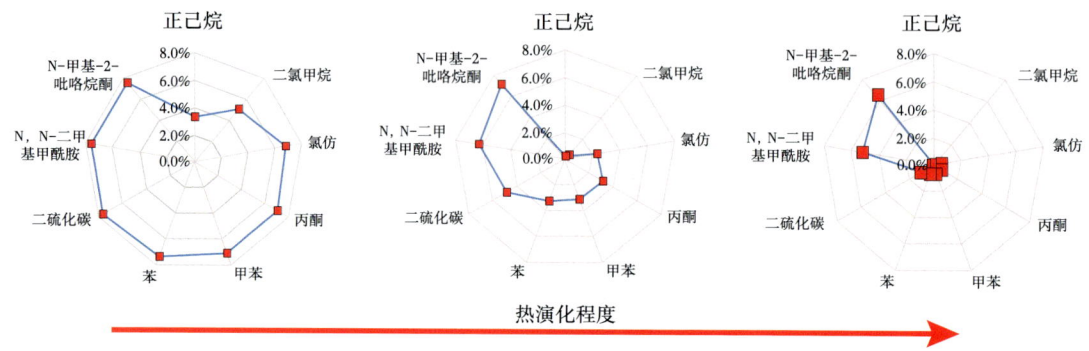

图3-10 不同有机溶剂对不同成熟度沥青溶解率对比图

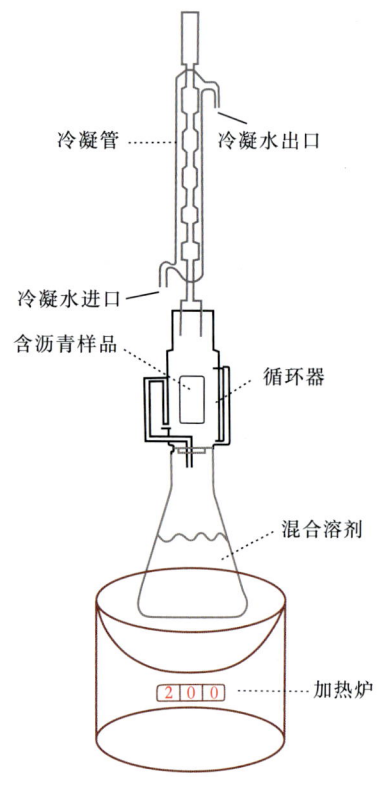

图3-11 高温循环溶解仪器装置

为了进一步提高沥青溶解效果并降低实验成本，设计了一套可加热循环溶解实验。实验仪器主要包括三部分（图3-11）：下部为加热炉，温度可调节（0~500℃），加热时间较快，可在10min左右迅速达到200℃以上温度；中部为循环溶解器，可进行溶剂循环溶解；上部为冷凝管，溶剂加热挥发至冷凝管，冷凝后再回流至循环器。对同一成熟度的沥青，常温条件下单一试剂溶解后，溶剂颜色较浅，溶解效果较差。采用加温混合试剂循环溶解后，溶剂颜色较深，溶解效果显著改善（图3-12）。

二、沥青分布形态

沥青的产状是指岩石中的沥青与围岩的成因联系、赋存状态与分布特征。砾岩储层沥青普遍充填于各类孔隙空间中，如裂缝、晶洞、晶间孔、溶蚀孔洞、缝合线、化石体腔和粒间原生孔隙中，呈脉状、团块、条带状、环状、斑点、浸染状、粒状和不规则状等多种形态。

通过普通薄片、荧光薄片与铸体薄片观察可见，孔隙与砾石微裂缝内黑色物质为固体沥青，在荧光下呈黑色，分布在微裂缝、粒间孔，粒内溶孔等各种不同的孔隙之间（图3-13）。同时在荧光下还清楚地看到，孔隙中存在大量散发黄色荧光的油,油与沥青共生,沥青充填度较高,两者分布状态相似,表明沥青可能是原储层中原油经一系列次生变化形成。

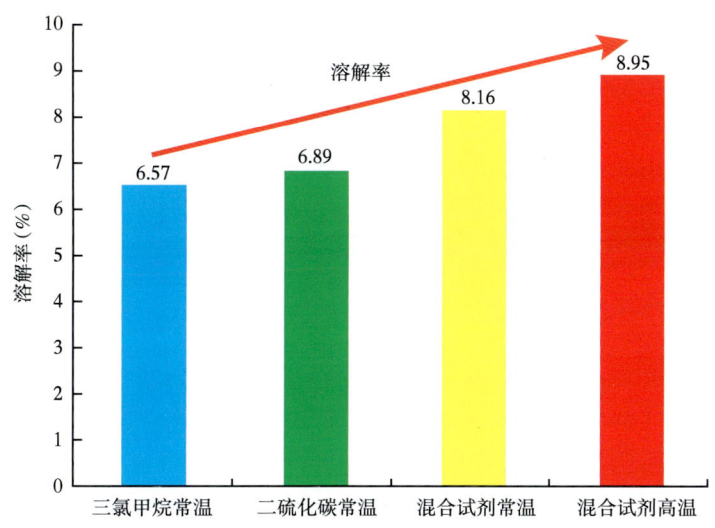

图 3-12　不同试剂、不同温度溶解率对比图

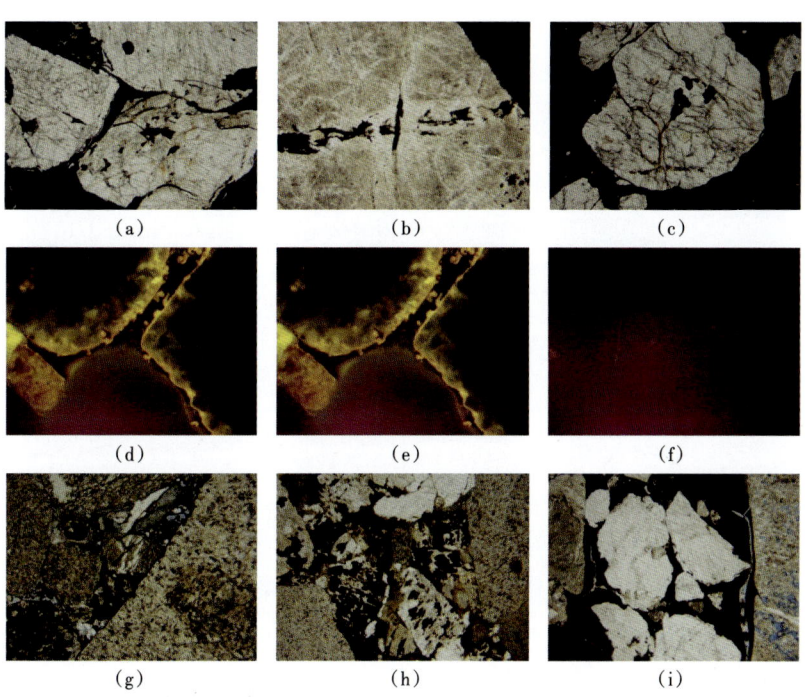

图 3-13　玛湖凹陷乌尔禾组与百口泉组镜下沥青充填状态

(a)玛 604 井,T_1b,3889.98m,粒内溶孔充填沥青,单偏光,4 倍镜;(b)玛 604 井,T_1b,3897.72m,粒内长条状充填沥青,单偏光,4 倍镜;(c)艾湖 6 井,T_1b,3924.33m,沥青充填粒间孔隙,单偏光,4 倍镜;(d)玛湖 032 井,P_3w,3502.72m,粒间孔隙充填沥青,荧光,10 倍镜;(e)金龙 42 井,P_3w,2854.86m,粒间孔隙充填沥青,荧光,10 倍镜;(f)玛 42 井,T_1b,3901.3m,粒间溶孔充填沥青,荧光,4 倍镜;(g)玛湖 032 井,P_3w,3501.55m,粒间孔充填沥青,铸体薄片,4 倍镜;(h)玛湖 025 井,T_1b,3351.82m,沥青充填粒内溶孔,铸体薄片,4 倍镜;(i)艾湖 6 井,T_1b,3923.53m,粒间孔充填沥青,铸体薄片,4 倍镜

第三节　变孔隙压力岩石物理实验

准噶尔盆地玛湖凹陷上乌尔禾组发育超压砾岩储层[17]。由于超压地层快速堆积，有效孔隙度较正常压实地层低，平均在6%，但渗透性较好，具有较高的产量，是潜在优质储层的重点勘探领域之一[18-19]。然而，超压砾岩储层成因复杂，测井响应机理不清，严重制约了流体性质识别及储层参数的测井评价[20]。为了验证不同孔隙压力下的储层特性的变化关系，开展了基于不同孔隙压力条件下孔隙度、渗透率、声波时差和电阻率实验测量。

一、变孔隙压力孔隙度测量

孔隙度测量流程如图3-14所示。根据研究目的层埋藏深度（2200m）换算地层压力，将标准岩心柱塞样置于恒定围压为50MPa的夹持器中，夹持器两端通过高压金属管线分别连接孔隙压力进气阀和泄压阀，进气阀和围压阀通过六分阀与压力泵连接。实验中，通过调整孔隙压力在22~44MPa，控制夹持器中地层压力系数为1、1.2、1.4、1.8和2，并分别测量对应岩心孔隙度。

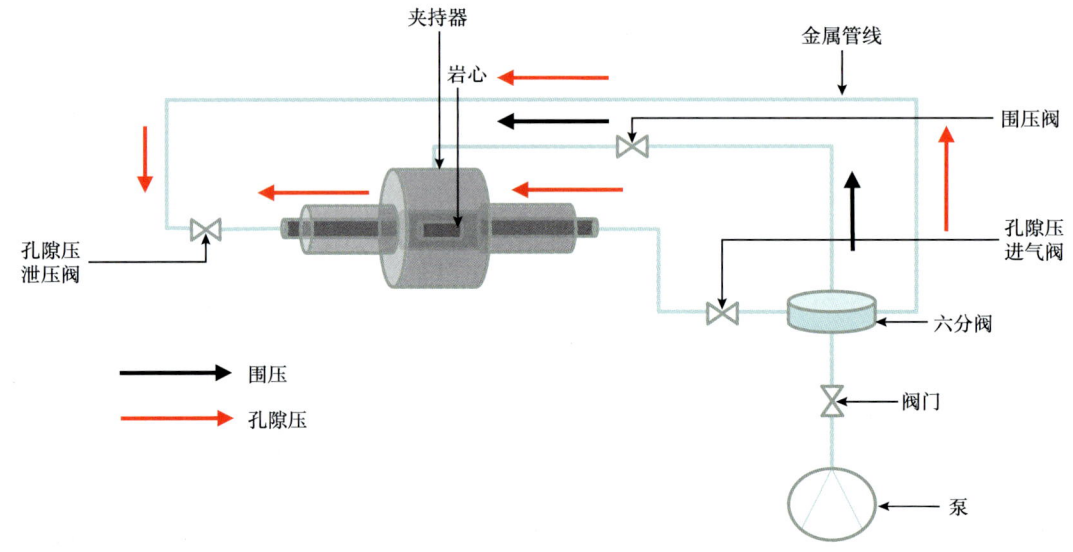

图3-14　变孔隙压力孔隙度测量流程

实验结果表明（图3-15）：岩心柱塞样孔隙度随孔隙压力增加而增大，变化率范围在5%~20%，除个别岩心外，孔隙度绝对值变化不大，低孔低渗储层以10%的孔隙度计算，变化量在1%左右。

二、变孔隙压力渗透率测量

变孔隙压力渗透率测量流程如图3-16所示，将标准岩心柱塞样置于恒定围压为50MPa的夹持器中，夹持器两端通过高压金属管线分别连接孔隙压力进气阀和泄压阀，进气阀和围压阀通过六分阀与压力泵连接。差压阀通过六分阀与压力泵连接，用以平衡致密岩心两端压力差。回压阀通过三通接头分别与差压阀和泄压阀相连，以消除内压影响。对于物性较好的岩心，回压可适度加大。量筒与回压阀连接，用以计量不同压力条件下岩心渗滤流体量，测算渗透率。实验中，通过调整孔隙压力在22~44MPa，控制夹持器中地层压力系数为1、1.2、1.4、1.8和2，并分别测量对应岩心渗透率。

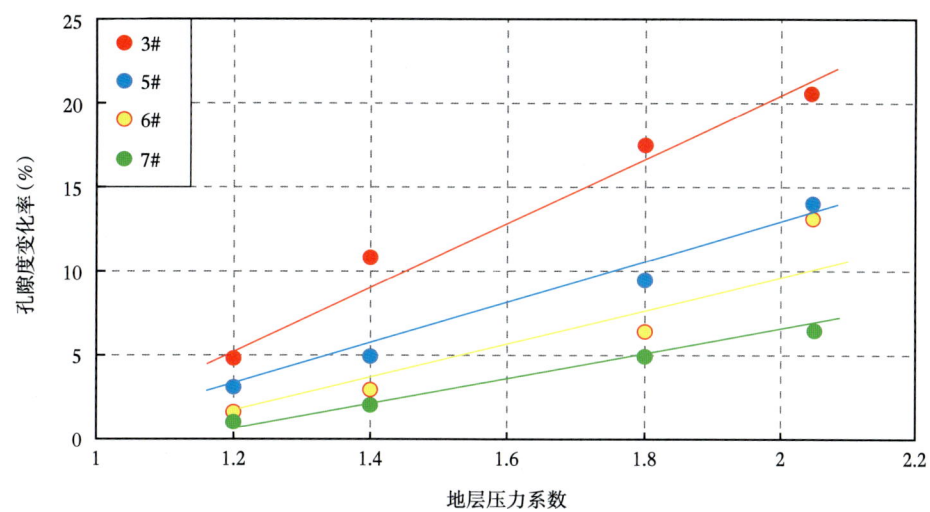

图 3-15　变孔隙压力孔隙度测量结果

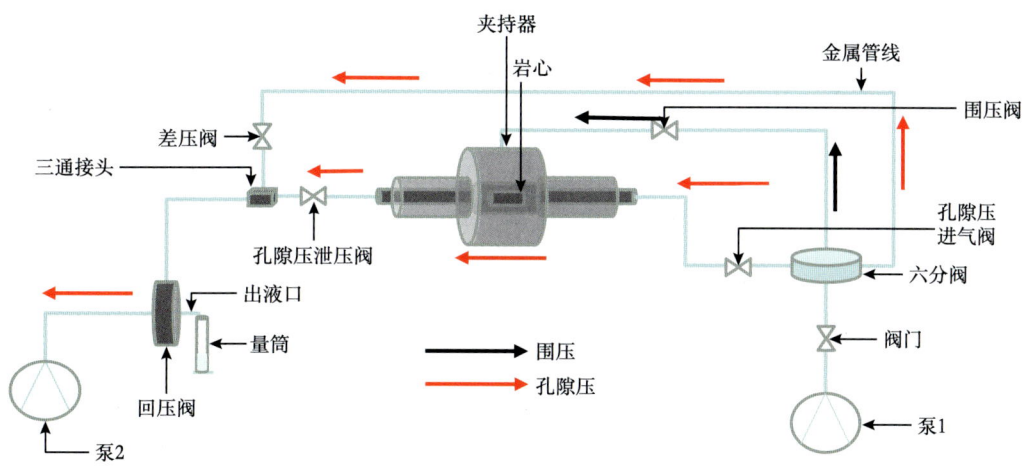

图 3-16　变孔隙压力条件下渗透率测量流程

变孔隙压力渗透率测量实验结果表明（图3-17）：渗透率随孔隙压力增大呈非线性关系增大，压力系数小于1.8的低压状态，渗透率相对变化率较小；当压力系数超过1.8时，渗透率相对变化率显著增大，反映了高压状态引起的储层孔隙结构的变化，即随着孔、微细裂缝被撑开，储层呈现孔隙和微细裂缝的双重特性，显著改善了储层的渗流能力，验证了地层超压是形成高渗透性油层的主控因素。

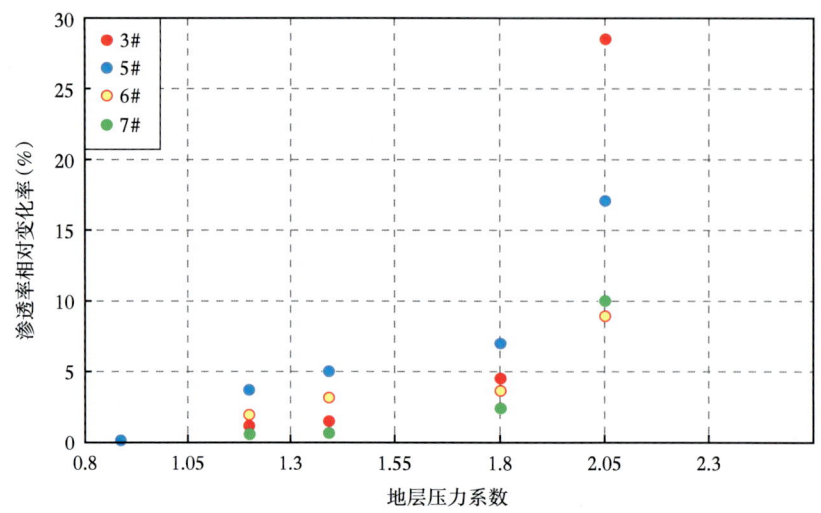

图 3-17 变孔隙压力条件下渗透率测量结果

三、变孔隙压力纵波时差测量

变孔隙压力纵波时差测量与孔隙度测量流程近似（图 3-18）。标准岩心柱塞样仍置于恒定围压为 50MPa 的夹持器中，在夹持器两端分别连接声波发射和接收换能器，声波发射换能器经由声波发射控制器接入示波器，声波接收换能器与示波器另一端连接。实验中，通过调整孔隙压力在 22~44MPa 之间变化，控制夹持器中地层压力系数为 1、1.2、1.4、1.8 和 2，并分别测量不同压力状态下的纵横波时差。

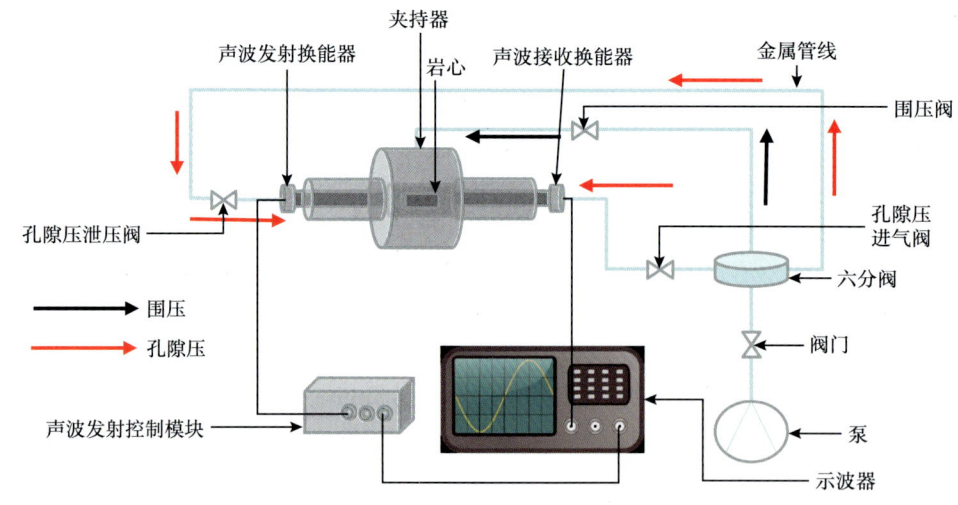

图 3-18 变孔隙压力纵波时差测量实验装置

变孔隙压力纵波时差测量实验结果表明（图 3-19）：纵波时差随着压力系数增加而不断增大，但增大趋势呈现不均衡性。总体上，由于超压改变了储层孔隙结构，扩展了孔隙空间并产生了微裂隙，增大了储层孔隙度，从而降低了声波的传播速度。

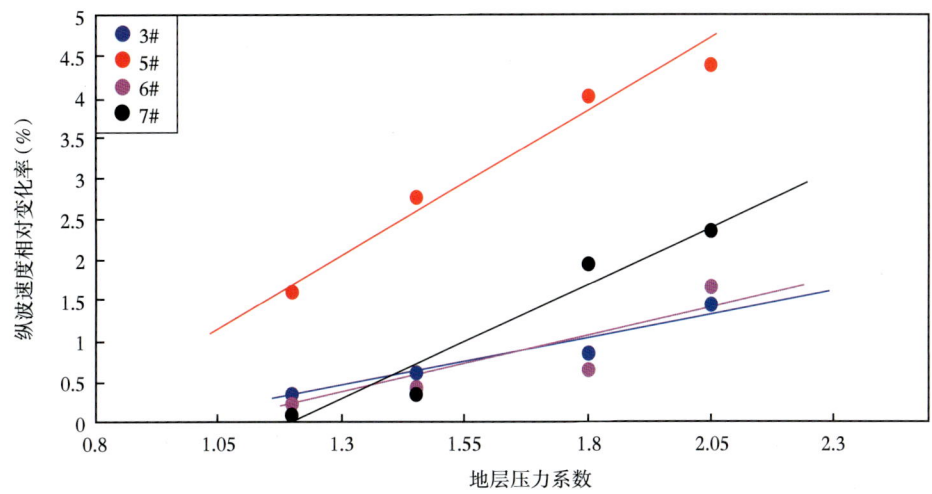

图 3-19　变孔隙压力声波时差测量结果

四、变孔隙压力电阻率测量

变孔隙压力电阻率测量流程如图 3-20 所示。将标准岩心柱塞样置于恒定围压为 50MPa 的夹持器中，夹持器两端通过导线与 LRC 表连接，用于测量电阻率变化。测量过程中，通过调整孔隙压力在 22~44MPa 之间变化，控制夹持器中地层压力系数为 1、1.2、1.4、1.8 和 2，并分别测量不同压力系数下对应电阻率值。

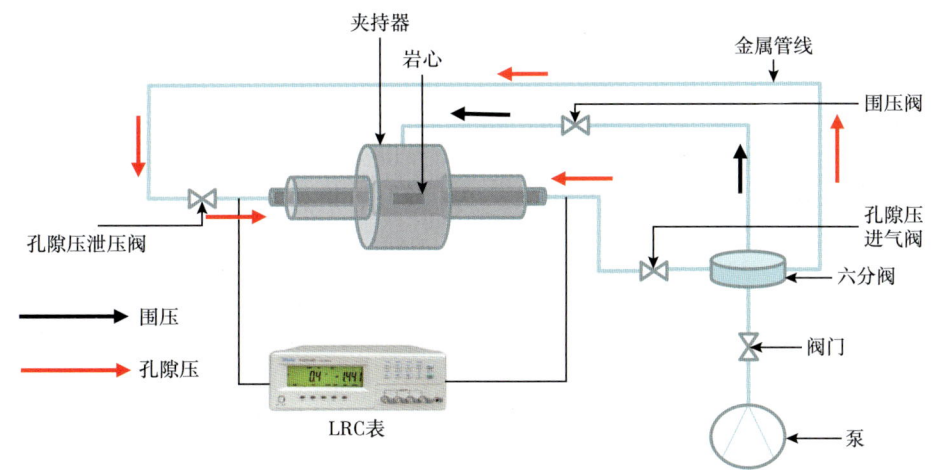

图 3-20　变孔隙压力电阻率测量流程

变孔隙压力电阻率测量实验结果表明（图 3-21）：随着压力系数增大，电阻率持续降低，相对变化率变化范围介于 -5%~-30%。分析认为，超压带中电阻率降低可能是因为超压改善孔隙结构，连通微裂隙，增加了地层水的相互联系，形成较好的电导通路。

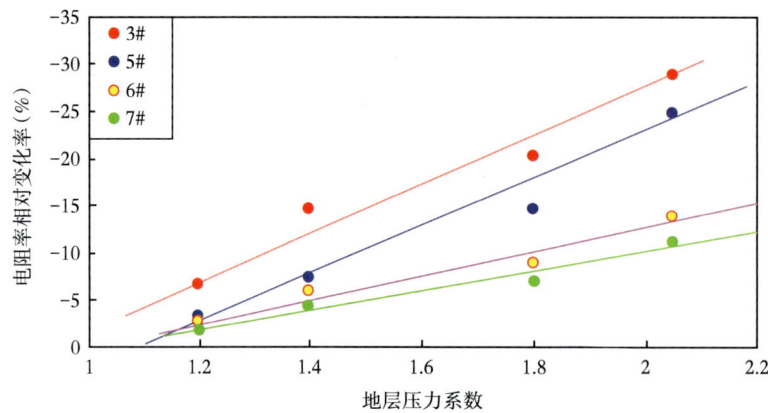

图 3-21 变孔隙压力电阻率测量结果

参 考 文 献

[1] 李军，武清钊，路菁. 页岩气储层总孔隙度与有效孔隙度测量及测井评价——以四川盆地龙马溪组页岩气储层为例[J]. 石油与天然气地质，2017，38（3）：602-609.

[2] 杨巍，薛莲花，唐俊，等. 页岩孔隙度测量实验方法分析与评价[J]. 沉积学报，2015，33（6）：1258-1262.

[3] 吕伟峰，秦积舜，吴康云，等. 低渗岩石孔渗及相对渗透率测试方法综述[J]. 特种油气藏，2011，18（3）：1-6.

[4] Luffel D L, Guidry F K.New core analysis methods for measuring reservoir rock properties of Devonian shale[J].Journal of Petroleum Technology，1992，44（11）：1184-1190.

[5] Karastathis A.Petrophysical measurements on tight gas shale[D].Oklahoma：University of Oklahoma，2007.

[6] 陈思宇，田华，柳少波. 致密储层样品体积测量对孔隙度误差的影响[J]. 石油实验地质，2016，38（6）：850-855.

[7] 周尚文，董大忠，张介辉，等. 页岩气储层孔隙度测试方法关键参数优化[J]. 天然气工业，2021，41（5）：20-29.

[8] 宋世谟，王正烈，李文斌. 物理化学（下册）[M]. 北京：高等教育出版社，1995.

[9] 张浩，毛锐，金力新，等. 高含黏土岩心有效孔隙度实验新方法——以准噶尔盆地玛湖凹陷上乌尔禾组砾岩储层为例[J]. 地球物理学进展，2022，37（4）：1669-1676.

[10] Cheng K, Heidari Z.An experimental approach to quantify the impact of relative humidity on hydration of clay minerals using NMR and TGA based evaluations[C]. SPWLA 57th Annual Logging Symposium. Reykjavik, Iceland：SPE，2016.

[11] Li Y, Chen S J, Wang Y X, et al.Relationships Between Hydrocarbon Evolution and the Geochemistry of Solid Bitumen in the Guanwushan Formation，NW Sichuan Basin[J].Marine and Petroleum Geology，2020，111：116-134.

[12] 陈强路，范明，尤东华. 塔里木盆地志留系沥青砂岩储集性非常规评价[J]. 石油学报，2006，27(1)：30-33.

[13] Chen Q L, Fan M, You D H. Non-Traditional Method for Evaluating Physical Property of Silurian Bitumen Sandstone Reservoir in Tarim Basin[J].Acta Petrolei Sinica，2006，27（1）：30-33.

[14] 路俊刚,陈世加,王绪龙,等.严重生物降解稠油成熟度判识:以准噶尔盆地三台—北三台地区为例[J].石油实验地质,2010,32(4):373-376.

[15] Hwang R J, Teerman S C, Carlson R M.Geochemical Comparison of Reservoir Solid Bitumen with Diverse Origins[J].Organic Geochemistry,1998,29(1/2/3):505-517.

[16] 许敏,郭绍辉,李术元,等.烃源岩的溶剂抽提研究[J].石油大学学报(自然科学版),2001(3):49-51+54-3.

[17] 李军,唐勇,吴涛,等.准噶尔盆地玛湖凹陷砾岩大油区超压成因及其油气成藏效应[J].石油勘探与开发,2020,47(4):679-690.

[18] 李雪哲,王艳忠,孟涛,等.砂砾岩储层超压成因及超压对储层的影响——以车镇凹陷陡坡带沙三段砂砾岩为例[J/OL].沉积学报,2023:1-22[2024-05-16].https://doi.org/10.14027/j.issn.1000-0550.2023.023.

[19] 张浩,程亮,樊海涛,等.准噶尔盆地玛湖凹陷地层超压成因及其对物性的影响[J].地球物理学进展,2022,37(3):1223-1227.

[20] 曹志锋,黄卫东,蔺敬旗,等.超压油藏测井响应特征与储层评价方法[J].测井技术,2019,43(6):636-641.

第四章　砾岩储层岩性测井识别

受沉积环境影响，准噶尔盆地致密砾岩储层岩性复杂，骨架颗粒粒级发育广泛。以三叠系百口泉组为例，储层岩性变化较大，以一套粒级普遍较粗的粗碎屑沉积物为主，在现场录井及岩心观察时，对沉积时粗细混杂堆积形成的岩石初步定名为"砾岩"。随着对此类储层研究的深入，发现这一定名过于笼统，定名为"砾岩"的储层具有粒度范围广、组分多样、结构复杂、物性差异大、测井响应差、评价难度大等特点。同时，"砾岩"中既有含油性好的优质储层，又包含了物性差的非储层，简单笼统地以"砾岩"定名，难以进行成因解释与储层精细表征，因此，需要细化岩性分类，建立岩性测井识别模式。

第一节　砾岩储层岩石学特征

一、岩性划分标准

关于碎屑岩的粒度分级，目前有着多种划分方案[1]，而且存在着争议。不同分类方案的粒级界限有着明显的差别，这也是各分类方案的分歧所在。以玛湖凹陷环带三叠系百口泉组的岩性划分为例，主要依照国家标准《岩石分类和命名方案　沉积岩岩石分类和命名方案》（标准编号 GB/T 17412.2—1998）为分级基础，按粒级将碎屑颗粒划分为砾、砂、粉砂、泥四大类，结合百口泉组储层各粒级岩类物性与含油性的实际情况，在国家分类标准的基础上，将中砾岩进一步细分为大中砾岩与小中砾岩，将粒径小于 0.03mm 的细粉砂及泥归为一类。

岩心统计表明，中砾岩储层物性差异大，含油产状从无到有，从粒度分析数据与孔隙度关系上看，物性相对较好，含油级别高的中砾岩粒径主要在 8~16mm，而粒径在 16~32mm 的中砾岩物性和含油情况较差，如果将两类物性和含油性差异显著的砾岩合归并为一类，不利于后续的储层精细评价。因此，在中砾岩分类中，以粒径 16mm 为界限，将中砾岩进一步划分为大中砾岩（16~32mm）与小中砾岩（8~16mm），这样更有利于储层划分与评价及沉积微相研究。粒径小于 0.03mm 的细粉砂岩、泥岩物性条件极差且无含油显示，不能作为储层，将两者不再细分归为一类。综上所述，形成了玛湖凹陷环带三叠系百口泉组粗碎屑岩分类与命名方案（表 4-1）。

二、岩性特征

在钻井剖面中，粒径大于 128mm 的巨砾及部分粗砾，其粒径已经超过取心筒的直径，在岩心剖面上无法展示，因此岩性划分未考虑巨砾岩。同时，有部分形成于氧化环境下的褐色砾岩，泥质含量较高，物性差，不含油，为非储层，也未进一步细分讨论。依据建立的玛湖凹陷三叠系百口泉组碎屑岩分类与命名方案，不同岩性岩石学特征如下（图 4-1）。

第四章 砾岩储层岩性测井识别

表 4-1 玛湖凹陷三叠系百口泉组碎屑岩分类与命名方案

粒级划分		颗粒直径（mm）
砾	巨砾	＞128
	粗砾	128~32
	大中砾	32~16
	小中砾	16~8
	细砾	8~2
砂	粗砂	2~0.5
	中砂	0.5~0.25
	细砂	0.25~0.06
粉砂	粗粉砂	0.06~0.03
泥	细粉砂、泥	＜0.03

粗砾岩，夏93井　　大中砾岩，玛15井　　小中砾岩，玛18井　　细砾岩，玛18井

粗砂岩，玛16井　　中砂岩，玛15井　　细砂岩，玛18井　　粉砂岩—泥岩，玛18井

图 4-1 玛湖凹陷百环带口泉组岩性划分结果

粗砾岩：岩石呈绿灰色或灰绿色等，分选差，混杂砂质、细砾等，录井描述中一般称为砾岩，砾石成分以火成岩岩块为主，次棱角状—次圆状，泥质胶结，局部可见钙质胶结。

大中砾岩：岩石以绿灰色为主，其次为褐色与灰褐色，少量杂色，录井中描述为砾岩，分选较差，泥质与砂质胶结为主，局部钙质胶结。

小中砾岩：以灰色，绿灰色为主，少量褐色、灰褐色，录井描述中多以砾岩统称之，广泛分布于百口泉组中，砾石成分主要为花岗岩、凝灰岩，分选较差—中等，泥质胶结为主。

细砾岩：岩石总体呈灰色、绿灰色，偶见褐色，砾石成分以火成岩、泥岩为主，分选中等—较好，次棱角状—次圆状，泥质砂质胶结为主，含钙时物性变差。

粗砂岩：包含含砾粗砂岩与中粗砂岩，以绿灰色、灰色为主，分选中等—较好，碎屑成分以火成岩岩屑、泥板岩岩屑、石英为主，砂质胶结为主。

中砂岩：百口泉组较少见，以灰色、绿灰色为主，岩屑含量高，分选中等—较好，砂质胶结。

细砂岩：常呈灰色、绿灰色，岩屑含量高，以凝灰岩岩屑为主，部分分选好的细砂岩非常致密，钙质含量高。

泥岩—粉砂岩类：百口泉组中粉砂岩较少，泥岩以形成于氧化环境下的褐色为主，少量灰色泥岩。

对大量岩心采样资料的统计表明，玛湖凹陷不同区域岩性类别存在差异。玛北斜坡区岩石以小中砾岩为主，其次为细砾岩与大中砾岩；玛西地区岩性以细砾岩为主，其次为小中砾岩与粗砂岩。岩石颗粒的粗细、分选的好坏直接影响着储层物性的变化。研究区各类岩石与其储集物性的分析统计表明：细砾岩的孔隙度与渗透率较好，在相同粒径的情况下，分选越好，物性越好（图4-2）。

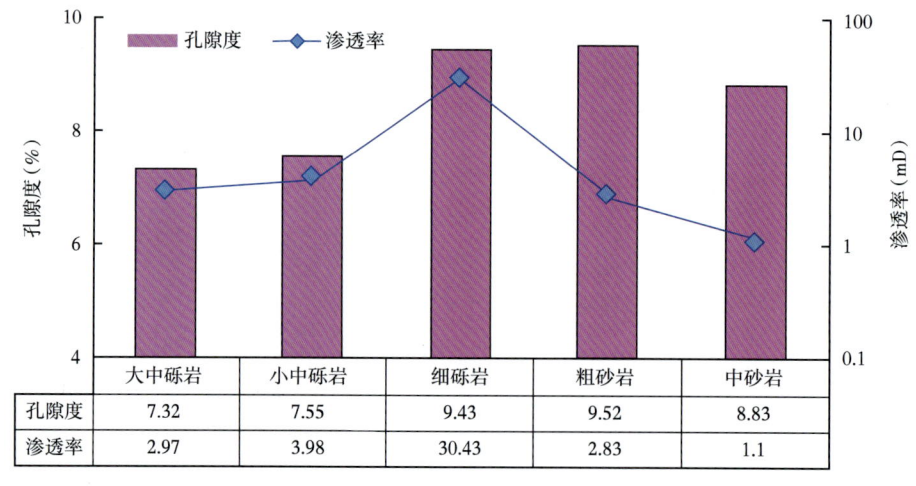

图4-2 玛湖凹陷百口泉组不同岩类岩性与物性关系

岩性决定了物性，而物性的好坏直接影响岩石的含油性。玛湖凹陷百口泉组各类岩石的含油产状统计结果表明（图4-3）：在划分的八类岩石中，有油气显示的岩性主要集中分布于细砾岩与小中砾岩，其次为粗砂岩与大中砾岩，其中油斑—油浸级显示以细砾岩为主，小中砾岩以油斑—油迹为主。同时，在岩性相同的条件下，储层物性的好坏与含油性关系密切，储层物性越好，油气越容易充注于岩石的孔隙中，其含油饱和度越高。以玛湖凹陷百口泉组油气显示较好的细砾岩为例（图 4-4），百口泉组储层具有储层物性变好，油气显示级别升高的特点。

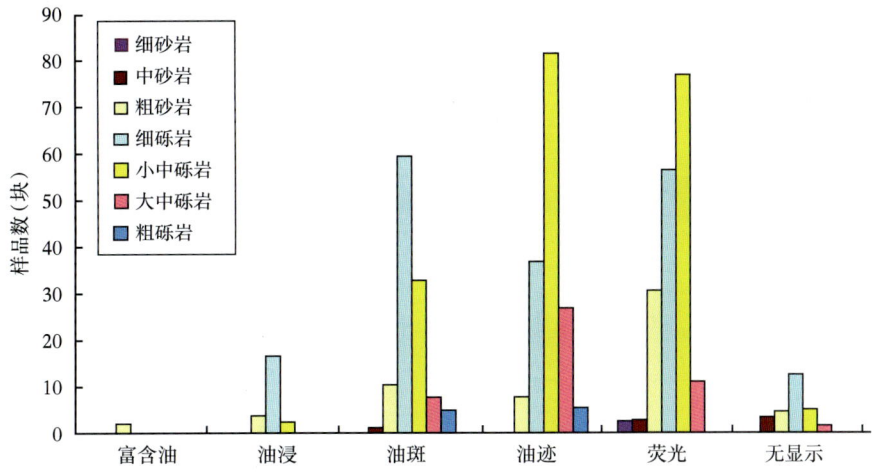

图 4-3　玛湖凹陷百口泉组各类岩性含油性分布图

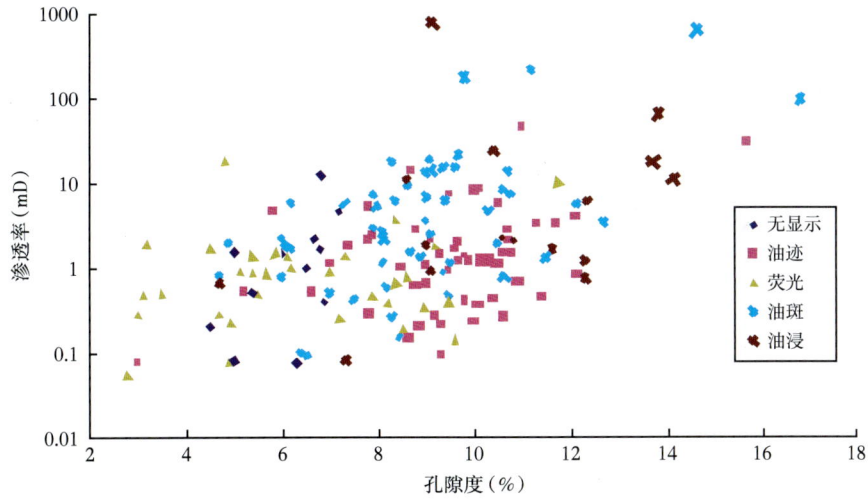

图 4-4　百口泉组细砾岩储层物性与含油性关系图

第二节　常规测井识别岩性

一、不同岩性测井响应特征

开展岩性测井识别，必须首先明确不同岩性在测井曲线上的响应特征[2]。岩石的物理响应特征是岩性（化学成分和矿物成分）、物性（孔隙、裂缝的分布和发育程度）和含油性（孔隙流体性质）的综合作用结果。尽管砾岩储层非均质性较强，岩石矿物成分比较复杂，但组成不同岩性的矿物成分、结构具有明显不同的特征，在电学、声学、核物理学等方面的响应特征上具有内在的规律[3-4]。研究岩石学和岩石物理特征之间内在联系，寻找其普遍的或特殊的变化规律，确定对不同岩性反应敏感的测井参数，构建测井岩性图版是岩性识别的重要基础工作[5]。

以玛湖凹陷百口泉组为例，自下而上分为百一段（T_1b_1）、百二段（T_1b_2）、百三段（T_1b_3），其中百二段为扇三角洲沉积相，自上而下分为$T_1b_2^1$、$T_1b_2^2$两个砂层组，$T_1b_2^1$主要为扇三角洲前缘水下沉积，颜色为灰色，杂基含量少，物性好，储层岩性为灰色砾岩、砾岩、含砾粗砂岩等，为主力油层发育段，$T_1b_2^2$为扇三角洲平原水上沉积，杂基含量高，主要为褐色砾岩，物性差，为非储段（图4-5）。百口泉组主要发育了三类沉积构造：一是反映扇三角洲泥石流、碎屑流的块状层理，混杂堆积构造；二是反映三角洲河道沉积的槽状交错层理、平行层理、粒序层理、冲刷充填构造；三是反映静水环境的水平层理、小型交错层理、波状层理，岩性与岩相类型多样（图4-6）。

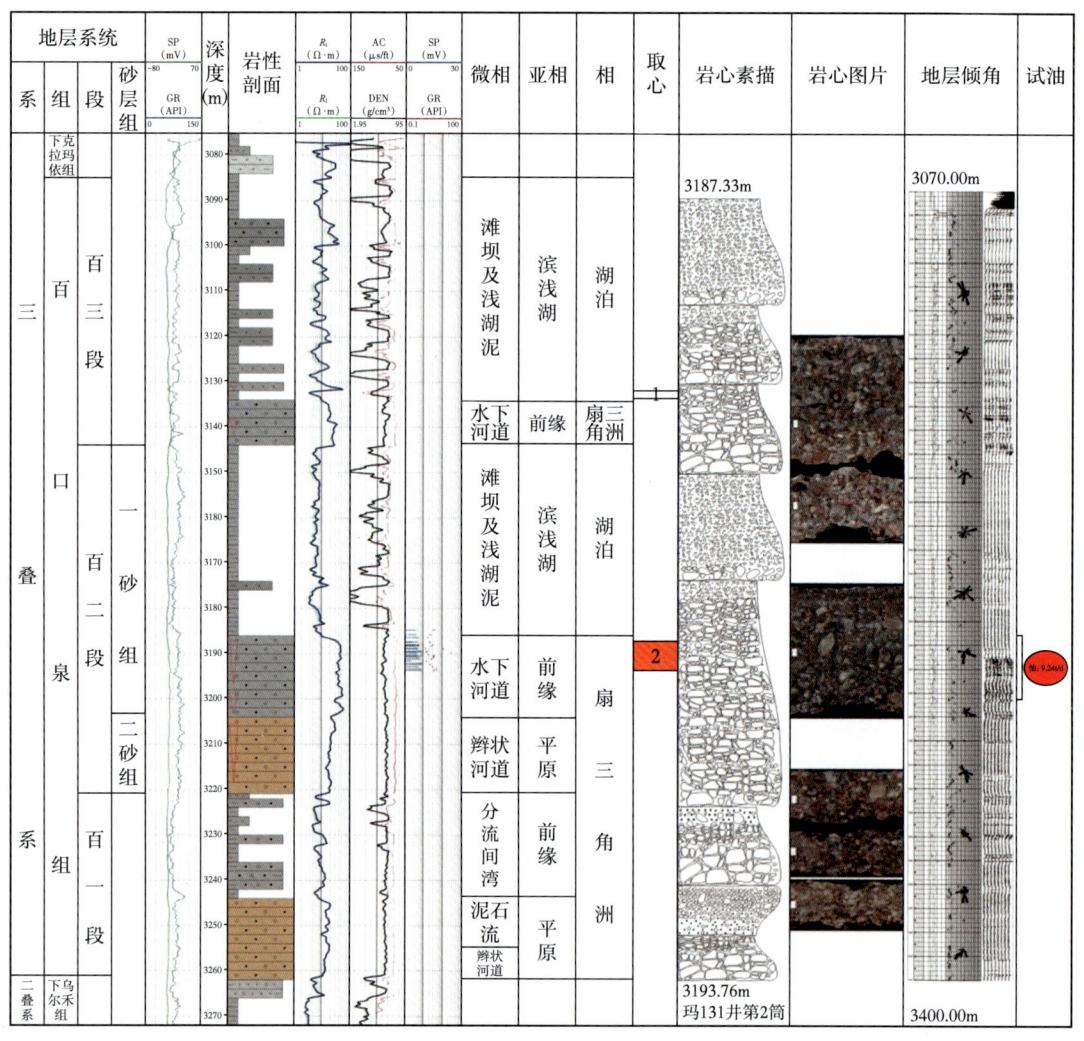

图4-5 百口泉组单井沉积相图（玛131井）

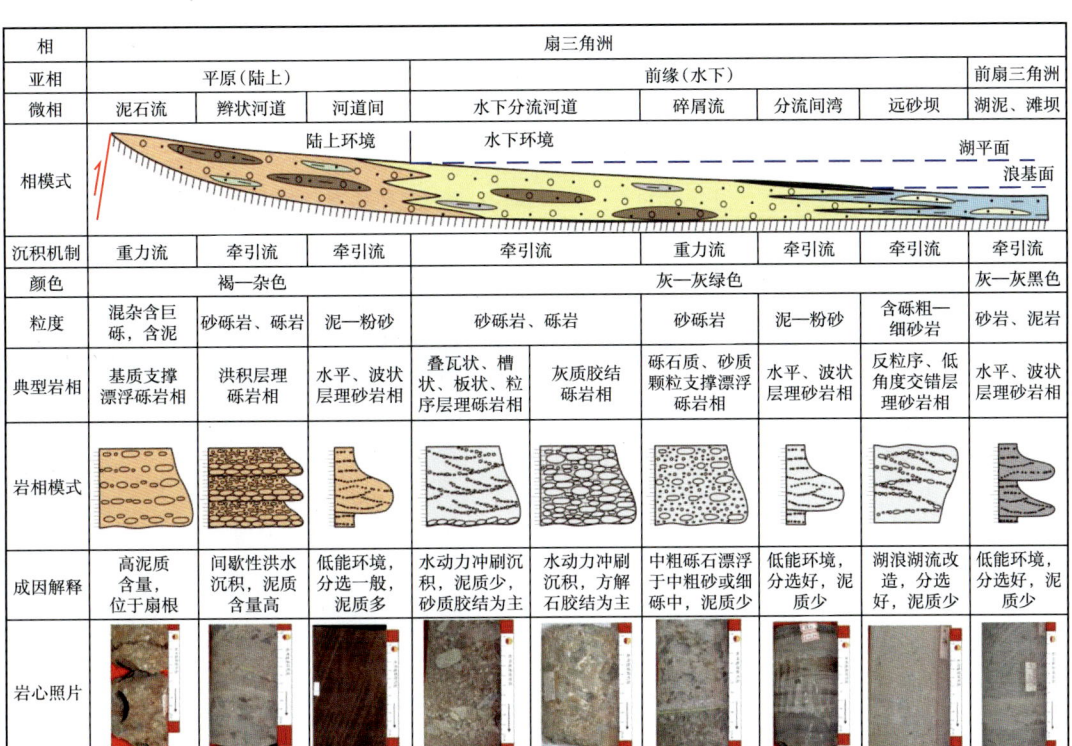

图 4-6 玛北斜坡区扇三角洲沉积相特征

基于上述地质认识，依据岩性划分标准，结合岩心观察、薄片、全岩矿物 X 衍射等多种资料，玛湖凹陷环带三叠系百口泉组不同类型岩性测井响应和岩石学特征的关系如下：

1. 泥岩及粉砂岩

由于泥岩、泥质粉砂岩和粉砂岩颗粒较细，测井响应差别不大，所以统一进行描述。大套的泥岩段内一般含少量粉砂，较为疏松，塑性较强，电阻率较低，常发生扩径现象，会导致部分孔隙度测井，尤其是密度测井失真。泥岩的扩径特征也可以被用于判断岩性的一个参考信息，砾岩地层很少扩径。泥岩地层扩径可能与其黏土矿物类型有关，这些黏土矿物可能具有很强的水敏性，遇淡水钻井液浸泡容易垮塌扩径。成像图像上颜色较深，变形严重，一般泥岩段的测井响应特征表现为：低电阻率、高中子孔隙度、高声波时差、高自然伽马。典型的泥岩电阻率一般小于 $15\Omega \cdot m$，当含有其他粗颗粒组分时，电阻率会略微升高，核磁有效孔隙度也同样反映了泥岩及粉砂岩的物性很差。图 4-7 为百口泉组典型的泥岩测井响应特征图，电阻率约 $7\Omega \cdot m$，中子孔隙度约为 23%，声波时差约 $85\mu s/ft$。

2. 细砂岩

细砂岩作为细粒岩性地层，在研究区域内并不是大套的发育，一般厚度较薄，夹杂在其他岩性之中。由于围岩效应的影响，从测井响应上很难将细砂岩准确的区分出来，其主要测井响应特征为较低电阻率，但是比典型的泥岩层段稍大，物性较差。图 4-8 为典型的细砂岩测井响应特征，细砂岩夹杂在细砾岩之间，自然伽马约为 60API，电阻率为 $16\Omega \cdot m$，中子孔隙度为 21%，密度为 $2.55g/cm^3$，各项测井响应都受到了围岩的影响。

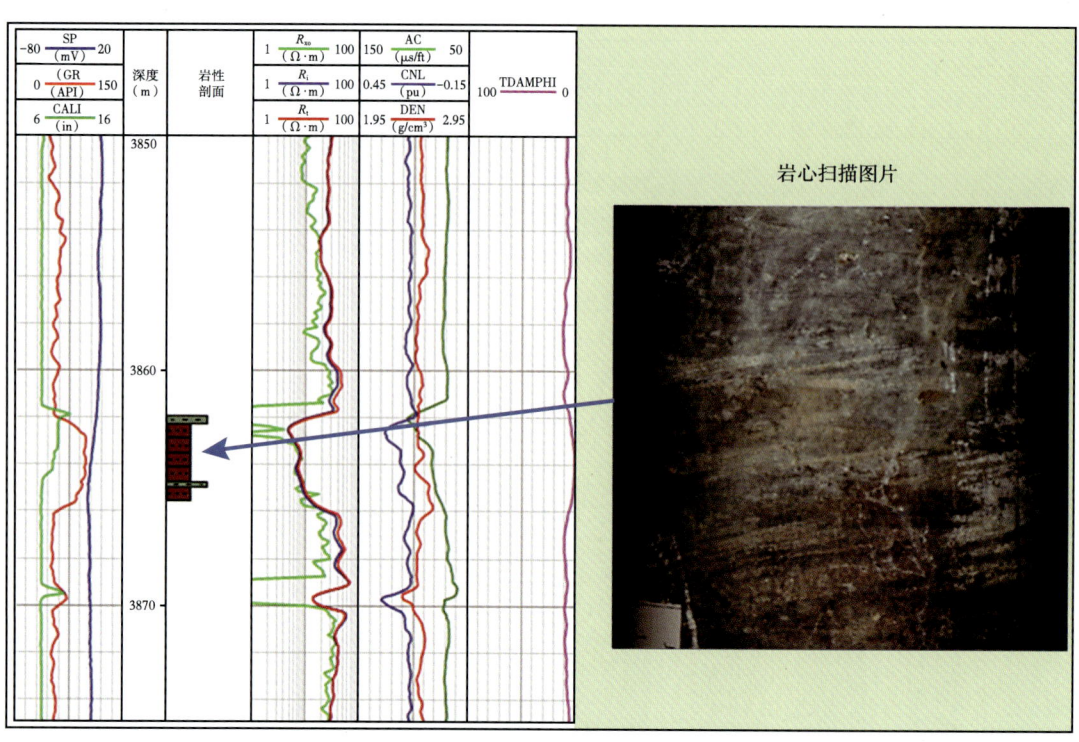

图 4-7 泥岩测井响应特征

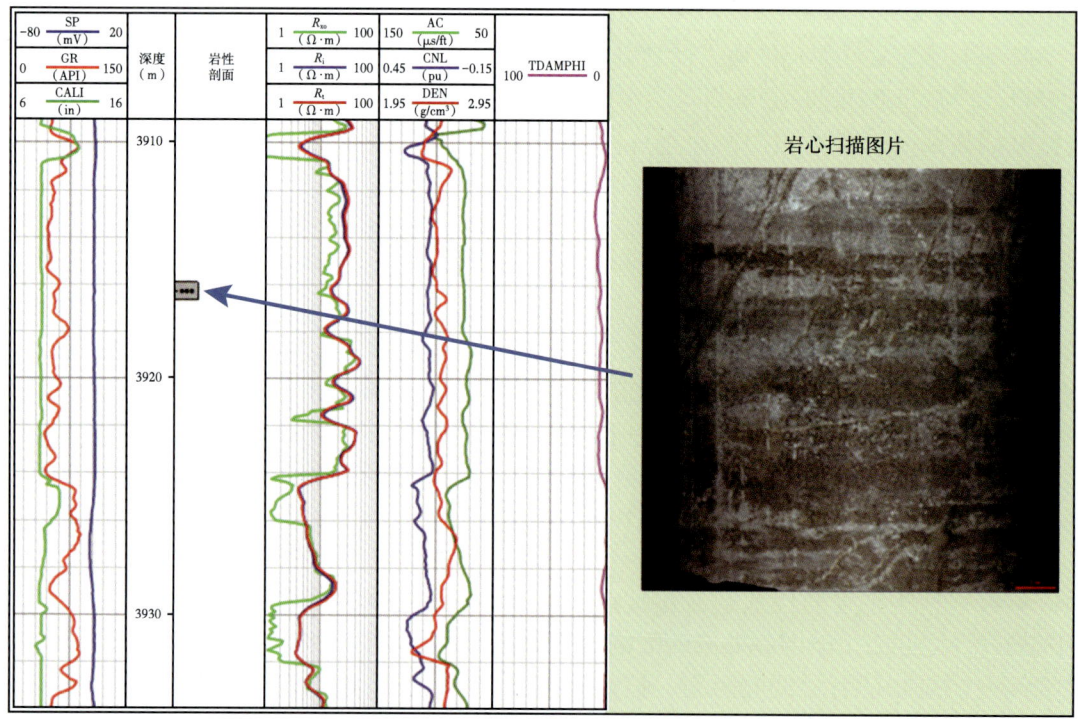

图 4-8 细砂岩测井响应特征

3. 中砂岩

中砂岩发育特征与细砂岩较为相似，区域内未发现大套发育，厚度一般较薄，夹杂在其他岩性之中。中砂岩测井响应特征主要表现为：较低的自然伽马，中等电阻率（介于 10~30Ω·m），物性条件一般。随着泥质含量增多，中子孔隙度差异呈增大趋势，有时凝灰质含量增加有可能会导致中子孔隙度与密度曲线出现负差异。中砂岩与细砾岩呈薄互层发育（图 4-9），自然伽马约为 75API，电阻率为 30Ω·m，中子孔隙度为 18%，密度为 2.45g/cm³，测井响应也都受到了围岩的影响，很难将其准确的划分出来。

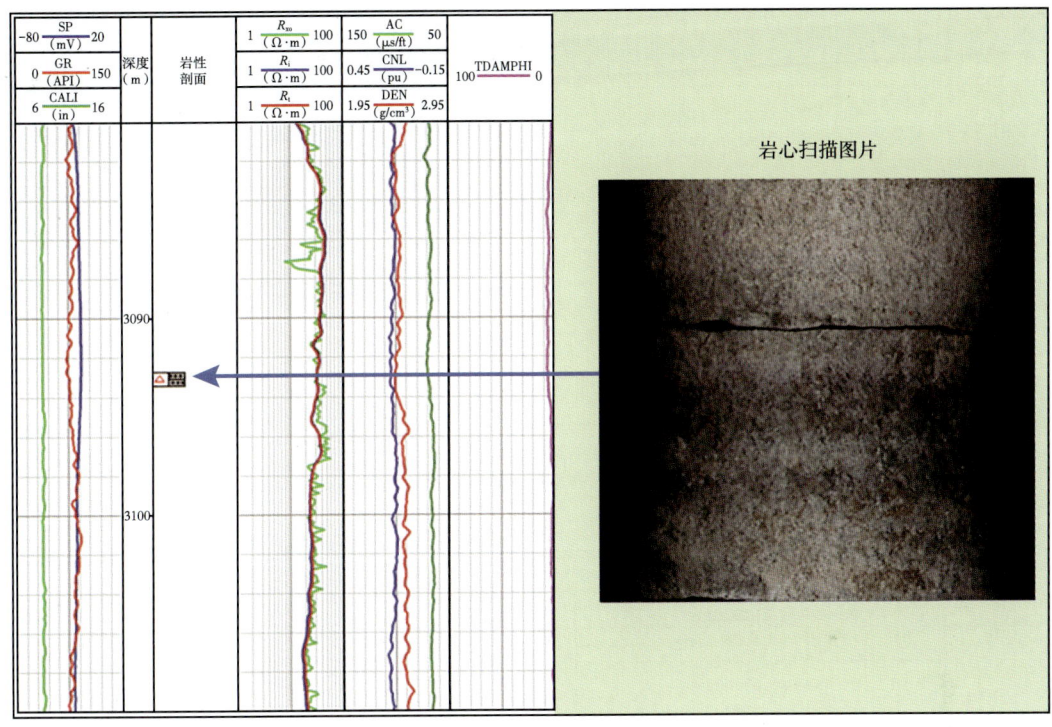

图 4-9 中砂岩测井响应特征

4. 含砾粗砂岩

区域内含砾粗砂岩较发育，属于比较好的储层类型。岩心观察显示含砾粗砂岩分选、磨圆较好，自然伽马为低值，电阻率一般小于 27Ω·m，声波显示高值，且变化范围不大，补偿中子低值，密度较小，物性条件较好。粗砂岩中如果含砾石，电阻率和密度值会有所增大。图 4-10 为玛 16 井典型的粗砂岩储层测井响应特征图，位于岩性过渡区域，自然伽马约为 75API，电阻率为 25Ω·m，中子孔隙度为 19%，密度为 2.48g/cm³，核磁孔隙度较大，孔隙结构较好。

5. 细砾岩

细砾岩在百口泉组广泛发育，是较好的储层岩性类型。从测井响应特征上看，典型的细砾岩层表现低密度，较高电阻率，一般分布在 27~40Ω·m，高声波时差，自然伽马测井值有高有低，与沉积环境和母岩矿物成分类型有关，物性较好。图 4-11 为典型的细砾岩储层测井响应特征图，自然伽马约为 50API，电阻率为 40Ω·m，中子孔隙度为 18%，密度为 2.36g/cm³，核磁共振孔隙度很大，孔隙结构很好。

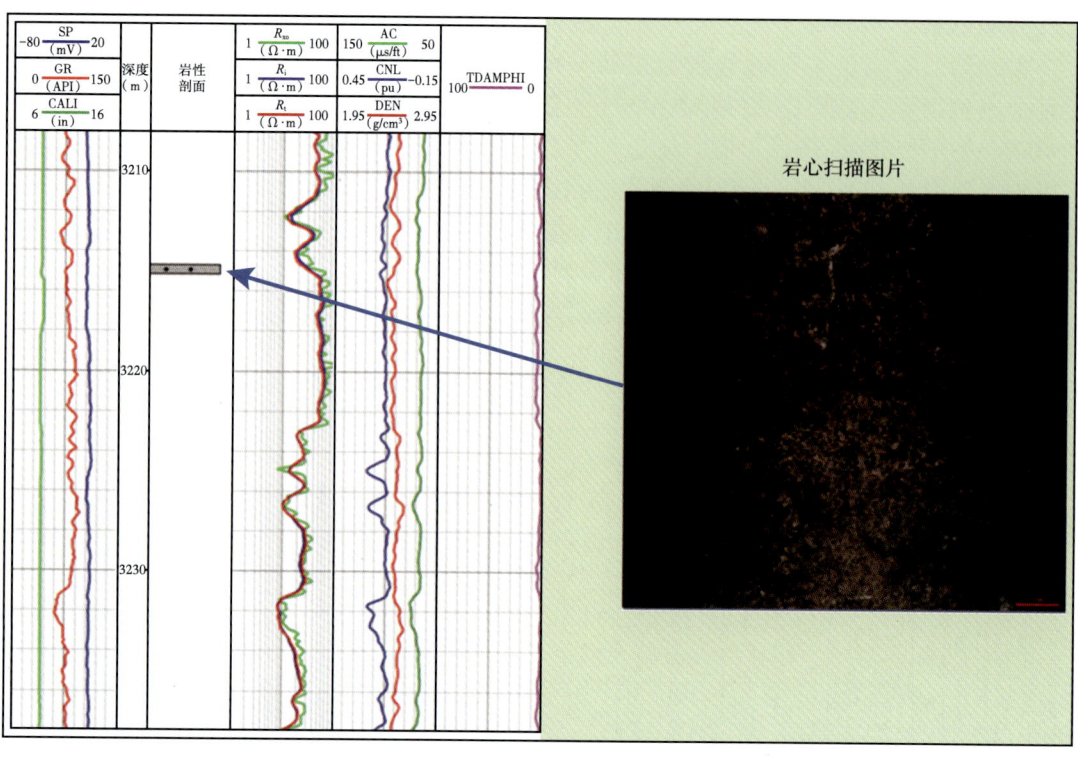

图 4-10 粗砂岩测井响应特征

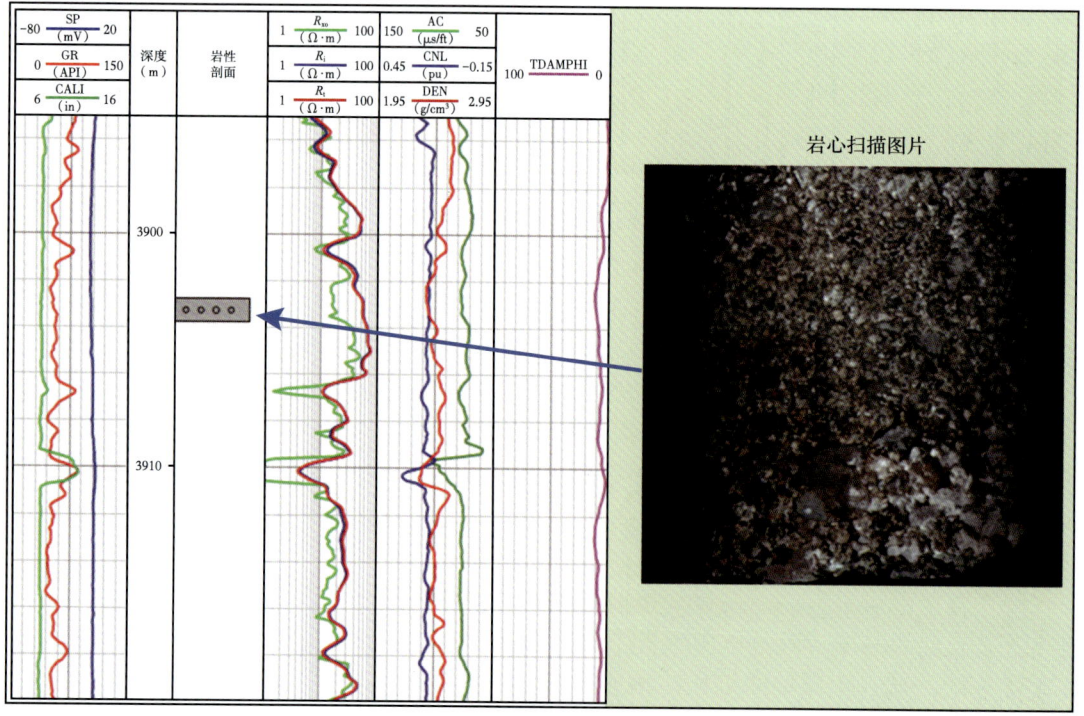

图 4-11 细砾岩测井响应特征

6. 小中砾岩

小中砾岩也属于较好的储层岩性之一，在百口泉组广泛发育。测井响应特征表现为低密度值，电阻率较高，一般分布在40~55Ω·m，高声波时差，自然伽马测井值有高有低，同样与沉积环境和母岩矿物成分类型有关，物性较好。图4-12为典型的小中砾岩储层测井响应特征图，自然伽马约为48API，电阻率为55Ω·m，中子孔隙度为18%，密度为2.45g/cm³，核磁孔隙度很大，孔隙结构较好。

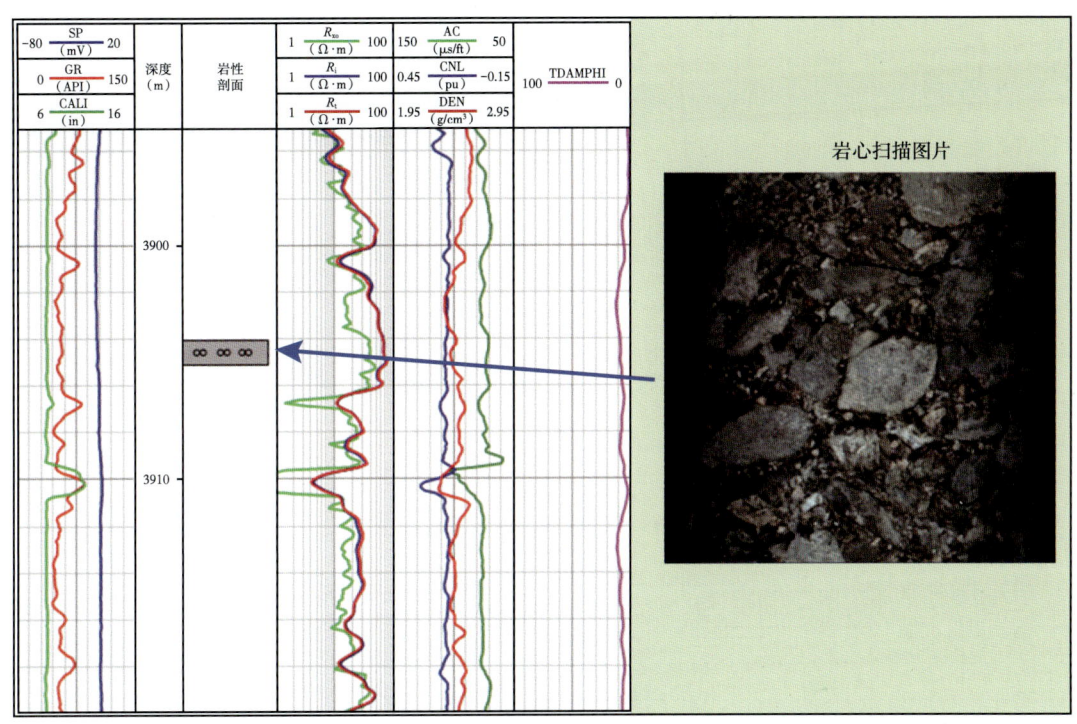

图4-12 小中砾岩测井响应特征

7. 大中砾岩

大中砾岩层测井响应表现为高密度，高电阻率，低声波时差，自然伽马有高有低，核磁孔隙度很低，物性条件差，比较致密，测试结果一般为干层。图4-13为典型的大中砾岩储层测井响应特征图，自然伽马约为75API，电阻率为80Ω·m，中子孔隙度为16%，密度为2.55g/cm³。

8. 粗砾岩

粗砾岩测井响应特征表现为电阻率较高，高密度值，中子为低值，声波时差较小，物性较差。图4-14为典型的粗砾岩储层测井响应特征，自然伽马约为85API，电阻率为90Ω·m，中子孔隙度为10%，密度为2.55g/cm³，核磁孔隙度很小，物性很差。

二、岩性测井识别方法

开展岩性测井识别，首先需要基于"岩心刻度测井"的思路，以岩心分析数据标定地球物理测井响应，建立二者的联系，再进一步提取岩性敏感测井参数，构建不同岩性测井识别图版。

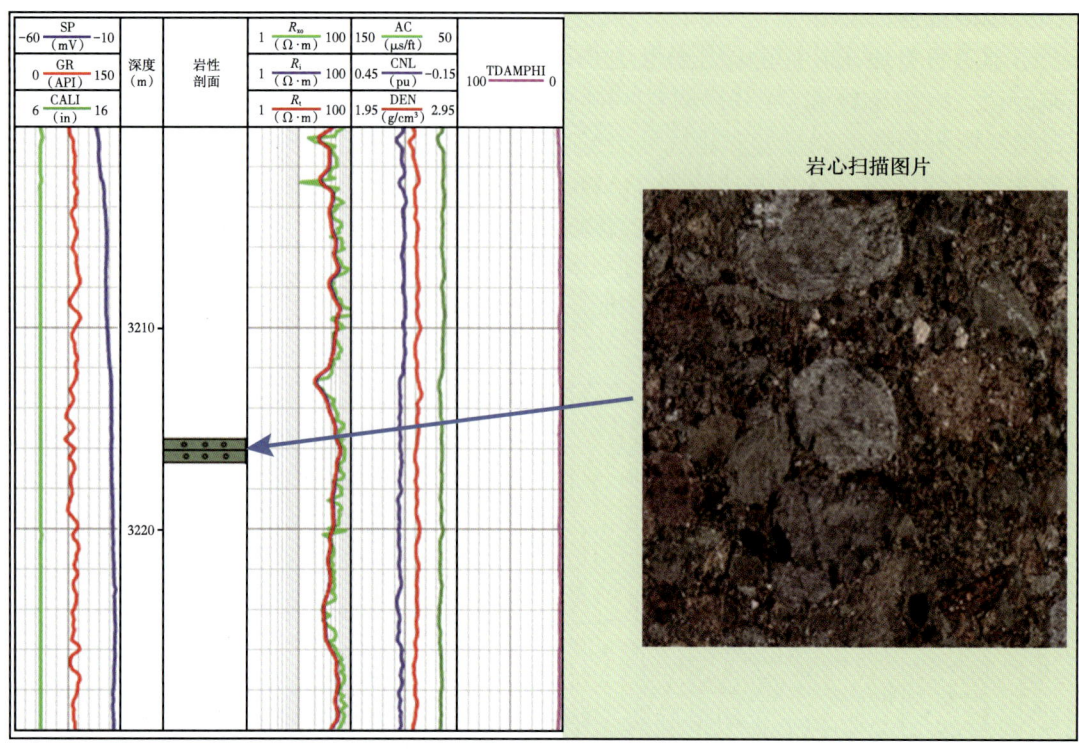

图 4-13 大中砾岩测井响应特征

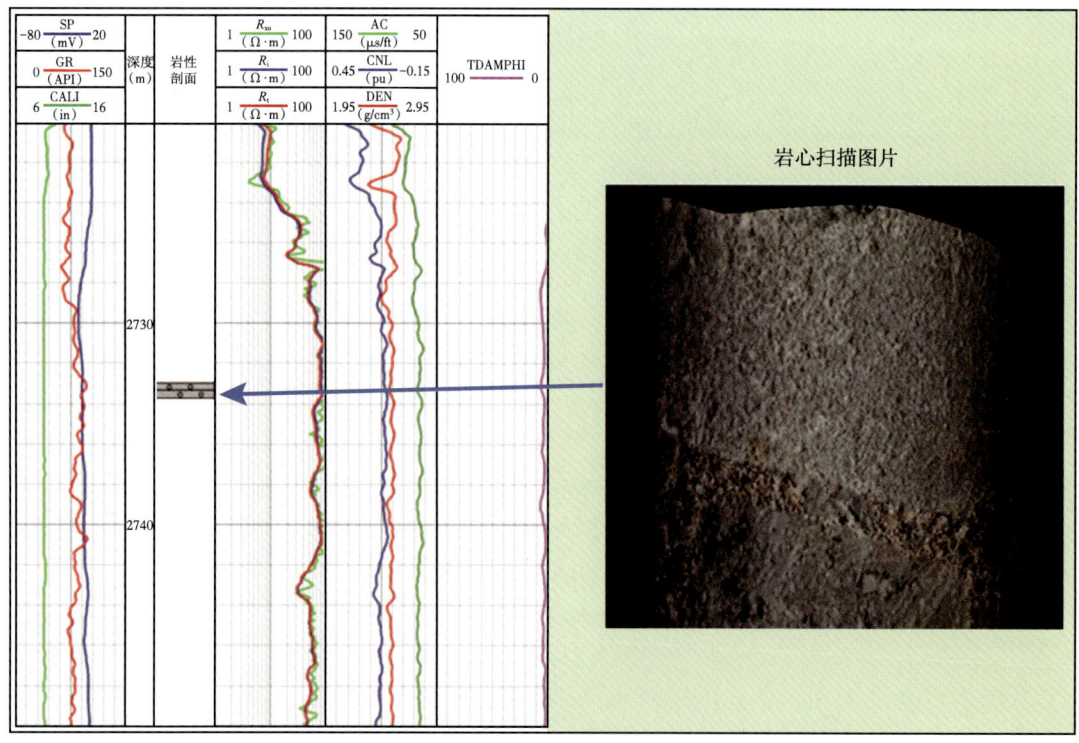

图 4-14 粗砾岩测井响应特征

1. 厘米级岩心归位

岩心是反映深部地层岩石物理特性的第一手资料，因此，岩心刻度测井，岩心是标准。岩心归位是构建岩、电关系的关键步骤[2]，必须确保标准的可靠性和准确性。由于钻井取心和测井采用不同的深度系统，电缆和钻杆张力的差异、井眼条件、井斜等多种因素综合影响，取心深度和测井深度不可避免地存在着误差，全井段的岩心归位深度往往不是一个确定的数值。另外，由于砾岩体一般是多期发育，多次沉积形成，其内部地质结构和油水关系都十分复杂，沉积特征在平面上表现为沉积相带变化快，沉积体互相叠加成藏。纵向上砾岩体沉积厚度变化大，有时沉积厚度巨大，但是岩相变化快，砾岩、泥质砂砾及泥岩等多种岩层交替出现，形成了不同岩石间的薄互层，岩层间的物性和含油性差异大，岩层单层沉积厚度有时非常薄，远远超过大多数的测井响应分辨率[6-7]，要建立可靠的、代表性的岩、电关系，需要厘米级精度的岩心归位。

为了达到上述要求，采用两步法进行岩心归位。第一步，综合利用实验分析物性数据、常规测井资料和核磁共振孔隙度测井资料进行岩心整体归位；第二步，高分辨率的微电阻率扫描图像和岩心扫描图像相结合，利用关键的构造信息作为佐证材料，开展归位深度的验证和局部归位深度的微调，最终实现厘米级的归位精度。

以玛15井百口泉组第1、2筒岩心所在井段岩心精细归位为例（图4-15）。根据常规测井曲线与核磁共振测井孔隙度和岩心分析孔隙度之间的对比关系，首先将岩心深度整体下移了2.65m，岩心分析孔隙度和核磁共振测井孔隙度具有了较好的匹配关系，实现了两桶岩心的整体初步归位。第二步，微电阻率扫描成像测井（FMI）具有较高的分辨率，对层面、沉积构造、裂缝等地质特征具有毫米级的识别能力，可以作为可靠的岩性归位参考

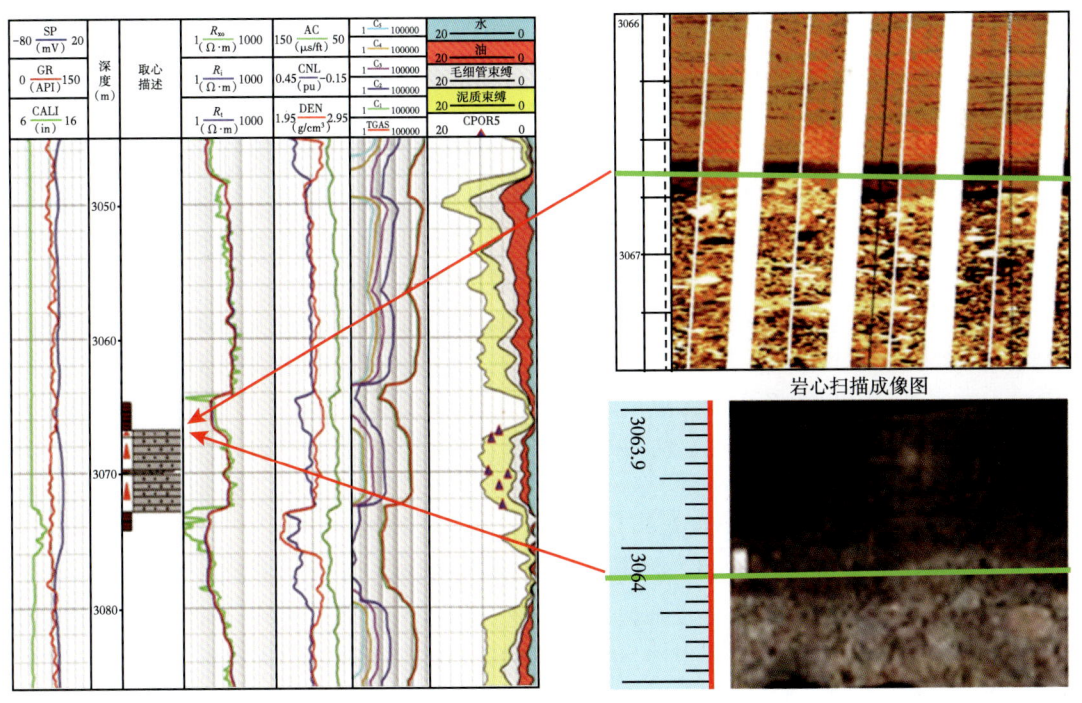

图4-15　岩心精细归位示意图（玛15井）

依据。应用微电阻率扫描成像测井与岩心扫描图像相结合，可以进一步提高岩心的归位精度。FMI测井图像反映，在3166.65m有一明显的岩性界面，界面以上为泥岩，界面以下为砾岩。从岩心扫描图看，这一界面的深度为3164.02m，二者的深度校正差为2.63m，与孔隙度整体归位深度数值基本一致。通过FMI图像和岩心扫描图像的互相印证，两筒岩心归位达到了厘米级的归位精度。

2. 图版法识别岩性

交会图法是确定岩性、孔隙度和含油气饱和度时广泛采用的一种方法。该方法把对岩性响应敏感的测井数据在坐标系中进行定位，依据可靠的取心、测试等资料对坐标系中测井数据样点岩性特征进行评价，编制交会图版，从而直观反映各种岩性的界限和所分布的区域，具有较强的针对性[8-9]。

1）电阻率—结构指数交会图

不同岩性岩石测井响应特征分析表明，电阻率、补偿中子和核磁共振测井孔隙度对于岩性差异的响应较为敏感[10]，但是单独使用其中任意一种测井资料均无法准确划分岩性。百口泉组各种岩性基本不含铁磁物质，为核磁共振测井的应用提供了有利条件。研究区内大部分井均采集了核磁共振测井资料，尽管核磁共振测井本身无法有效地识别岩性，但综合应用常规测井和特殊测井资料构建岩性敏感参数，能够显著提高岩性测井识别精度。

核磁共振测井可以提供不受岩性变化影响的高精度的地层孔隙结构和流体信息，T_2谱可以反映孔隙直径的变化和毛细管束缚水及黏土束缚水的含量，间接反映沉积岩粒度的变化。中子测井对不同岩性的物性变化也有一定的反映。利用核磁有效孔隙度的平方除以中子孔隙度进行曲线重构，构建了结构指数。由于目的层为沉积岩，岩性对物性有较大的决定影响，因而构造的结构指数能够较好地反映岩性的变化。再通过微电阻率扫描成像测井资料提取高分辨率电阻率曲线，有效提高了电阻率曲线的精度，将其与构建的结构指数相结合，构建岩性识别交会图版可以从岩石结构和岩石成分两个方面综合确定岩性，提高了常规测井岩性识别的能力。

需要注意的是，与样品分析不同，测井资料反映的是在测井能够分辨井段的各种岩石物理参数平均值。它反映的是岩石的各种物理响应。尽管这些资料与岩石的矿物成分、岩石的结构构造特征密切相关，但测井无法达到和岩矿鉴定一样的分辨率与分析精度。因此，在地质条件下，测井能够反映的是分辨率条件下的优势岩性。

综合考虑岩性的发育特征、成因类型、岩性对物性的控制作用、测井的分辨率和区分不同储层类型的能力，构建了百口泉组电阻率—结构指数交会图岩性识别图版（图4-16），识别出六类岩性，分别为泥岩、含砾粗砂岩、细砾岩、小中砾岩、大中砾岩、平原相砾岩。图版纵坐标反映了岩石矿物成分的变化，横坐标从小到大，反映了岩石的物性逐渐变好的一个趋势，但受限于测井曲线分辨率，细砂岩、中砂岩难以在图版上进行有效的区分。

2）自然伽马—骨架密度交会图

在常见的砂泥岩剖面井中，自然伽马曲线是进行地层划分、开展岩性识别的重要工具。但是对于母岩成分复杂的砾岩来说，特别是火山质成分较多，不同矿物的伽马数值变化较大，伽马测井难以有效划分岩性，例如，泥岩与灰色砾岩的自然伽马值几乎处在同一个区间内，这样就导致伽马曲线对岩性失去了敏感性，但结合不同岩石骨架密度构建交会图版，能够改善岩性识别的效果。

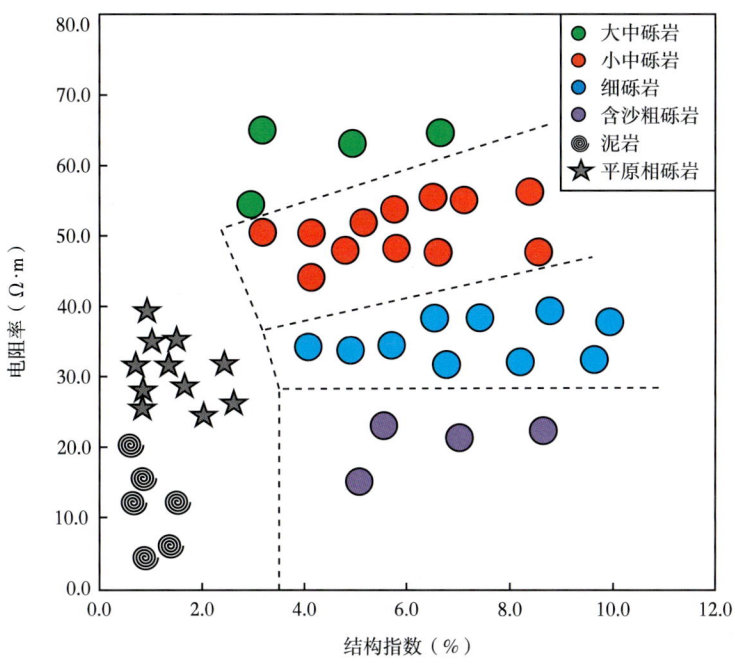

图 4-16 百口泉组电阻率—结构指数交会图

图 4-17 是百口泉组自然伽马—骨架密度交会图版，横轴是岩石的骨架密度（DEN_{MA}），纵轴是反映火山岩成分含量的自然伽马相对值（GR_{vol}），即通过换算，用总的自然伽马值减去正常沉积所引起的自然伽马值变化。针对研究地区的勘探实践表明，GR_{vol} 小于 40API 的区域属于正常沉积的范围；GR_{vol} 大于 40API 的区域，不同岩性样点呈现规律性变化特征：从含砾粗砂岩、细砾岩、小中砾岩到大中砾岩，随着岩石粒度逐渐增大，GR_{vol} 值也随之增大，换言之，随着母岩中火山岩含量不断增大，岩石粒度越来越粗，钾长石等放射性矿物的含量越来越大，岩石表现出的放射性强度越大。

3）电阻率—密度交会图

岩心含油性统计表明，含油储层岩性颜色较浅，多为灰色、灰绿色砾岩，沉积时经受了较强的淘洗，泥质岩屑和泥质杂基含量有所降低，物性相对较好，电阻率较高；干层颜色普遍较深，为褐色、黑褐色、杂色砾岩，泥质杂基较多，物性相对较差，总体电阻率较低且具有较高的密度值；在百口泉组中也存在钙泥质、泥钙质胶结砾岩储层，该类储层电阻率异常高，且具有相对较低的密度。利用上述特征，构建了电阻率（R_t）—密度（DEN）交会图，在研究区可以起到较好的岩性识别作用。玛北斜坡区百口泉组百二段电阻率—密度交会图（图 4-18）显示，电阻率大于 100Ω·m 为钙质胶结砾岩；电阻率小于 25Ω·m 为非储层，岩性为褐色砾岩及泥岩；灰色砾岩储层测井响应特征为：电阻率 25~100Ω·m，密度小于 2.58g/cm³。

3. 神经网络识别岩性

实际地下储层情况十分复杂，具有较强的非均质性，测井响应与岩性之间并不总是存在着线性关系，因此，单纯利用线性测井响应判别公式和统计经验公式，对岩性识别效果往往不太理想。而 BP 神经网络通过自身特有的样本学习能力，来构建岩性判别模式，克服了模糊数学、灰色聚类理论和地质多元统计等方法的缺陷，具有很强的自组织、自学习、自适应性和容错抗干扰能力，因此，BP 神经网络方法在一定程度上解决了传统测井解释方法中面临的高度复杂非线性建模的问题，在储层岩性识别、储层参数计算等方面都得到了广泛的应用[11]。

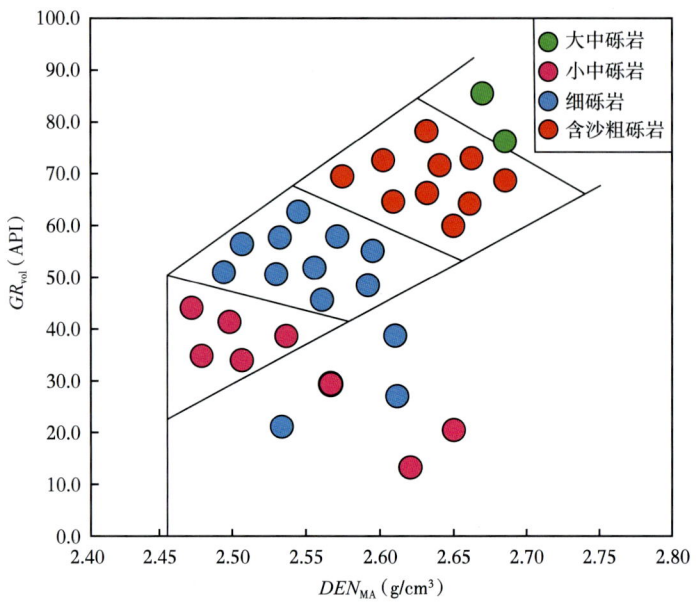

图 4-17 百口泉组自然伽马—骨架密度交会图

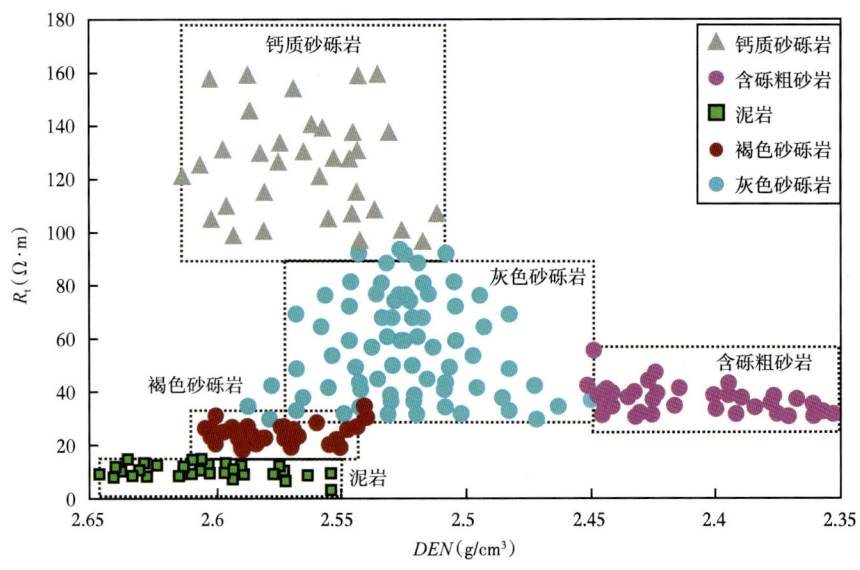

图 4-18 玛北斜坡区百口泉组百二段油藏电阻率—密度岩性识别图版

BP 神经网络模型处理信息的基本原理是：输入信号通过中间节点（隐层点）作用于输出节点，经过非线性变换，产生输出信号，网络训练的每个样本包括输入向量和期望输出量，网络输出值与期望输出值之间的偏差，通过调整输入节点与隐层节点的连接强度取值和隐层节点与输出节点之间的连接强度及阈值，使误差沿梯度方向下降，经过反复学习训练，确定与最小误差相对应的网络参数（权值和阈值），训练即告停止。此时经过训练的神经网络即能对类似样本的输入信息，自行处理输出误差最小的经过非线性转换的信息。

按照测井响应特征近似性原则，将砾岩储层岩性归并为泥岩、砂岩、含砾砂岩、砂砾岩和砾岩 5 大类。对每类岩性提取了自然伽马（GR）、补偿中子（CNL）、补偿声波（DT）、补偿密度（DEN）、深电阻率（R_t）等 5 种测井值作为输入参数。每类岩性分别选取多个样本，采用 BP 神经网络对样本进行训练，利用训练得到的修正权值来识别未知样本，建立适合的训练网络结构。研究采用两层网络结构，节点为 10 个，输出目标函数为 5 个（与输入样本的岩性种类一致），并将学习误差控制在 8% 以下。

当学习样本合理准确且数量较多时，神经网络岩性识别效果与岩心描述结果具有很高的匹配度，能够有效区分泥岩、砂岩、含砾砂岩、砂砾岩和砾岩 5 大类岩性，其评价结果如图 4-19 所示。

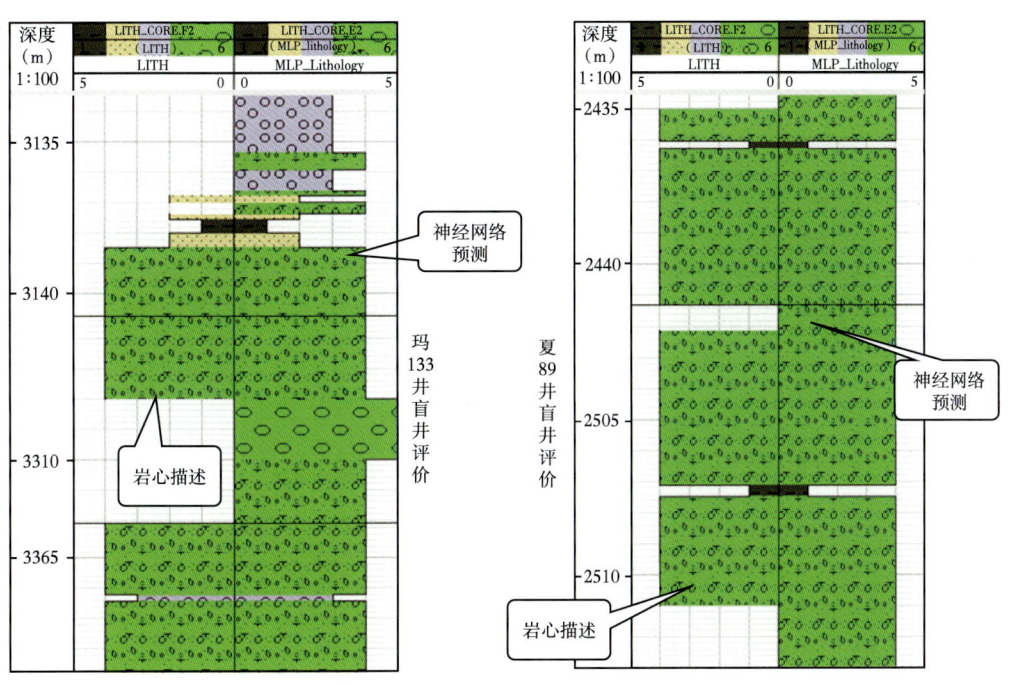

图 4-19　神经网络岩心识别结果（玛 133 井和夏 89 井）

第三节　成像测井自动识别岩性

相对于常规测井，电成像测井具有较高的分辨率，能直观识别岩性、结构、构造和划分沉积相类型等[12-13]，特别是与常规砂岩相比，砾岩储层具有岩石粒度粗、粒径变化较大等特点。因此，电成像测井资料在砾岩岩性识别方面具有明显的优势。本节以准噶尔盆地玛湖凹陷百口泉组为例，基于岩心刻度测井思想，利用微电阻率扫描成像（FMI）测井资料定性、定量识别砾岩岩性。

一、砾岩微电阻率扫描成像测井响应特征

按照岩性划分标准，玛湖凹陷百口泉组砾岩可划分为巨砾岩、粗砾岩、大中砾岩、小中砾岩、细砾岩、砂岩和泥岩7种类型（图4-20），其中，粗砾岩和巨砾岩少见。通过岩心刻度测井，明确了不同岩性的电成像测井响应特征。

图4-20 玛湖凹陷百口泉组不同粒级岩性岩心

(a)巨砾岩，M15井，3202.12~3202.27 m；(b)粗砾岩，M137井，3263.80~3264.01m；(c)大中砾岩，M137井，3258.60~3258.82m；(d)小中砾岩，AH2井，3859.80~3860.01m；(e)细砾岩，MH4井，3307.70~3307.90m；(f)砂岩，AH013井，3412.50~3412.62m；(g)泥岩，MH5井，3532.60~3532.70m

研究区泥岩岩心以氧化环境的褐色泥岩为主，夹杂少量粉砂质沉积，FMI测井静态图像显示为纯黑色，动态图像上为褐色—黑褐色，电阻率为低值（图4-21a）。砂岩一般呈灰色、灰绿色，岩石颗粒分选最好，主要由火山岩岩屑组成，岩心观察可见平行层理、交错层理等多种沉积构造，FMI测井图像上颜色分布均匀，整体显暗褐色，未见高阻大颗粒形成的亮点，难以分辨出砂岩颗粒大小（图4-21b）。细砾岩总体呈灰绿色，偶见褐色，砾石成分以火山岩、泥岩为主，分选中等—较好，细砾岩的FMI测井静态图像可见面积较小的白色亮点，亮度较低，不能识别出砾石的轮廓，且呈分散分布（图4-22c）。小中砾岩整体分选较差，磨圆以次圆状为主，泥质胶结，FMI测井图像上存在面积中等的亮斑，亮

斑长轴直径一般小于10mm，整体趋向于圆形，棱角较少（图4-21d），可明显识别出砾石定向排列所形成的叠瓦状构造等特征。大中砾岩粒径较大，颗粒分选差，次棱角状为主，FMI测井图像上呈面积大、亮度高的亮斑，亮斑直径大于10mm，跨越FMI测井扫描范围一般为30°~45°，亮斑棱角明显，大中砾岩上、下常与小中砾岩和细砾岩混杂成层分布，在FMI测井图像上可见明显的正粒序或逆粒序（图4-21e）。

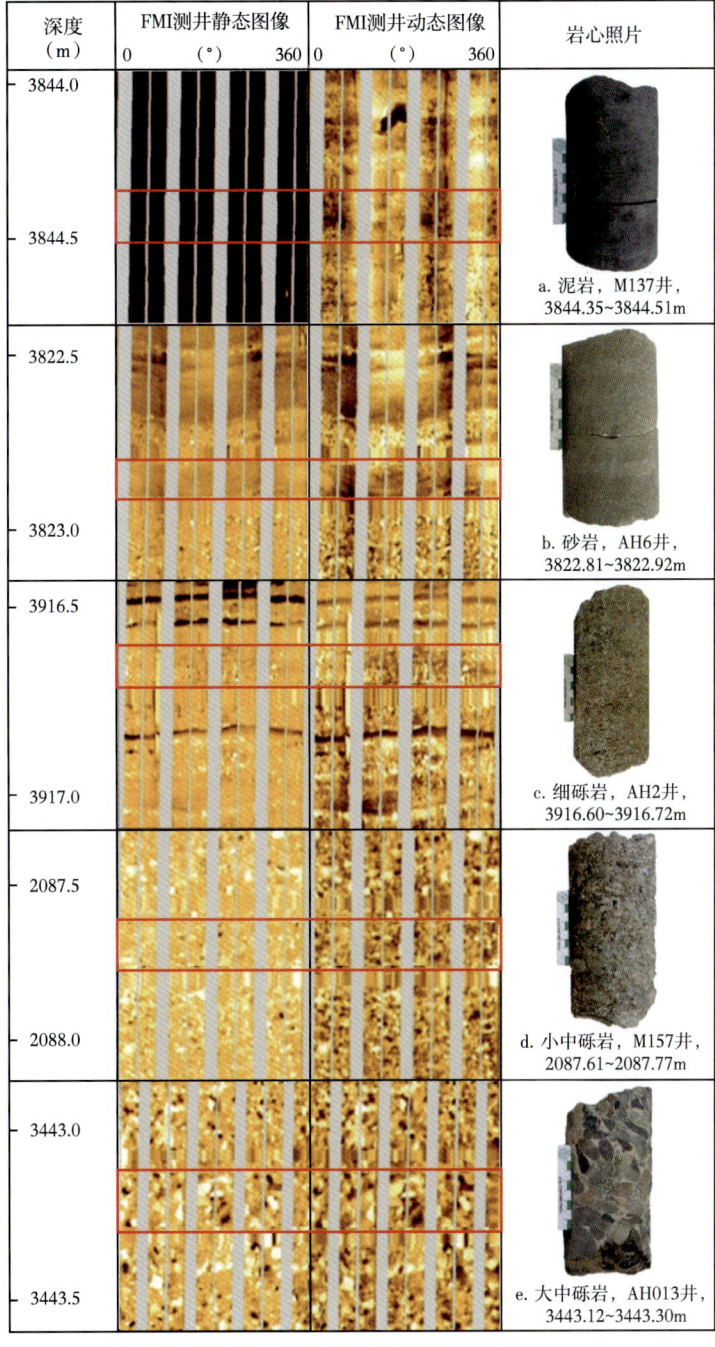

图4-21　玛湖凹陷百口泉组砾岩FMI测井响应特征

二、砾岩岩性自动识别

测井解释人员通常利用FMI测井图像直观定性识别岩性,然而,定性识别岩性受人为主观因素影响较大,且识别效率不高,难以对多井、复杂岩性进行连续定量识别。为此,利用FMI测井图像,采用图像处理技术和图像识别技术自动识别岩性[14]。根据岩心刻度测井的思路,首先利用砾岩岩心建立典型岩性样本库,再通过计算各岩性FMI测井图像样本的特征值,将提取的特征值作为输入,最后利用贝叶斯判别分析法自动识别岩性。

1. RGB图像灰度化处理

FMI测井图像为数字图像,图像的颜色显示电阻率的高低。数字图像一般采用RGB格式显示,即图像中每一个像素点的颜色被分为3个基值:红色值(R)、绿色值(G)和蓝色值(B),每个颜色值的数值范围为0~255。在进行图像处理时,存放在计算机内存中的图像是一个$M \times N \times 3$的三维矩阵,其中M为图像长轴的像素点个数,N为图像短轴的像素点个数,3为3种颜色值。图4-22为百口泉组细砾岩、小中砾岩和大中砾岩的3种颜色值直方分布,3种颜色分布相近,利用3种颜色值分布的差异识别岩性困难。将RGB的3种颜色值转化成单一的灰度值则可以解决这一问题,其转化公式为

$$Gray = 0.3R_c + 0.59G_c + 0.11B_c \quad (4-1)$$

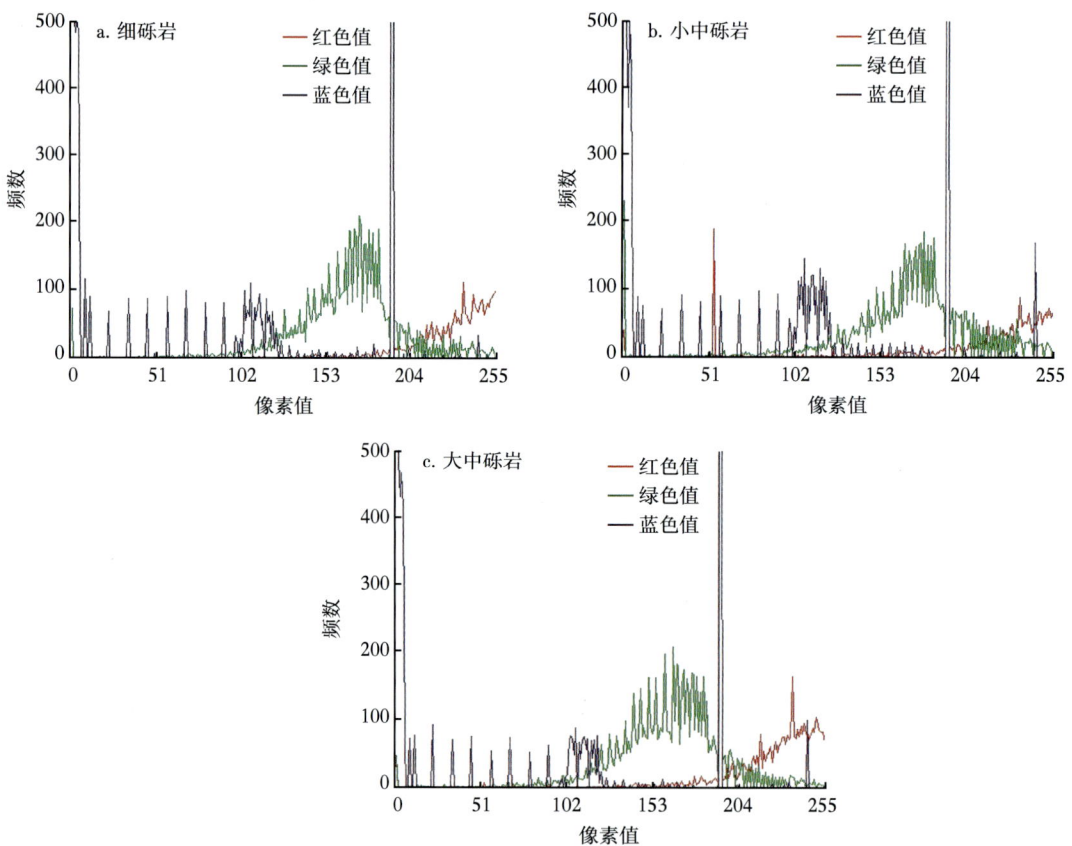

图4-22 细砾岩、小中砾岩和大中砾岩RGB颜色值直方分布

式中 R_c、G_c 和 B_c——分别为转换前 FMI 图像原始三基色数值；

$Gray$——转换后的灰度值。

FMI 原始测井图像与转换后灰度图像进行对比（图 4-23），灰度图像虽失去了 FMI 测井图像原本的彩色，但可以通过一种颜色进行度量，其灰度值分布范围为 0~255。RGB 图像转化为灰度图像的实质是将三维矩阵转化为二维矩阵，在实际图像矩阵操作中起到简化运算的作用。

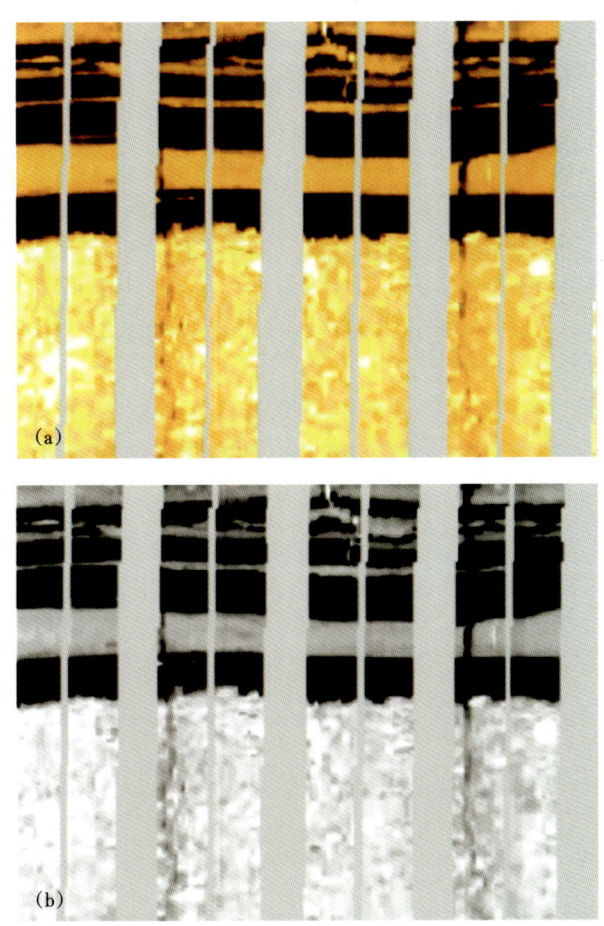

图 4-23　FMI 测井 RGB 图像（a）与灰度图像（b）对比

2. 灰度共生矩阵

FMI 测井图像中的纹理是由灰度分布在空间位置上反复出现而形成的，因而在图像上相隔某距离的两个像素之间会存在一定的灰度关系，即图像中灰度空间的相关特性。因此，可利用灰度共生矩阵研究灰度空间相关特性，进而描述图像特性[15]。灰度图像的灰度共生矩阵能反映出图像方向、相邻间隔和变化幅度的综合信息，是分析图像的局部模式和排列规则的基础。

假设 $f(x_1, y_1)$ 为一幅二维数字图像，A 为目标区域中具有特定空间联系的像素对的集合，则满足一定的空间关系的灰度共生矩阵 P 为

$$P(g_1,g_2) = \frac{P(g_1,g_2) = \#\{[(x_1,y_1),(x_2,y_2)] \in A | f(x_1,y_1) = g_1 \,\&\, f(x_2,y_2) = g_2\}}{\#A} \quad (4-2)$$

式中 $P(g_1,g_2)$ ——灰度共生矩阵；

(x_1,y_1)，(x_2,y_2)——图像中的像素坐标对；

$f(x,y)$——数字二维图像；

A——区域中像素对的集合。

公式（4-2）等号右边的分子是具有某种空间关系、灰度值分别为 g_1 和 g_2 的像素对的个数，分母为 A 集合中像素对的总个数。这样得到的灰度共生矩阵是归一化的。取不同的距离和角度则可以得到不同的灰度共生矩阵，实际求解时常选取距离不变，取不同角度，如 0°、45°、90° 和 135° 时的灰度共生矩阵[16]。如果图像由具有相似灰度值像素块构成的，则灰度共生矩阵的对角元素会有比较大的值；如果图像像素灰度值在局部有变化，那么偏离对角线的元素会有比较大的值。

3. 灰度共生矩阵特征值的提取

为了更好地利用灰度共生矩阵描述纹理特征，选择对比度、相关度、熵、均匀度和能量等特征参数表征灰度共生矩阵。

（1）对比度（C）：反映图像的清晰度和纹理沟纹深浅的程度。纹理沟纹越深，其对比度越大，视觉效果越清晰；反之，对比度越小，则沟纹浅，效果模糊。对比度求取公式为

$$C = \sum_i \sum_j (i-j)^2 P(i,j) \quad (4-3)$$

（2）相关度（R）：度量空间灰度共生矩阵元素在行或列方向的相似程度。当矩阵元素值均匀相等时，相关度大；反之，则相关度小。如果图像有水平方向的纹理，则水平方向灰度共生矩阵的相关度大于其他方向灰度共生矩阵的相关度。相关度求取公式为

$$R = \frac{\sum_i \sum_j (i-\bar{x})(j-\bar{x})P(i,j)}{\sigma_x \sigma_y} \quad (4-4)$$

式（4-4）中，

$$\bar{x} = \sum_i i \sum_j P(i,j) \quad (4-5)$$

$$\bar{y} = \sum_j j \sum_i P(i,j) \quad (4-6)$$

$$\sigma_x^2 = \sum_i (i-\bar{x})^2 \sum_j P(i,j) \quad (4-7)$$

$$\sigma_y^2 = \sum_j (j-\bar{y})^2 \sum_j P(i,j) \tag{4-8}$$

(3) 熵(S): 表示图像中纹理的非均匀程度或复杂程度。灰度共生矩阵中元素分散分布时，熵值较大。熵的求取公式为

$$S = -\sum_i \sum_j P(i,j) \log P(i,j) \tag{4-9}$$

(4) 均匀度(H): 反映图像纹理的粗糙度，粗纹理的均匀度大，细纹理的均匀度小。均匀度求取公式为

$$H = -\sum_i \sum_j \frac{1}{1+(i+j)^2} P(i,j) \tag{4-10}$$

(5) 能量(E): 是灰度共生矩阵元素值的平方和，反映图像灰度分布均匀程度和纹理粗细度。如果灰度共生矩阵的所有值均相等，则能量小；反之，则能量大。能量大反映均一和规则的纹理模式，能量求取公式为

$$E = \sum_i \sum_j P(i,j) \tag{4-11}$$

4. 建立砾岩岩性样本库

在利用FMI测井图像建立岩性样本库时，由于动态图像中颜色与电阻率不具有一一对应关系，因此，利用FMI测井静态图像建立砾岩岩性样本库。整体上岩性与特征参数间存在明显相关性，不同岩性的同一特征参数均符合正态分布，彼此分布区间不同（图4-24）。除大中砾岩外，随岩性粒度增大，图像对比度逐渐增大（图4-24a），相关度逐渐减小（图4-24b）。大中砾岩对比度和相关度不符合整体规律，这是因为其形成时水动力强，结构组成复杂。与对比度相反，随着岩性粒度的增大，熵、均匀度和能量3个特征参数值逐渐减小（图4-24c、d、e），即大中砾岩的熵、均匀度和能量分布区间值最小，泥岩分布区间值最大。由于不同岩性特征参数分布存在一定的重叠和交叉，为实现砾岩岩性的自动识别，需引入多元统计学的方法来进行进一步划分。

5. 建立岩性判别函数

针对砾岩岩性特征参数值存在部分重叠，岩性不易识别的问题，采用贝叶斯判别分析法识别各岩性。贝叶斯判别分析法认为空间中有G个互相独立的总体，它们均服从多元正态分布，且认为各个总体的协方差相同。在考虑先验概率的前提下，对每一类总体分别建立判别函数，计算待判别样本属于各个总体的条件概率，所有概率的最大值即为该样本所属的类别[17]。基于岩性样本库，利用贝叶斯判别分析法，由对比度、相关度、熵、均匀度和能量等特征参数建立了多元判别函数。具体形式如下：

$$\begin{aligned} y_m &= 15.09C + 27803.21R + 7641.36S - 4617.26H - 18.65E - 22012.72 \\ y_s &= 15.58C + 27660.21R + 6644.83S - 4744.07H - 15.79E - 21535.47 \\ y_{gc} &= 16.38C + 28251.08R + 7749.45S - 4782.94H - 19.66E - 22619.06 \\ y_{sc} &= 16.25C + 28083.80R + 7706.83S - 4708.21H - 19.44E - 22412.65 \end{aligned} \tag{4-12}$$

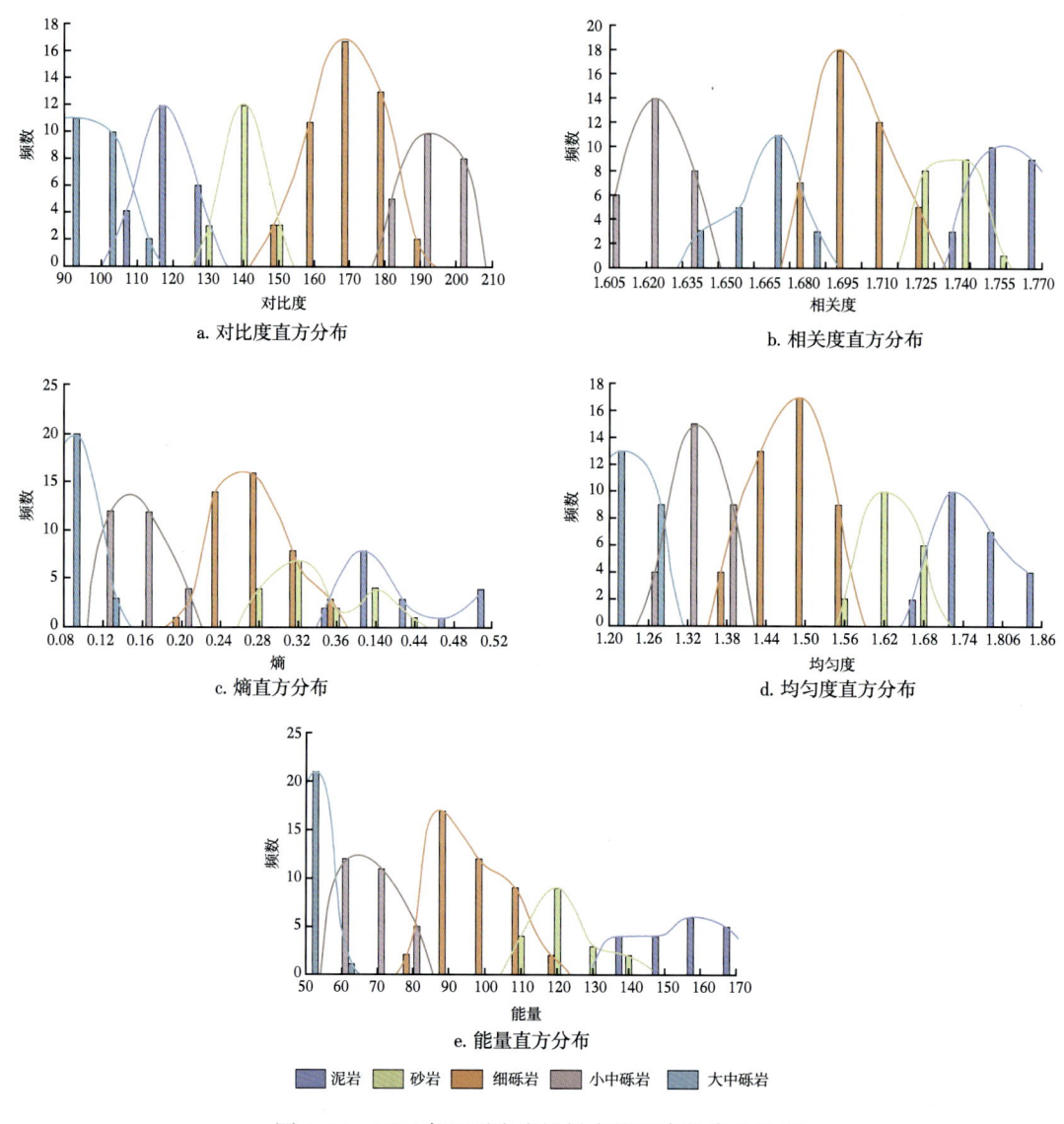

图 4-24 百口泉组砾岩岩性样本特征参数直方分布

实际运用中，利用 FMI 测井静态图像，计算各特征值，并将特征值代入上述岩性多元判别函数中，即可得到每一种岩性的判别式得分。比较各判别式得分的大小，得分最大者所归属的类即为待判样品的岩性。

三、应用效果

以玛湖凹陷 M18 井 3906.00~3910.00m 井段为例（图 4-25），常规测井曲线自然伽马和井径只能有效划分出泥岩和砾岩，自然伽马和井径在 3906.63~3906.99m，3908.45~3908.61m 和 3909.90~3910.00m 井段偏大，为典型泥岩特征，其他层段的 2 条测井曲线差别不大，无法有效划分出砾岩的级别，地质录井上也笼统地命名为砾岩。而通过 FMI 测井图像对比度、相关度、熵、均匀度和能量 5 个特征参数的多元判别函数可以计算确定几种岩性的判别曲线,进而确定相应的岩性。3908.44~3909.17m 井段具有中对比度、高相关度、中熵值、中均匀度和中能量值的特征,计算得到的泥岩、砂岩、细砾岩、小中砾岩和大中砾岩判别式得分分别为 55、79、97、80 和 0,细砾岩得分最大,因此确定为细砾岩。通过与玛湖凹陷 40 口井取心井段对比,应用 FMI 测井图像确定的岩性符合率达到 94%。

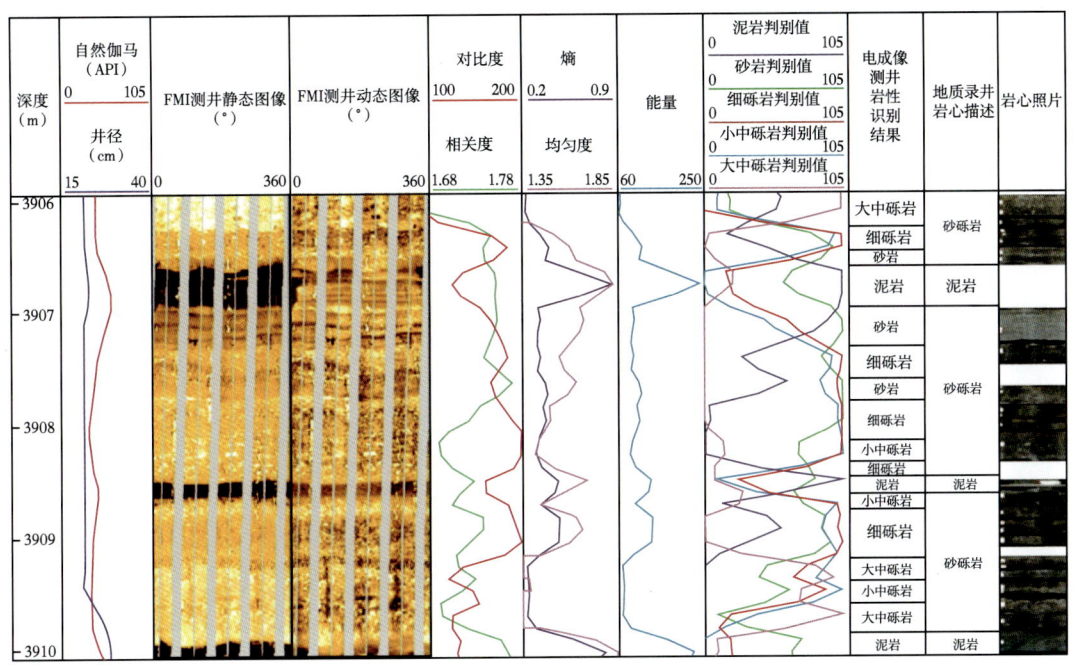

图 4-25　FMI 测井图像岩性识别效果（玛 18 井）

参 考 文 献

[1] 赵澄林, 朱筱敏. 沉积岩石学 [M]. 北京: 石油工业出版社, 2001.

[2] 斯伦贝谢测井公司. 测井解释原理与应用 [M]. 李舟波, 潘葆芝, 译. 北京: 石油工业出版社, 1991.

[3] 孙灵芬, 夏竹君, 赵俊峰, 等. 利用 EMI 成像测井资料评价锡林好来砂砾岩储层 [J]. 石油仪器, 2012, 26 (5): 46-49.

[4] 刘磊, 安高诧, 樊平, 等. 双河油田砂砾岩储层测井相研究 [J]. 石油地质与工程, 2007, 21 (5): 34-36.

[5] 张允琇. 古近系砂砾岩体储层测井精细评价——以辽河西部凹陷牛心坨地区为例 [J]. 石油地质工程, 2012, 26 (5): 49-51.

[6] 卢勉. 兴城气田砂砾岩储层岩性测井解释方法研究 [J]. 国外测井技术, 2008, 23 (3): 5-17.

[7] 申波, 毛志强, 欧阳敏, 等. 准噶尔盆地乌尔禾地区夏子街组砂砾岩储层流体性质识别研究 [J]. 石油天然气学报, 2012, 34 (1): 88-91.

[8] 卜凌梅, 赵文杰. 核磁共振测井在砂砾岩稠油油藏评价中的应用 [J]. 测井技术, 2004, 28 (6): 531-534.

[9] 颜泽江, 唐伏平, 姚颖, 等. 洪积扇砂砾岩储层测井精细解释研究——以克拉玛依油田为例 [J]. 新疆石油地质, 2008, 29 (5): 557-560.

[10] 张晋言,刘海河,刘伟.核磁共振测井在深层砂砾岩孔隙结构及有效性评价中的应用[J].测井技术,2012,36(3):256-260.

[11] 单敬福,陈欣欣,赵忠军,等.利用BP神经网络法对致密砂岩气藏储层复杂岩性的识别[J].地球物理学进展,2015,30(3):1257-1263.

[12] 熊伟,运华云,赵铭海,等.成像测井在砂砾岩体勘探中的应用[J].石油钻采工艺,2009,31(S1):48-52.

[13] 周伦先.成像测井技术在研究砂砾岩沉积构造中的应用[J].新疆石油地质,2008,29(5):654-656+667.

[14] 顾玉君,申晓娟,吴爱红,等.泌阳凹陷南部陡坡带砂砾岩储层岩性识别研究[J].石油地质与工程,2009,23(2):40-42+72.

[15] 王治国,尹成,雷小兰,等.河道纹理属性分析中的灰度共生矩阵参数研究[J].石油地球物理勘探,2012,47(1):100-106.

[16] 焦蓬蓬,郭依正,刘丽娟,等.灰度共生矩阵纹理特征提取的Matlab实现[J].计算机技术与发展,2012,22(11):169-175.

[17] 胡建鹏,陈强,黄容.逐步贝叶斯判别分析中的变量优化方法研究[J].计算机工程与应用,2014,50(21):63-67.

第五章 砾岩储层参数测井评价方法

孔隙度、渗透率和流体饱和度是多孔介质重要的物理参数，也是砾岩储层参数评价的重点。孔隙度即岩石的孔隙体积与岩石的表面体积的比值，表征了岩石的储集性能；渗透率反映岩石在一定压差下，允许流体通过的能力；流体饱和度以百分数形式表示有效孔隙中流体（油、气、水）体积和岩石有效孔隙体积之比，用于衡量储层岩石孔隙中流体充满的程度。此外，黏土含量与孔隙度、渗透率等物性参数密切联系，直接影响砾岩储层品质，也是重要的储层参数。本章介绍了砾岩储层黏土含量、储层有效孔隙度、渗透率和含油饱和度的测井定量评价方法。

第一节 黏土含量定量表征

一、百口泉组黏土含量计算

勘探实践表明，黏土含量是控制玛湖凹陷百口泉组砾岩储层物性优劣的主控因素之一，随着黏土含量的增大，孔隙度变小，渗透率快速降低（图5-1）。因此，对黏土含量进行纵向连续表征，对于储层物性评价具有重要的意义。储层评价中，通常使用 GR、CNL 等测井曲线计算泥质含量，即黏土与粉砂之和。然而，黏土含量只是作为泥质含量的一部分，并没有建立系统精确的计算方法。

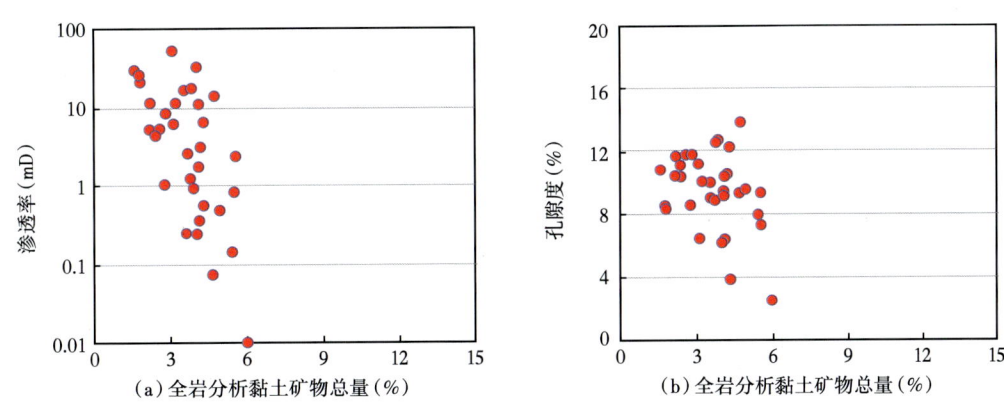

图 5-1 玛湖环带百口泉组黏土含量与分析渗透率（a）、孔隙度（b）交会图

为了解决黏土含量计算的难题，研究人员建立了利用中子与核磁共振测井相结合的黏土含量计算方法。测井理论认为，中子测井通过记录俘获伽马计数率来反映地层中全部孔隙空间的含氢量的变化，而核磁共振测井对黏土矿物中结晶水的氢原子是没有响应的

（图 5-2）。因此，利用中子与核磁总孔隙度的差值可以反映黏土矿物中结晶水孔隙度的大小，黏土含量越多，黏土结晶水孔隙度越大。基于上述分析，建立了黏土含量计算公式：

$$V_{clay} = a \times (\phi_N - \phi_{cmr}) + c \tag{5-1}$$

式中　a、c——回归分析的系数和常数；
　　　V_{clay}——黏土含量，%；
　　　ϕ_N——中子孔隙度，%；
　　　ϕ_{cmr}——核磁总孔隙度，%。

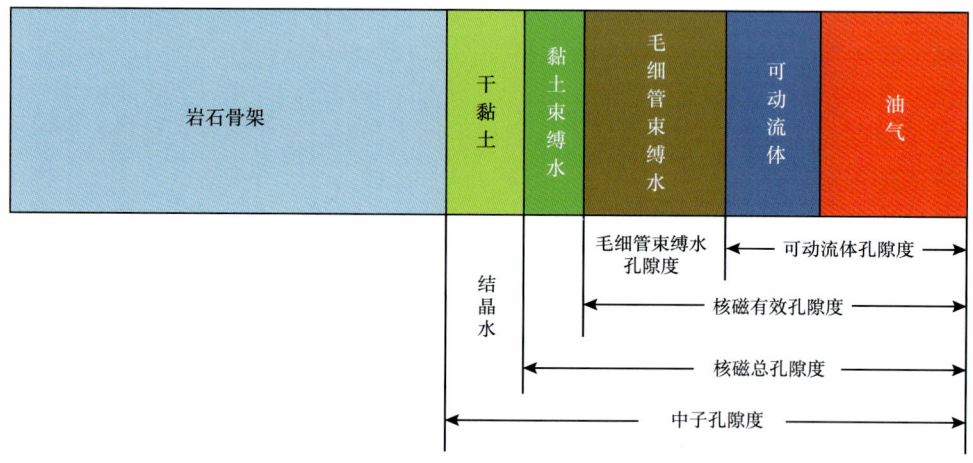

图 5-2　核磁共振测井计算黏土含量原理图

为了更准确地计算黏土含量，分不同扇体建立了百口泉组黏土含量和中子与核磁共振总孔隙度差的关系，得到了黏土含量的计算模型（图 5-3、图 5-4）。

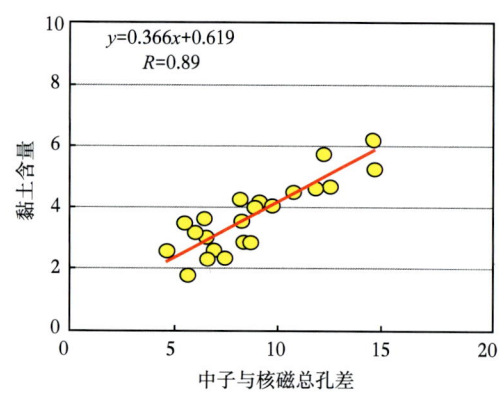

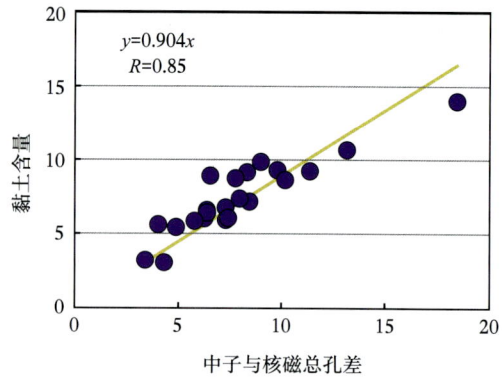

图 5-3　黄羊泉扇黏土含量计算图版　　　　图 5-4　夏子街扇黏土含量计算图版

依据建立的黏土含量计算公式，对玛西斜坡黄羊泉扇进行了全岩分析的 M18、M601、M602 三口井 44 块岩样，玛北斜坡夏子街扇 X89、M137、M136 三口井 25 块岩样进行了对比分析，符合率达到 85% 以上，该方法与实验分析符合性较好。盐北 2 井黏土含量测井计算结果（图 5-5）表明，测井计算的黏土含量与分析黏土含量均具有很好的一致性，二者的相对误差为 4.7%，能充分满足储层评价及研究需要。

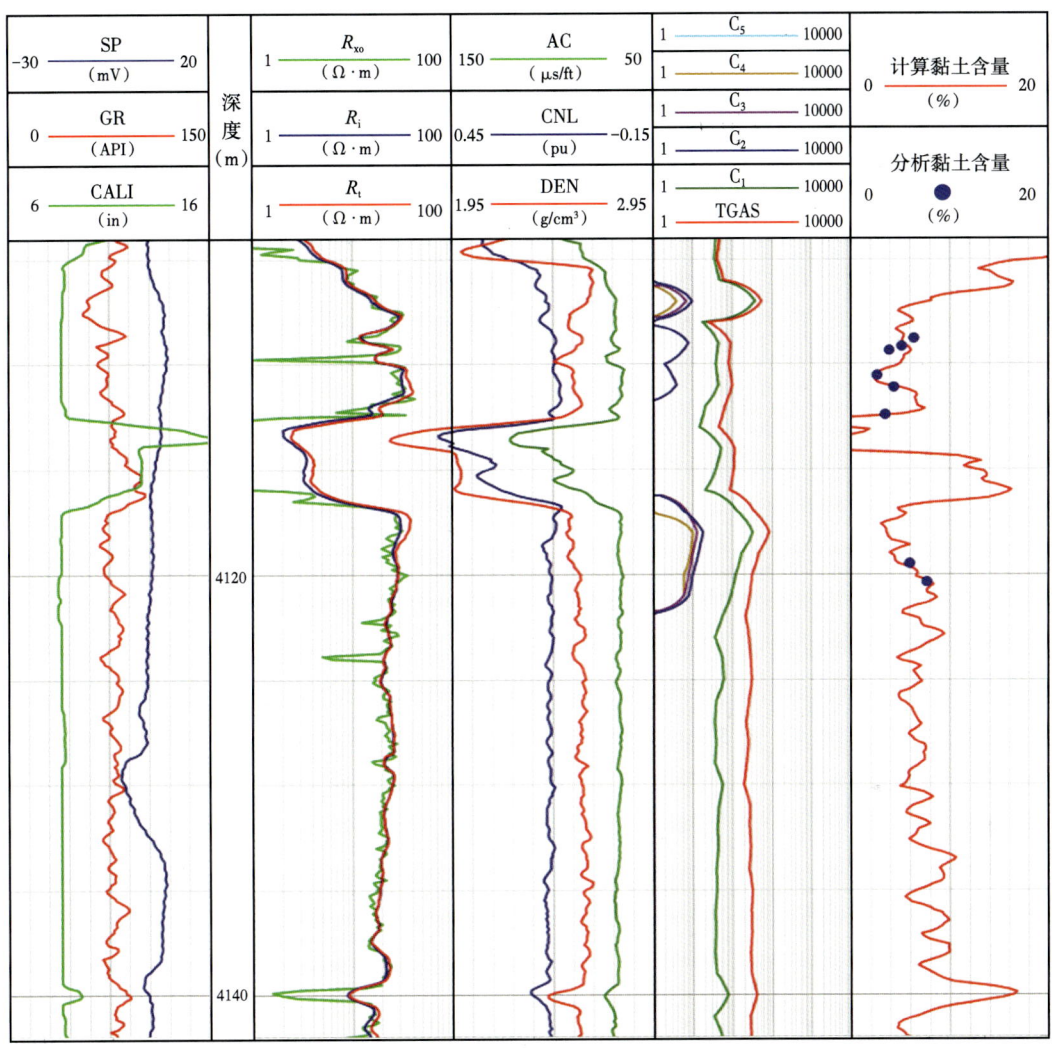

图 5-5　盐北 2 井黏土含量计算成果图

二、乌尔禾组黏土含量计算

由于所处的沉积环境存在差异，准噶尔盆地砾岩储层黏土的分布具有多样性。相对于百口泉组，乌尔禾组黏土含量对物性不存在明显的控制规律，其主要原因是乌尔禾组黏土分布类型更复杂，其黏土矿物在地层中主要以结构型黏土和分散型黏土（图 5-6）形式存在。对于结构型黏土而言，主要以泥粒的形式与其他碎屑颗粒共存，不会占据孔隙空间，对物性影响不大；而分散黏土呈弥散性分布，广泛充填孔隙空间，堵塞孔喉，导致岩石物性变差，因此，分散型黏土是影响乌尔禾组储层物性的主要控制因素。

（a）结构型黏土

（b）分散型黏土

图 5-6　不同类型黏土镜下照片

1. 黏土分布类型的识别

由于分布特征差异及对储层物性影响不同，结构型黏土和分散型黏土在测井响应特征上具有一定的差异。图 5-7 是识别黏土分布类型的中子—密度交会图，实验样点色标由冷色调到暖色调表示孔隙度 0~12%。纯砂岩点位于图中右上角，位于该点附近的黏土分布类型以结构型黏土为主［图 5-7（a）］。随着分散型黏土含量逐渐增多（但同时存在结构型黏土），密度值增大，物性变差。当密度增大到 2.60g/cm³ 时，岩石物性条件最差，镜下照片显示，该区域黏土分布类型以分散型黏土为主［图 5-7（b）］。利用该图版可以定性识别地层的黏土分布类型。

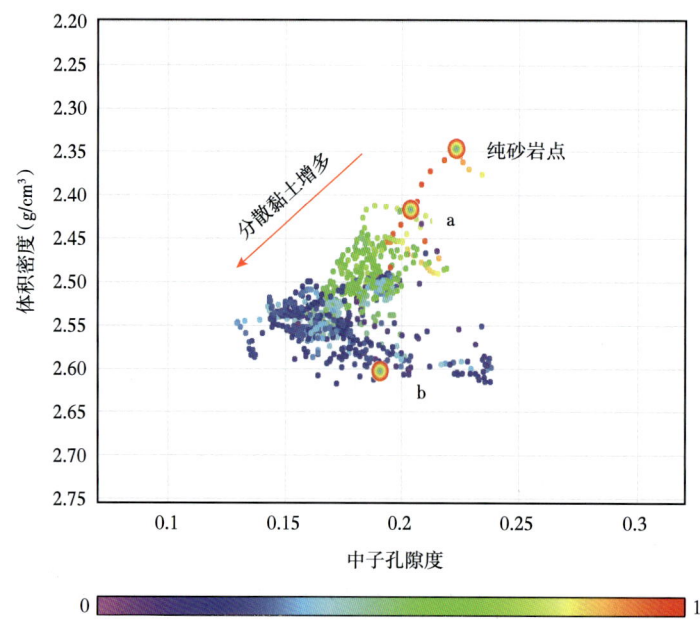

（a）结构型黏土

（b）分散型黏土

图 5-7　玛湖凹陷黏土分布类型识别图版

2. 中子—密度综合参数与黏土含量计算模型

根据测井响应特征分析结果，黏土矿物具有低密度、高中子测井响应特征，因此，考虑建立中子—密度综合参数与黏土含量之间的关系模型。以 X 衍射全岩矿物分析资料的黏土矿物含量数据为基准，分析中子—密度综合参数与黏土含量关系，利用 53 个岩心分析数据建立了中子—密度综合参数与黏土含量关系模型（图 5-8）。

$$Vcl_{DN} = 0.3257 \times Psh_{DN} - 0.0006 \quad (5-2)$$

式中　　$Psh_{DN} = \dfrac{\phi_N - \phi_D}{\phi_{Nsh} - \phi_{Dsh}}$ ——中子—密度综合参数，无量纲；

Vcl_{DN} ——中子—密度综合参数与黏土含量关系模型计算的黏土含量，小数；

ϕ_N ——中子视孔隙度，小数；

ϕ_D ——密度测井视孔隙度，小数；

ϕ_{Nsh} ——泥质中子孔隙度，小数；

ϕ_{Dsh} ——泥质密度孔隙度，小数；

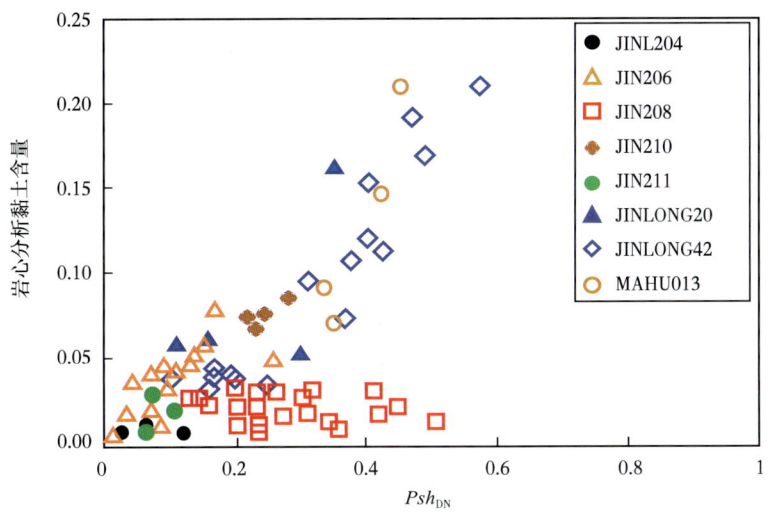

图 5-8　综合参数与黏土含量关系图

第二节　孔隙度定量表征

孔隙度反映了储层存储流体的能力。常用的孔隙度测井方法包括补偿中子、补偿密度和补偿声波三孔隙度测井。核磁共振（NMR）测井只对储层孔隙中的流体有响应，其测量结果基本不受岩性、岩石骨架等因素的影响，在细分地层不同类型孔隙方面具有其他测井方法无法比拟的优势[1]。

一、利用黏土含量与束缚水孔隙度计算有效孔隙度

核磁共振测井反映的地层总孔隙度可以分为三个部分，即黏土束缚水孔隙度、毛细管束缚水孔隙度及可动流体孔隙度（图 5-9），其中毛细管束缚水孔隙度和可动流体孔隙度共

称为有效孔隙度[2]。通常以 3ms 横向弛豫时间作为截止值来计算有效孔隙度，但实际应用中，横向弛豫时间截止值的确定往往比较困难，计算的核磁共振有效孔隙度普遍小于分析有效孔隙度，该方法的适用性较差。

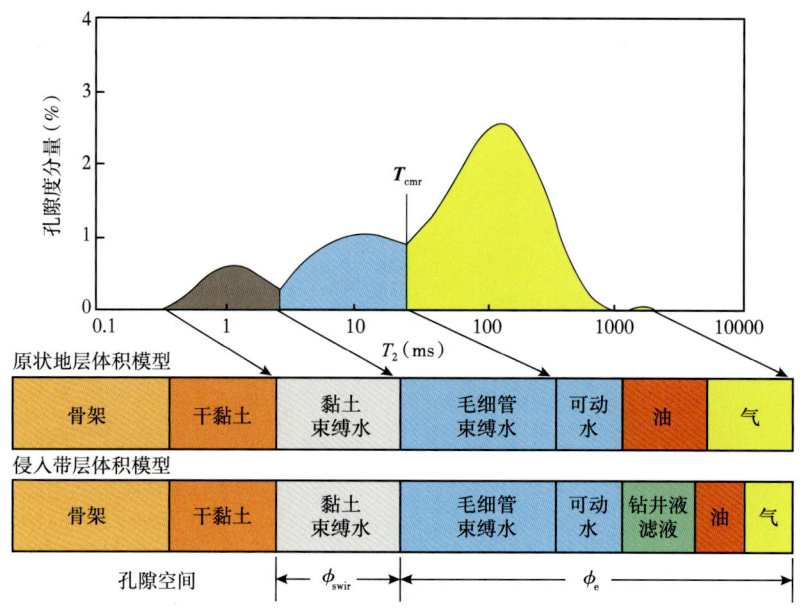

图 5-9　核磁共振测井评价理论方法原理图

核磁共振计算的有效孔隙度是核磁总孔隙度与黏土束缚水孔隙度二者之间的差值，黏土束缚水孔隙度主要受黏土含量影响，因此，只要能通过黏土含量得到可靠的黏土束缚水孔隙度的大小，即可反算得到核磁共振有效孔隙度。因此，通过岩心有效孔隙度与黏土含量联测实验，建立黏土含量和束缚水孔隙度的关系，构建有效孔隙度表征模型。

首先，将岩心分析有效孔隙与黏土含量联测实验进行厘米级的岩心归位后，利用核磁测井总孔隙度值减去岩心分析有效孔隙度可以得到黏土束缚水孔隙度。在此基础上，建立黏土含量与黏土束缚水孔隙度之间的拟合关系（图 5-10），交会图表明二者之间具有较好的正相关关系，得到黏土束缚水孔隙度计算公式：

$$\phi_{\mathrm{swir}} = a \cdot V_{\mathrm{clay}} \tag{5-3}$$

式中　ϕ_{swir}——黏土束缚水孔隙度，%；
　　　a——常数；
　　　V_{clay}——黏土含量，%。

进一步得到了核磁共振有效孔隙度的定量计算模型：

$$\phi_{\mathrm{e}} = T_{\mathrm{cmr}} - \phi_{\mathrm{swir}} \tag{5-4}$$

式中　ϕ_{e}——有效孔隙度，%；
　　　T_{cmr}——核磁总孔隙度，%；
　　　ϕ_{swir}——黏土束缚水孔隙度，%。

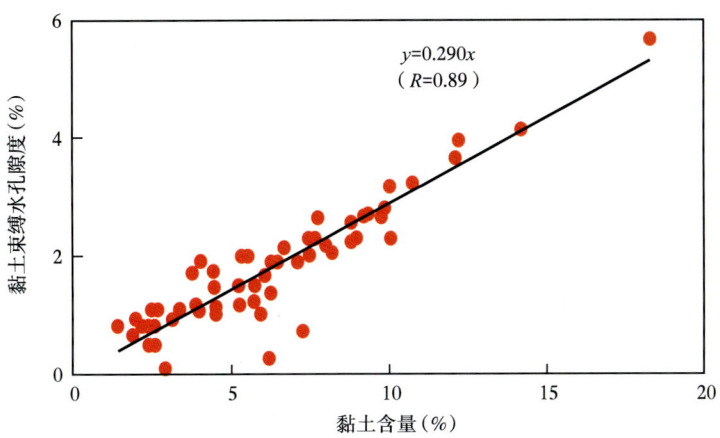

图 5-10　玛湖凹陷百口泉组黏土束缚水孔隙度与黏土含量关系

图 5-11 为艾湖 4 井有效孔隙度测井计算结果，第 6 道显示该方法计算的孔隙度（蓝色）与岩心分析有效孔隙度之间具有较好的相关性，二者之间的平均相对误差为 4.9%，精度满足实际生产的需求。

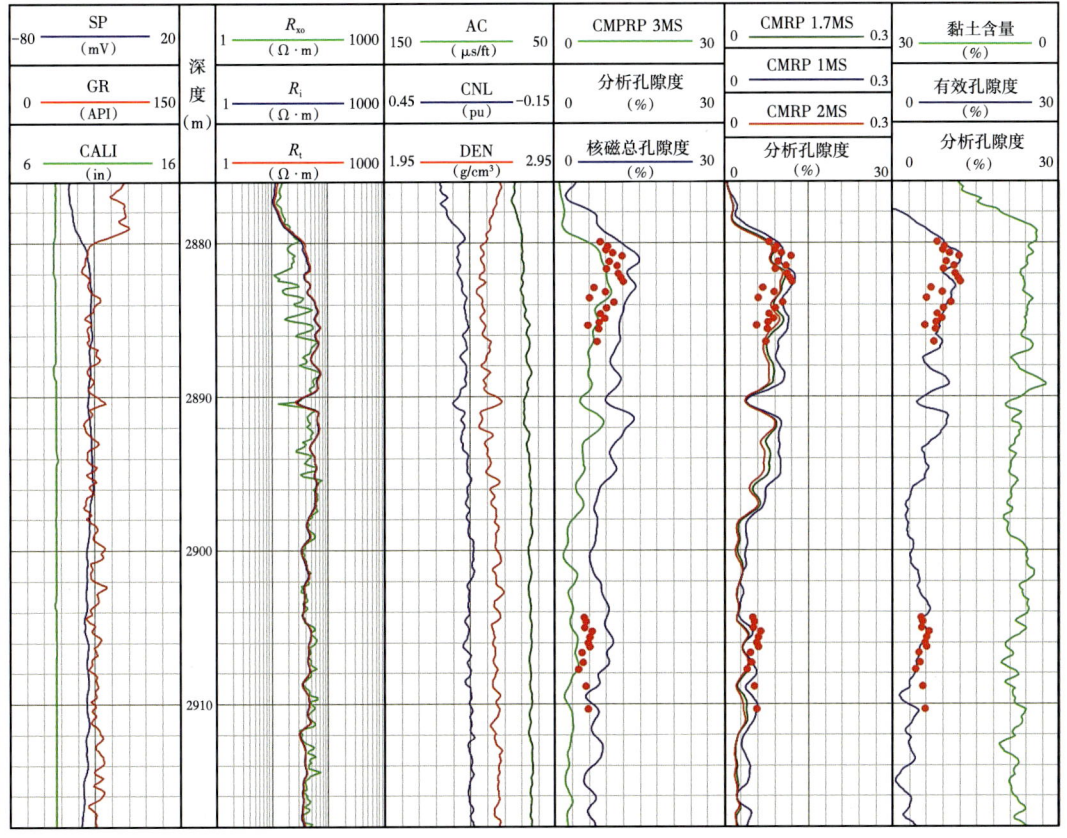

图 5-11　艾湖 4 井有效孔隙度处理成果图

二、核磁共振孔隙度重构模型

核磁共振测井应用于砾岩储层评价时，往往出现核磁共振测量孔隙度小于岩心分析孔隙度的情况。分析原因，主要是由于研究地区砾岩储层中砾石颗粒的直径较大，造成核磁共振测井仪器的敏感区域中（厚度为1mm的切片形状），砾石颗粒成分占据较多比例，而砾石颗粒中是没有孔隙的，这样便影响核磁共振测井对储层孔隙流体的探测，造成所探测的敏感区域中孔隙流体偏少。因此，核磁共振测井所测量的孔隙度小于地层的真实的孔隙度，即岩心分析孔隙度。

电成像测井具有极高的分辨率和图像直观的特点，在地层层理分析、沉积构造分析、裂缝识别及非均质性储层描述等方面应用广泛。电成像测井不仅提供井壁四周的清晰图像，而且在所提供的图像中利用图像的明暗变化反映周围地层电阻率的大小，地层电阻率越大，图像上的显示越亮，地层电阻率越低，图像显示越暗。由于砾石颗粒的电阻率极大，在井壁的电成像图像的颜色较亮，因此可以利用砾岩储层的井周电成像图直观描述储层中砾石颗粒的分布特征。将电成像测井资料与核磁共振测井相结合应用于砾岩储层中，可以判断核磁共振测井的敏感区域的地质特征，对标定核磁共振测井的应用评价效果具有重要的意义。

1. 模型重构方法

为了解决核磁共振测井技术在砾岩储层应用过程中核磁共振测量孔隙度比地层真实孔隙度偏小的难题，采用电成像测井资料校正核磁共振孔隙度。具体技术流程如图5-12所示。

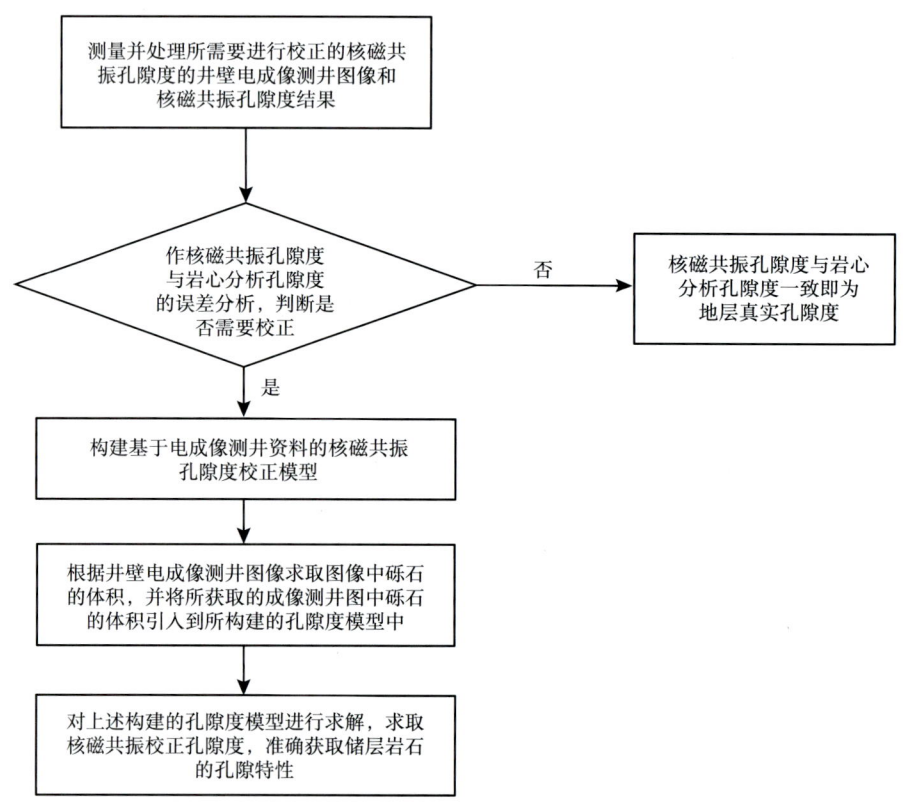

图5-12 电成像测井资料校正核磁共振孔隙度重构技术流程

(1)采集并处理需要进行核磁共振孔隙度校正的油气井井壁电成像测井图像和核磁共振孔隙度结果(图 5-13)。

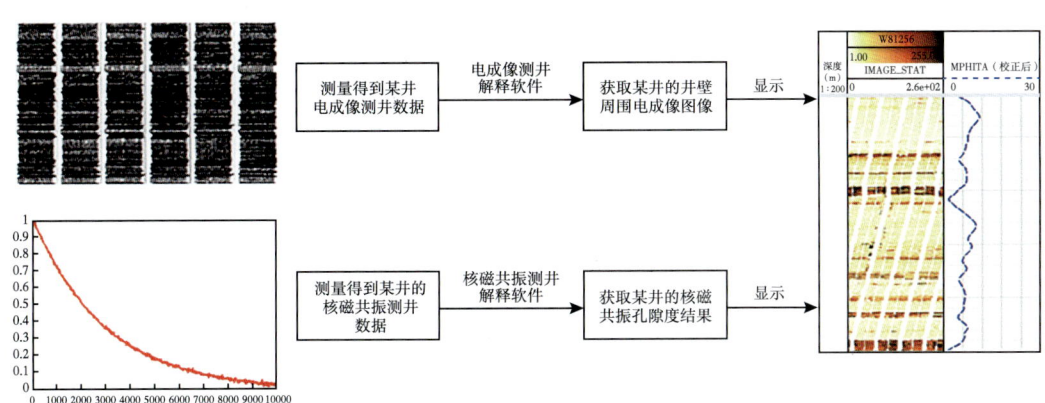

图 5-13 原始数据处理方法及结果

(2)构建基于电成像测井资料的核磁共振孔隙度校正模型,模型示意图如图 5-14 所示,模型表达式如式(5-5)~(5-7)所示。

$$V_{\text{gravel}} + V_{\text{non}} = 2\pi R \cdot H \cdot D \quad (5-5)$$

式中 V_{gravel}——砾石组分体积,%;
V_{non}——非砾石组分体积,%;
R——井眼半径,mm;
H——核磁共振测井仪纵向分辨率;
D——核磁共振测井仪器敏感区域厚度,mm。

根据式(5-5),将核磁共振测井仪的敏感区域等效为长度为 $2\pi R$、宽度为 H、厚度为 D 的平板,所等效的平板参数 R(井眼半径)取值范围为 200~250mm,H(核磁共振测井仪纵向分辨率)取值范围为 1~1.2,D(核磁共振测井仪敏感区域厚度)取值范围为 1~2mm,得到以下公式:

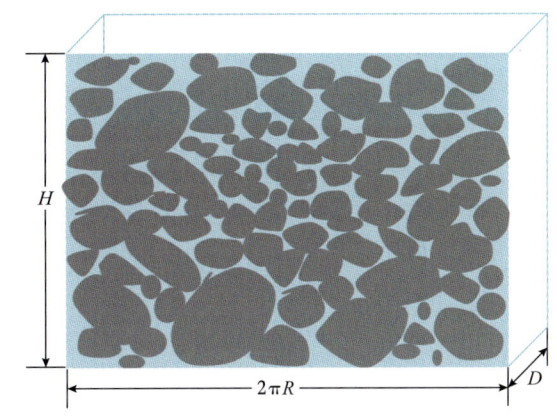

图 5-14 核磁共振孔隙度校正模型

$$\frac{V_{\text{gravel}}\phi_{\text{gravel}} + V_{\text{non}}\phi_{\text{real}}}{V_{\text{gravel}} + V_{\text{non}}} = \phi_{\text{NMR}} \quad (5-6)$$

$$\phi_{\text{gravel}} = 0 \quad (5-7)$$

式中 ϕ_{gravel}——砾石组分孔隙度,%;
ϕ_{real}——非砾石组分孔隙度(即校正后核磁共振孔隙度),%;
ϕ_{NMR}——核磁共振测量孔隙度(即校正前核磁共振孔隙度),%。

式（5-6）中，ϕ_{NMR}（核磁共振孔隙度）的响应由砾石组分孔隙体积与非砾石组分孔隙体积共同响应构成，响应方程为孔隙度的定义，即岩石孔隙体积与岩石总体积之比。式（5-7）中，认为砾石组分孔隙度等于0。

校正模型具体应用如下：

砾石颗粒的直径一般超过5mm，因此，对于井周地层，在径向距离很短的情况下，认为径向上为均质的。对于等效的平板模型，式（5-5）中三维空间的砾石颗粒组分的体积和非砾石组分体积可以转化为二维平面砾石颗粒面积、非砾石组分面积的计算，如式（5-8）所示：

$$S_{gravel} + S_{non} = 2\pi R \cdot H \quad (5-8)$$

将式（5-7）代入式（5-6）中得

$$\frac{V_{non}\phi_{real}}{V_{gravel} + V_{non}} = \phi_{NMR} \quad (5-9)$$

在径向距离很短的情况下，认为径向上为均质的，可同时忽略纵向厚度的影响，则式（5-9）可推导为

$$\frac{S_{non}\phi_{real}}{S_{gravel} + S_{non}} = \phi_{NMR} \quad (5-10)$$

式中 S_{gravel}——砾石颗粒所占据窗口W的面积，mm^2；
S_{non}——非砾石颗粒组分的面积，mm^2。

根据式（5-10）可得到核磁共振孔隙度校正模型简化形式：

$$\phi_{real} = \frac{S_{gravel} + S_{non}}{S_{non}}\phi_{NMR} \quad (5-11)$$

2. 电成像资料的处理

电阻率成像测井在地层每一个深度处的图像由250个图像点组成，根据电成像测井仪器的原理可知，仪器的采样间隔为0.025m，即储层厚度为1m时的地层的成像图共由400×250个图像点组成，这些点的数值在0~256，数值越大代表图像越亮，数值越小代表图像越暗。此时，设置阈值A，该值代表了砾石颗粒的电阻率临界值，或为图像亮度临界值，即图像像素点的数值大于A时代表该像素点为砾石颗粒组分，数值小于A时则代表该像素点为非砾石组分颗粒，根据式（5-5）描述的等效平板模型，则设置窗长为H的窗口此时窗口总面积为

$$S_{gravel} + S_{non} = 2\pi R \cdot H = 250 \times \frac{H}{0.025} \quad (5-12)$$

计算像素值大于阈值 A 的像素点个数 a，即计算出窗口 W 内砾石颗粒所占面积为

$$S_{\text{gravel}} = \frac{a}{250 \times \dfrac{H}{0.025}} \tag{5-13}$$

式中　S_{gravel}——砾石颗粒所占据窗口 W 的面积；
　　　a——像素值大于阈值 A 的像素点个数。

根据式（5-13）计算出砾石颗粒组分在一个窗口内所占的面积 S_{gravel}，然后将窗口 W 根据步长为 0.025m 进行连续深度的计算窗口内砾石颗粒的面积 S_{gravel}。

基于上述方法，利用式（5-12）、式（5-13）计算每个深度点处的窗口 W 内砾石颗粒组分的面积 S_{gravel}、非砾石颗粒组分的面积 S_{non}、总的窗口 W 的面积 $S_{\text{gravel}}+S_{\text{non}}$，代入公式（5-11），便计算出校正后的孔隙度 ϕ_{real}。

利用上述基于电成像资料的核磁共振重构模型，以玛 18 井、玛 136 井为例，实现核磁共振孔隙度的校正，获取储层岩石真实孔隙度。如图 5-15、图 5-16 所示，重构后的核磁孔隙度（第 8 道）相对于重构前的数据，更接近于岩心分析的孔隙度，所构建的模型合理有效，较好地解决了研究区砾岩储层核磁共振孔隙度偏小的问题。

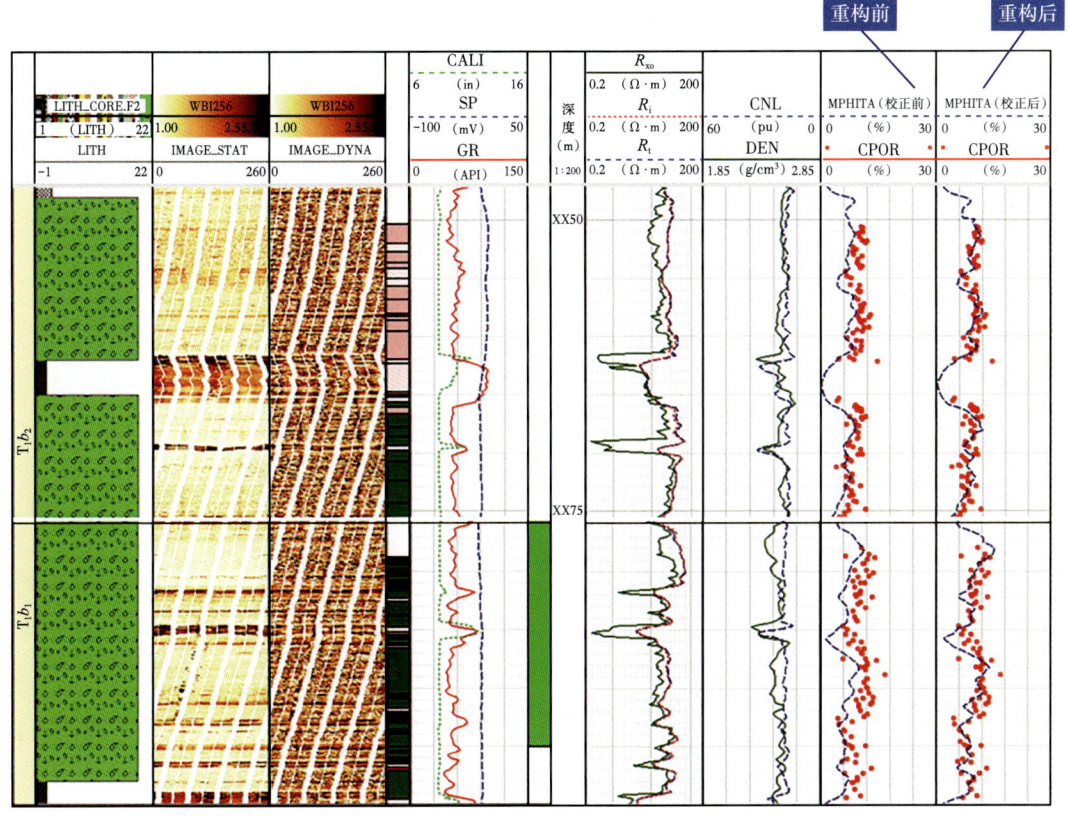

图 5-15　玛 18 井电成像测井资料校正核磁共振孔隙度处理结果

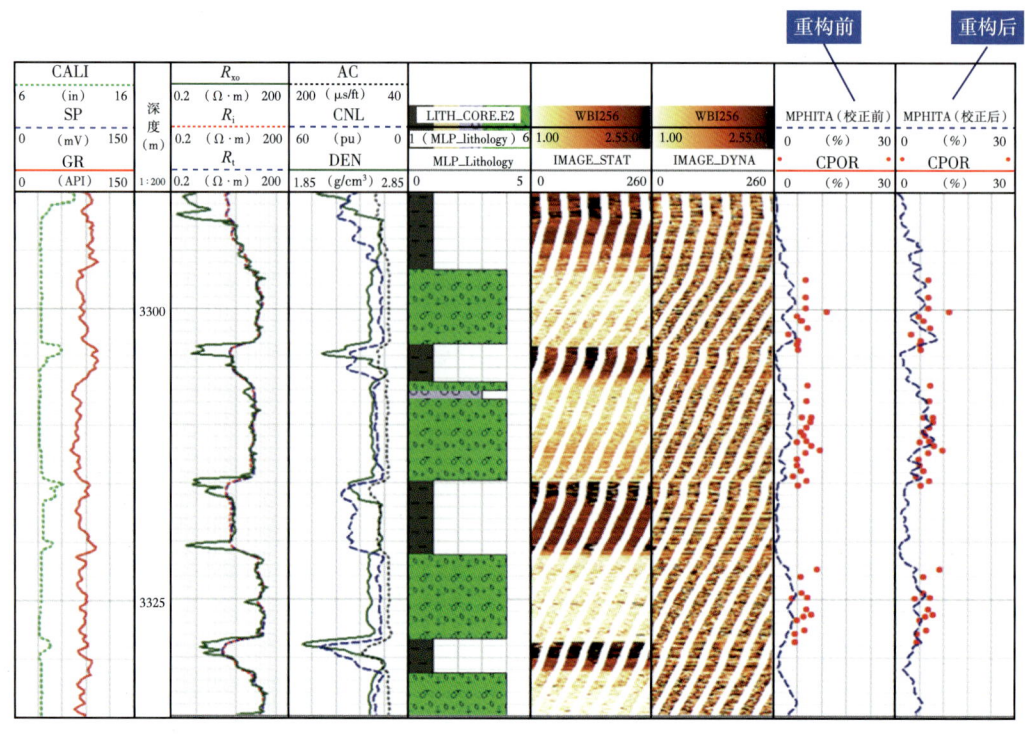

图 5-16　玛 136 井电成像测井资料校正核磁共振孔隙度处理结果

第三节　渗透率定量表征

通过测井手段直接获取储层渗透率参数比较困难，一般通过建立其他岩石物理参数与岩心分析渗透率的统计关系，将测井方法可直接测量的储层参数转换为渗透率[3]。由于砾岩储层岩性多样、孔隙结构相对复杂、黏土含量高、非均质性强，其渗透率的计算是一直是储层评价中的难题[4]。

一、常规测井渗透率计算方法

1. 基于黏土含量和孔隙度的渗透率统计回归模型

大量岩心物性分析资料表明，孔隙度、黏土含量是控制砾岩储层渗透率的主要因素，即渗透率随着孔隙度的增大而增大，随黏土含量的增大而降低。因此，砾岩储层渗透率常规测井计算模型可以在岩性精细分类的基础上[5-6]，通过构建岩心分析渗透率（K）与孔隙度（ϕ）、黏土含量（SSH）双参数统计回归模型来实现[7]。

以玛北地区为例，按照岩性分类标准，该地区砾岩储层主要岩性可分为砂岩、细砾岩、小中砾岩和大中砾岩。分不同岩性建立岩心渗透率与黏土含量、孔隙度交会关系（图 5-17），通过多元回归得到不同岩性渗透率统计回归模型（式 5-14～式 5-17）。

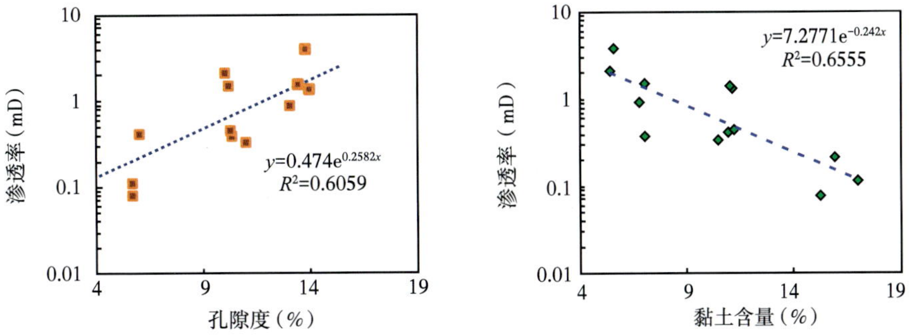

第五章 砾岩储层参数测井评价方法

（a）砂岩渗透率与孔隙度、黏土含量交会图

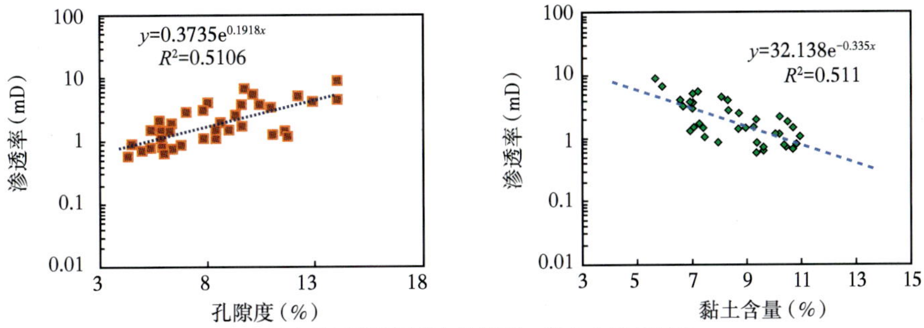

（b）细砾岩渗透率与孔隙度、黏土含量交会图

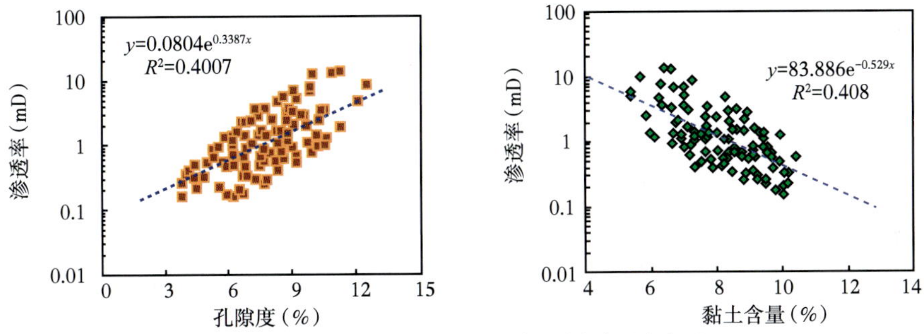

（c）小中砾岩渗透率与孔隙度、黏土含量交会图

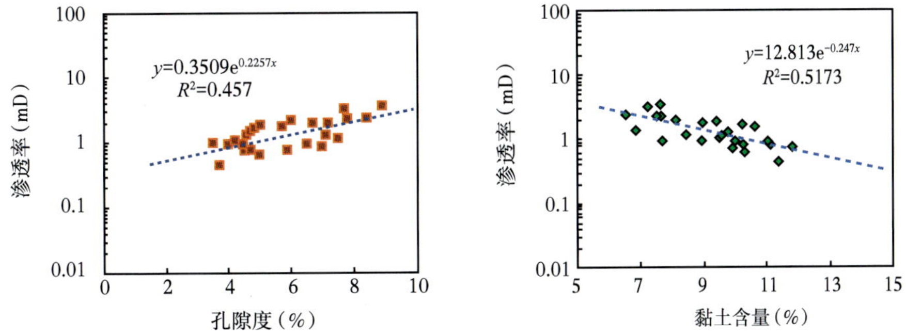

（d）大中砾岩渗透率与孔隙度、黏土含量交会图

图 5-17　玛北地区不同岩性渗透率与孔隙度、黏土含量交会图

砂岩：$K = \mathrm{e}^{[1.315\lg(Por)-1.191\lg(SSH/100)+0.145]}$，$R=0.79$ （5-14）

细砾岩：$K = \mathrm{e}^{[0.933\lg(Por)-1.758\lg(SSH/100)-2.53]}$，$R=0.79$ （5-15）

小中砾岩：$K = \mathrm{e}^{[1.595\lg(Por)-2.473\lg(SSH/100)-2.5]}$，$R=0.74$ （5-16）

大中砾岩：$K = \mathrm{e}^{[0.801\lg(Por)-1.566\lg(SSH/100)-2.01]}$，$R=0.80$ （5-17）

式中　K——渗透率，mD；

Por——孔隙度，%；

SSH——黏土含量，%。

2. 中子孔隙度和核磁有效孔隙度差值构建渗透率计算模型

除了孔隙度大小，毛细管半径、岩石的比表面、孔喉比等孔隙结构特征也是影响渗透率大小的重要因素。利用测井资料计算渗透率，一个重要的问题是如何获取能反映储层孔隙结构的参数。准噶尔盆地砾岩储层粒径变化较大，以玛湖凹陷为例，对粒径的分布情况进行统计分析发现，粒径的标准偏差与细粒物质的含量存在正相关关系（图5-18），因此，可以利用粒径的标准偏差作为桥梁来反映黏土含量。

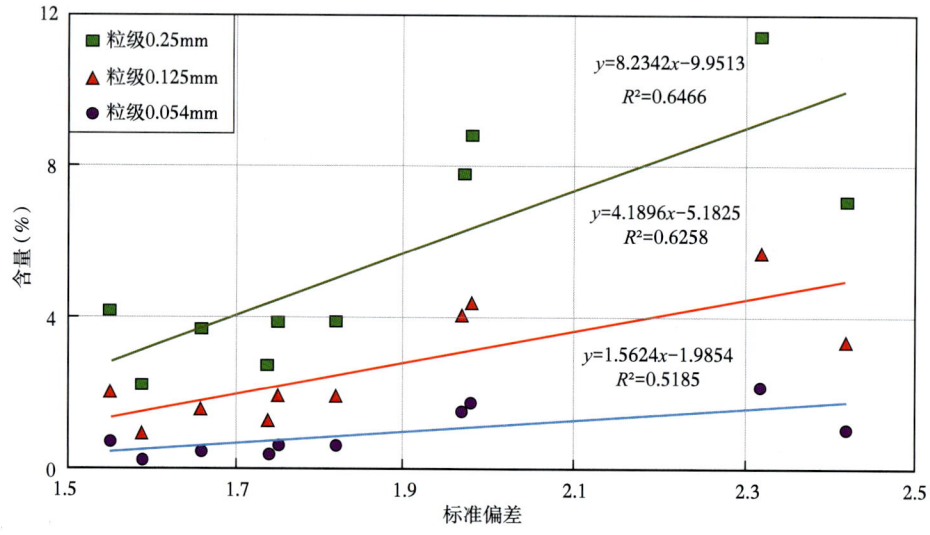

图 5-18　粒度分析标准偏差与细粒物质含量关系

由于泥质属于细粒物质的一部分，标准偏差与泥质含量之间也存在线性关系。而与标准偏差之间含有线性关系的还有中子孔隙度与核磁共振有效孔隙度之差。因为中子孔隙度反映了包含泥质含量在内的地层总孔隙度，而核磁共振有效孔隙度反映的是排除黏土束缚水孔隙以外的有效孔隙信息，所以二者之差就可以反映泥质含量的高低，如图5-19所示。

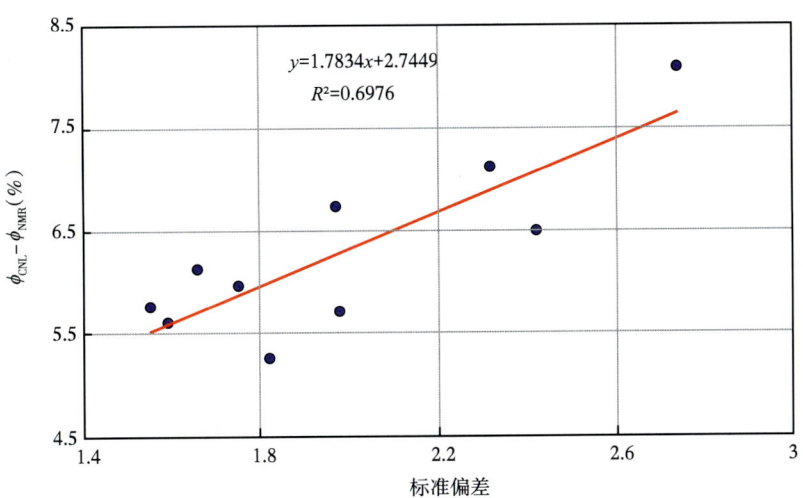

图 5-19　粒度分析标准偏差与孔隙度差关系

对于低孔低渗砾岩地层，泥质含量的高低会对渗透率产生重要的影响。泥质含量越高，粒径标准偏差越大，渗透率就会越低；反之，泥质含量越低，粒径偏差越小，渗透率就会越高，如图 5-20 所示。

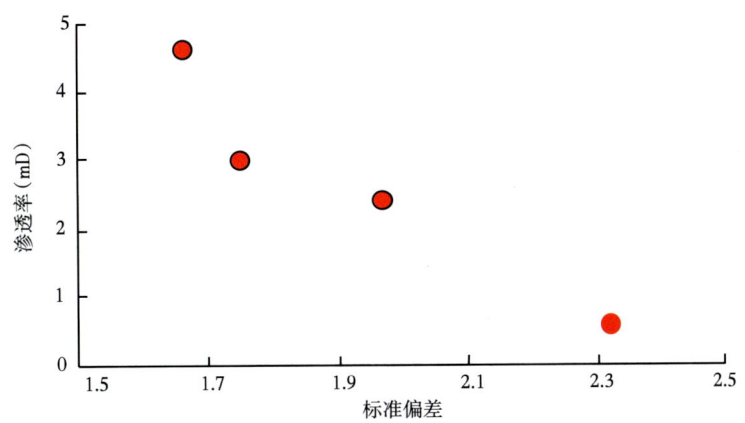

图 5-20　渗透率与粒度分析标准偏差关系

基于上述分析，建立了中子孔隙度与核磁有效孔隙度之差与渗透率之间的回归关系，二者具有较为良好的关系（图 5-21），可以利用建立的回归公式计算渗透率。

3. 流动单元方法评价渗透率

由于储层的孔隙度与渗透率存在相关性，通常利用二者的回归关系计算渗透率。而砾岩储层具有较强的非均质性，孔隙度、渗透率相关性较差，难以构建理想的统计回归模型。为了解决砾岩储层由于非均质性强而导致的渗透率评价精度差的问题，通过引入流动单元的概念[8]，精细刻画渗透率评价模型。

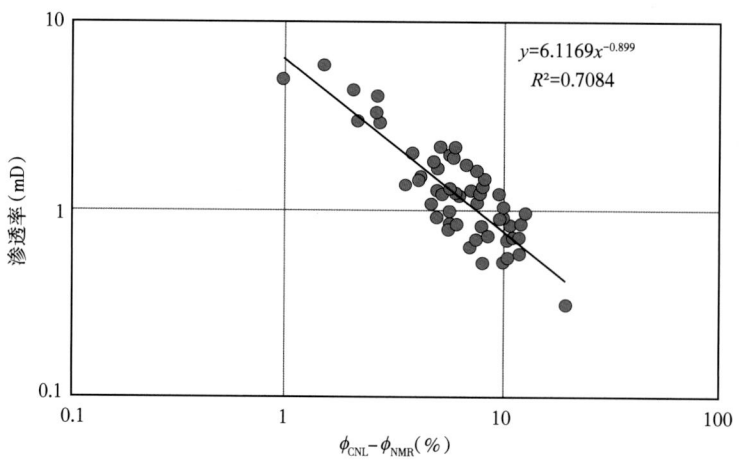

图 5-21　渗透率与孔隙度差关系

流动单元是指储层受到矿物成分、沉积作用和构造作用控制，按照物性条件、孔喉特征等储层特征把厚层划分为不同单元[9]。根据渗流力学原理，利用平均流动单元半径，可以把流动单元和孔隙度、渗透率联系在一起，它们的关系为：

$$K = \frac{\phi_e^3}{(1-\phi_e)^2} \frac{1}{2\tau^2 S_{gv}^2} \tag{5-18}$$

式（5-18）的 Kozeny-Carmen 关系式形式为：

$$K = \frac{\phi_e^3}{(1-\phi_e)^2} \frac{1}{F_S \tau^2 S_{gv}^2} \tag{5-19}$$

式中　F_S——形状系数（圆柱体取值为 2）；

$F_S \tau^2$——Kozeny 常数，是一个变常数，在流动单元之间是变化的，但在某个流动单元内部是常数，实际储层在 1~100 取值。

将式（5-19）两边除以 ϕ_e，并取平方根，得到公式 5-20，定义了储层质量指标（RQI）、标准化孔隙度指标（ϕ_z）、相对孔隙度指标（ϕ_R）、流动带指标（FZI）等表征流动单元特征的参数（式 5-21~式 5-25）。

$$\sqrt{\frac{K}{\phi_e}} = \frac{\phi_e}{1-\phi_e} \frac{1}{\sqrt{F_S \tau S_{gv}}} \tag{5-20}$$

储层质量指标（RQI）：

$$RQI = \sqrt{K/\phi_e} \tag{5-21}$$

标准化孔隙度指标（ϕ_z）：

$$\phi_z = \phi_e / (1-\phi_e) \tag{5-22}$$

相对孔隙度指标（ϕ_R）：

$$\phi_R = \phi_e^3 / (1-\phi_e)^2 \qquad (5\text{-}23)$$

流动带指标（FZI）：

$$FZI = \frac{1}{\sqrt{F_a}\tau S_{gv}} = \frac{RQI}{\phi_z} \qquad (5\text{-}24)$$

式（5-24）两边取对数，得到：

$$\lg RQI = \lg\phi_z + \lg FZI \qquad (5\text{-}25)$$

流动带指标（FZI）能综合反映岩石的结构和成分等地质特征，是划分厚层中流动单元的重要参数，FZI 值相同的样品孔喉特征相同，属于同一流动单元。根据式（5-25）建立的 RQI 与 ϕ_z 双对数关系图上，FZI 值相同的所有样品将落在斜率为 1 的一条直线上，FZI 值不同的样品将落在与之平行的直线上。基于上述流动单元划分原则，将百口泉组砾岩储层可分为 7 个流动单元（图 5-22，式 5-26）。

$$\left. \begin{array}{l} FZI = 0.04: \lg y = \lg x + \lg 0.04 \\ FZI = 0.08: \lg y = \lg x + \lg 0.08 \\ FZI = 0.12: \lg y = \lg x + \lg 0.12 \\ FZI = 0.20: \lg y = \lg x + \lg 0.20 \\ FZI = 0.30: \lg y = \lg x + \lg 0.30 \\ FZI = 0.45: \lg y = \lg x + \lg 0.45 \\ FZI = 0.85: \lg y = \lg x + \lg 0.85 \end{array} \right\} \qquad (5\text{-}26)$$

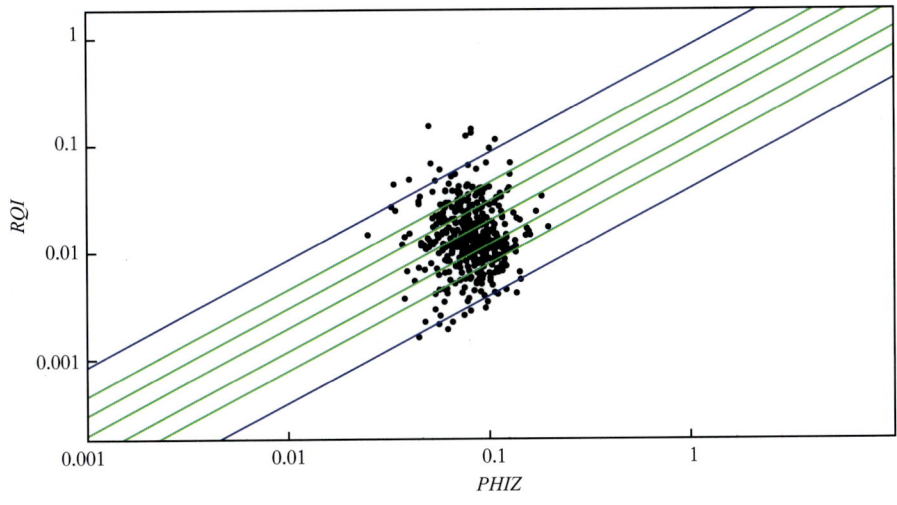

图 5-22　百口泉组砾岩储层流动单元划分

分类后的7个流动单元孔隙度、渗透率关系如图5-23所示，各流动单元内的孔隙度和渗透率具有良好的一致性。由此，建立了不同流动单元孔渗关系（式5-27）。

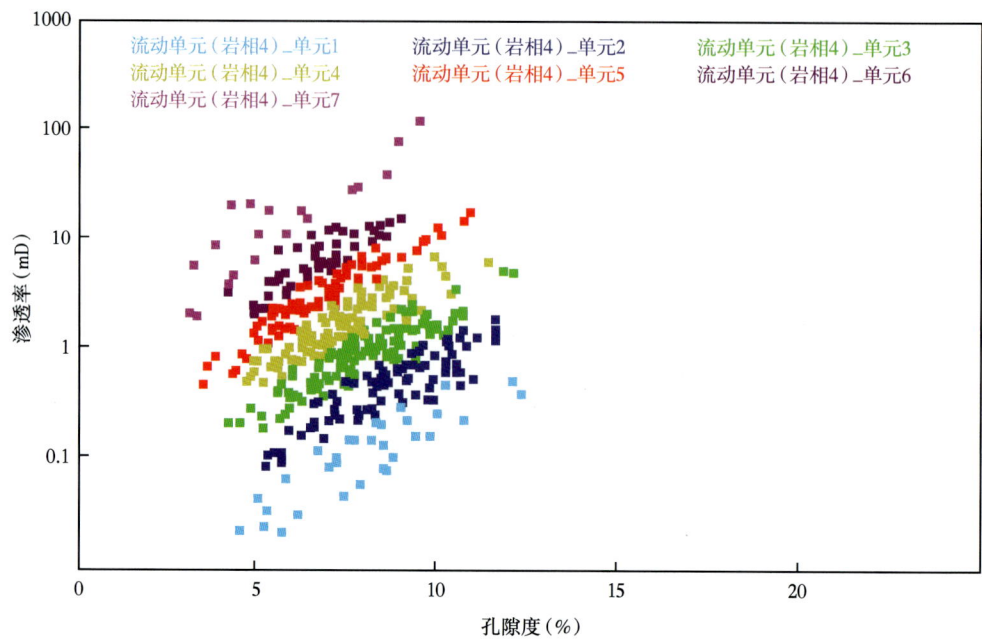

图5-23 各流动单元的孔渗关系交会图

流动单元1（$FZI<0.04$）： $K=10^{0.173\phi-2.359}$

流动单元2（$FZI<0.08$）： $K=10^{0.1677\phi-1.8012}$

流动单元3（$FZI<0.12$）： $K=10^{0.1716\phi-1.406}$

流动单元4（$FZI<0.20$）： $K=10^{0.1725\phi-1.053}$ （5-27）

流动单元5（$FZI<0.30$）： $K=10^{0.2\phi-0.884}$

流动单元6（$FZI<0.45$）： $K=10^{0.1743\phi-0.368}$

流动单元7（$FZI<0.85$）： $K=10^{0.2236\phi-0.1716}$

式中 K——渗透率，mD；
ϕ——孔隙度，%。

二、核磁共振测井渗透率计算方法

1.Bray–Smith模型计算渗透率

渗透率与孔隙表面积与体积的比值有关，而核磁共振横向弛豫时间T_2与孔隙的表面积与体积的比值也有着密切关联，利用上述关系，探索建立利用核磁共振估算岩石渗透率的方法[10]。基于核磁共振测井计算渗透率的模型主要有两个，即Timur–Coates和SDR模型。两个模型都考虑了孔径分布对渗透率的影响，但Timur–Coates模型认为渗透率只是可动流体和束缚流体的两段式贡献作用，而 SDR 模型将孔径分布简单平均化[11]。实际应用表明，经典的 SDR 模型和 Timur-Coates 模型在深层复杂储层中应用效果较差，计算渗透率与岩心分析渗透率存在较大误差。基于 Timur-Coates 模型核磁共振测井渗透率计算常用的优化方法是将核磁计算渗透率与岩心渗透率拟合，不断调整模型中的 C 值，拟合度最好时的 C 值即为理想值。

Timur-Coates 模型：

$$K = \left(\frac{\phi_{\text{NMR}}}{C}\right)^m \cdot \left(\frac{MBVM}{MBVI}\right)^n \quad (5-28)$$

研究区大量实践表明，调整 C 值为 5.5 所计算的渗透率可以使研究区域内计算的储层渗透率总体误差最小（图 5-24）。但从单井来看，每口井的渗透率的计算值趋势变化依然很大，与岩心分析渗透率匹配度不够理想。

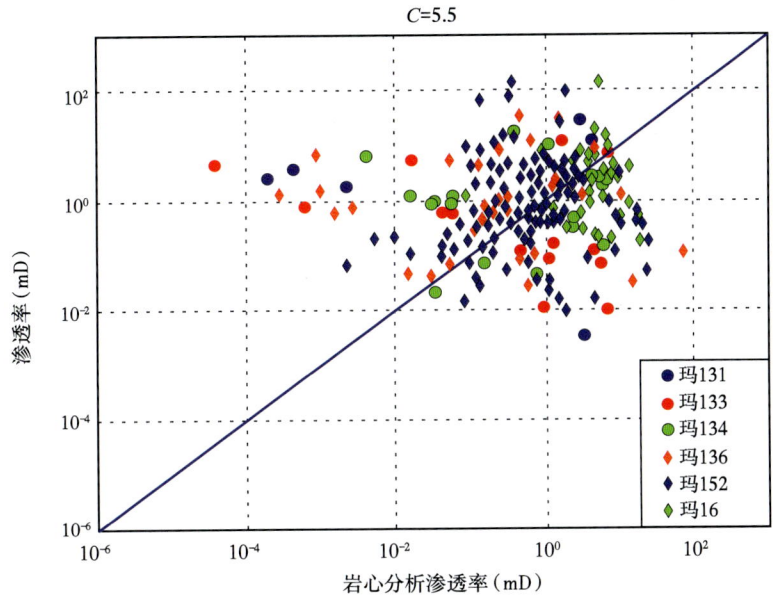

图 5-24　Coates 模型计算渗透率与岩心分析渗透率对比

针对上述问题，提出了考虑孔径分布的渗透率计算方法。如图 5-25 所示，核磁共振 T_2 谱衰减示意图，岩石孔隙大小不同，横向弛豫时间 T_2 衰减存在差异。岩石孔隙尺寸越大，横向弛豫时间受表面弛豫影响越小，衰减越慢，横向弛豫衰减时间越长。由于不同尺寸大小的孔隙所占比例对储层渗透率影响巨大，核磁共振 T_2 谱能够反映不同大小孔隙所占比例。以 P 型核磁共振处理结果为例，核磁共振测井提供了 0.5~2048ms 范围的孔隙度分量，根据核磁共振测井处理结果将储层孔隙中的孔径分布引入进来。具体的做法是将 4~2048ms 孔隙度分量引入，代表储层的孔径分布，并与 Coates 模型相结合，进行改进，形成了 Bray-Smith 模型，其数学表达如式（5-29）所示。

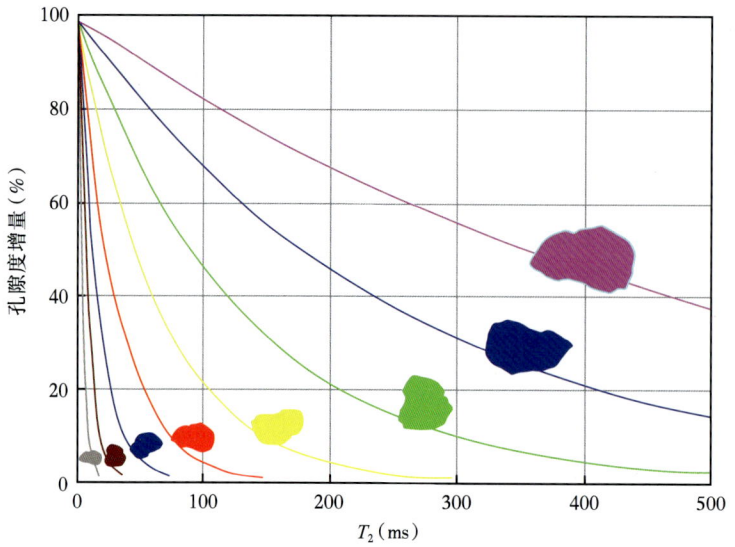

图 5-25　不同孔隙大小下的 T_2 谱衰减规律

Bray-Smith 模型：

$$BPERM = \left[(MPHI)^n \left(\frac{\sum\limits_{T_2Bphi4\text{ms}}^{T_2Bphi2048\text{ms}} wf \cdot T_2Bphi}{BVI} \right) \right]^m \quad (5-29)$$

式中　$MPHI$——有效孔隙体积，%；

　　　wf——权系数，无量纲；

　　　T_2Bphi——核磁共振测井 4~2048ms 分量孔隙度，%；

　　　BVI——束缚孔隙体积，%；

Bray-Smith 模型参数求取方法如下：

对 Bray-Smith 模型进行展开得：

$$BPERM = (MPHI)^{mn} \left(\frac{\sum\limits_{T_2Bphi4\text{ms}}^{T_2Bphi2048\text{ms}} wf \cdot T_2Bphi}{BVI} \right)^m \quad (5-30)$$

$$BPERM = (MPHI)^{m'} \left(\frac{\sum\limits_{T_2Bphi4\text{ms}}^{T_2Bphi2048\text{ms}} wf \cdot T_2Bphi}{BVI} \right)^{n'} \quad (5-31)$$

两边取对数得：

$$\lg(BPERM) = m'\lg(MPHI) + n'\lg\left(\frac{\sum\limits_{T_2Bphi4\text{ms}}^{T_2Bphi2048\text{ms}} wf \cdot T_2Bphi}{BVI} \right) \quad (5-32)$$

通过大量实践，对于准噶尔盆地玛湖凹陷百口泉组，当 $m=3$、$n=4$ 时，Bray-Smith 模型计算渗透率与岩心分析渗透率具有较好的相关性，二者误差较小（图 5-26）。

分别采用 Timur-Coates 和 Bray-Smith 模型对研究区百口泉组砾岩储层进行核磁共振渗透率评价（图 5-27）。相较于 Timur-Coates 模型（第 5 道），Bray-Smith 模型计算的渗透率曲线（第 6 道）与岩心分析渗透率变化趋势一致，计算结果更为精确。同时，Coates 模型需要比较准确的 C 值，计算结果才能够达到一定精度，而 Bray-Smith 模型能够在整个井段取得更好的评价效果。

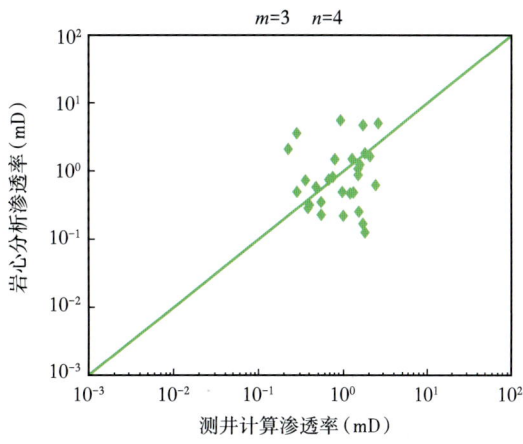

图 5-26　Bray-Smith 模型计算渗透率与岩心分析渗透率误差分析

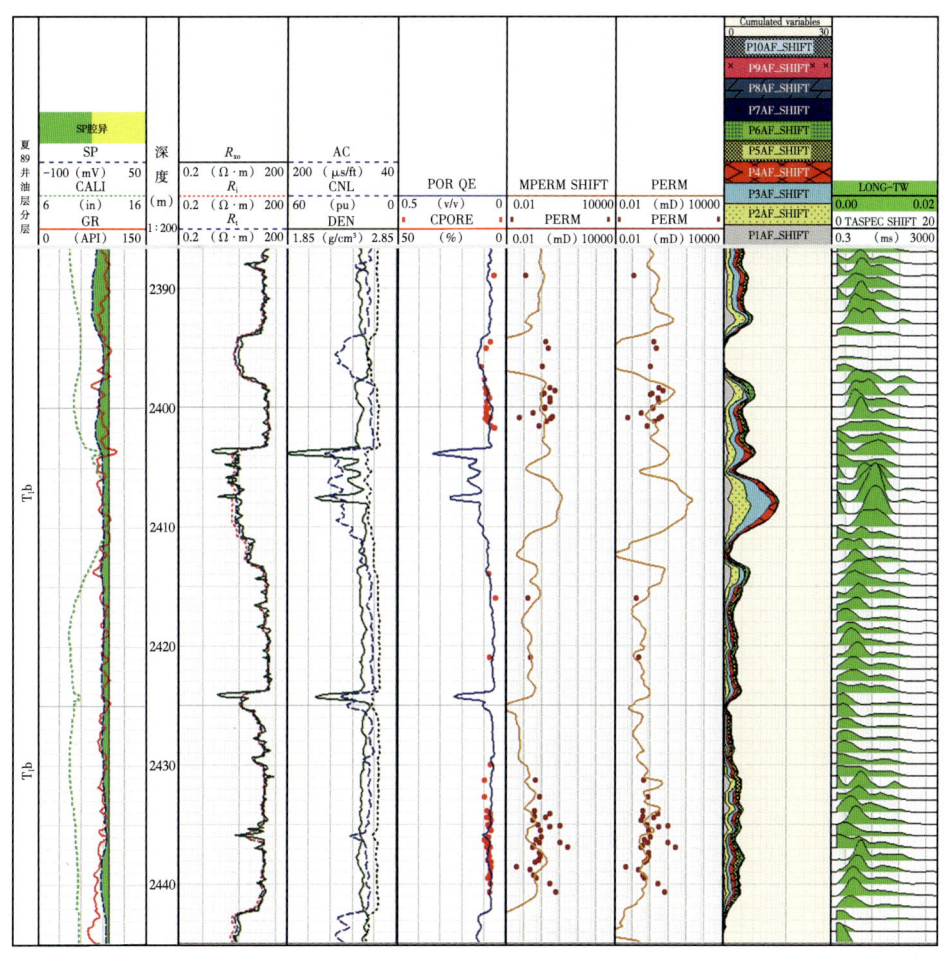

图 5-27　Bray-Smith 模型渗透率计算结果（夏 89 井）

前 3 道为常规测井曲线、第 4 道为 ELAN 计算的孔隙度、第 5 道为利用 Coates 模型计算的渗透率、第 6 道为 Bray-Smith 模型计算的渗透率、第 7 道为核磁共振测井提供的孔隙度分量、第 8 道为核磁共振 T_2 谱

2. 基于核磁三孔隙组分的渗透率计算模型

1991 年，R. Coates 提出了 Coates-cutoff 模型，获取可靠的束缚水体积是该模型准确计算渗透率的关键。SDR 模型是 Kenyon 等人于 1988 年在大量的饱和水岩样核磁共振实验室测量的基础上提出的，该模型在仅含水的储层中具有较好的应用效果。当储层中含有油气时，油气会使得 T_2 谱分布的几何平均值发生变化，要对束缚水体积和可动流体体积进行油气校正。上述模型及诸多扩展模型的应用显著提高了常规砂岩、碳酸盐岩、火山岩等储层渗透率的计算精度。但上述计算模型或需要获取可靠的参数，或需要进行校正，在实际应用中存在一定困难，需要探索如何利用核磁共振测井快捷方便地计算渗透率方法。

研究发现，岩心渗透率与核磁孔隙度、T_2 几何均值以及小中大孔比值（$(S_2+S_3)/S_1$）具有较好的相关性，如图 5-28~图 5-30 所示。

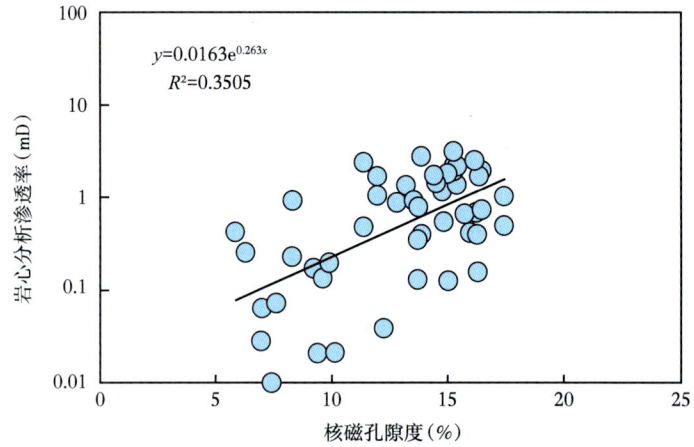

图 5-28　分析渗透率与核磁共振孔隙度的关系

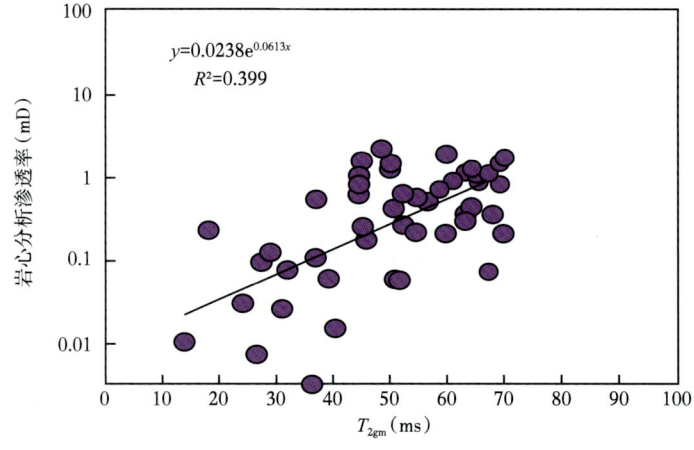

图 5-29　分析渗透率与核磁共振 T_2 几何均值的关系

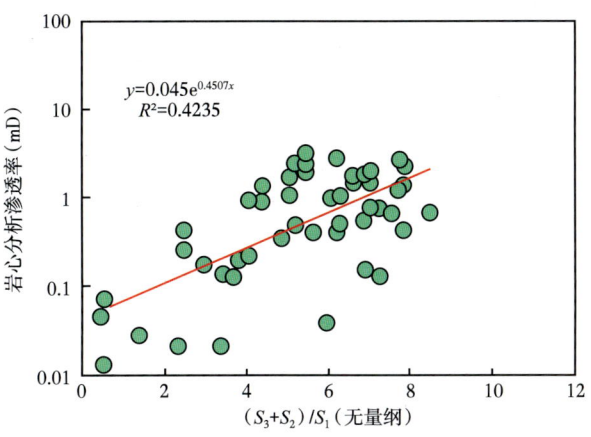

图 5-30　分析渗透率与 $(S_2+S_3)/S_1$ 的关系

利用上述关系，优选出渗透率敏感参数：核磁共振孔隙度、T_2 几何均值及小中大孔比值 $(S_2+S_3)/S_1$，构建渗透率模型，表达式为

$$K = a \times \phi_{\text{NMR}}^b \times T_{2gm}^c \times [(S_2+S_3) \div S_1]^d \tag{5-33}$$

式中　待定系数——$a=4.65 \times 10^{-4}$，$b=0.062$，$c=1.355$，$d=0.21$；
　　　ϕ_{NMR}——核磁共振孔隙度，%；
　　　T_{2gm}——T_2 几何均值，ms；
　　　S_1、S_2、S_3——分别为小、中、大孔的孔隙度，%。

基于核磁孔隙组分计算的渗透率与岩心分析渗透率相比，计算误差控制在半个数量级以内（图 5-31）。

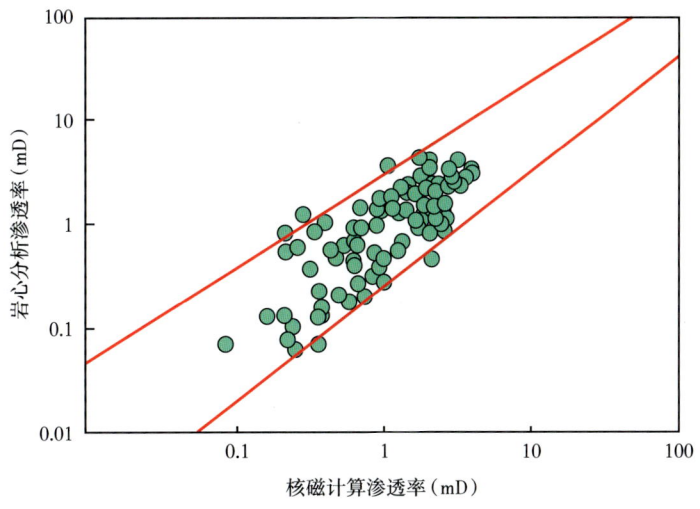

图 5-31　核磁渗透率与岩心分析渗透率对比

107

第四节 含油饱和度定量表征

含油饱和度定量表征方法大致分为现场密闭取心、实验室岩石物理实验测定及地球物理测井三大类。密闭取心分析法是确定油藏原始含油饱和度最直接可靠的方法，但成本昂贵且对时效要求较高[12]。压汞法、相渗法等实验室岩心测定方法能够间接反映岩心含油饱和度，但岩心分析数据的离散特征，使得含油性定量表征不连续和片面性，因此，岩心分析方法获取的含油饱和度仅作为定量分析的参考依据[13]。基于室内岩电实验和理论分析构建的饱和度评价模型，利用纵向连续、高分辨率的测井曲线进行储层含油饱和度评价成为目前饱和度评价的重要手段，在常规储层评价中可以获得较好的效果。

受复杂微观孔隙结构、颗粒大小、胶结物类型及泥质含量等地质因素影响，砾岩储层含油饱和度的准确评价较常规储层评价复杂得多。低渗透砾岩储层饱和度计算面临的困难主要有两个方面：一是通常所采用的饱和度模型如阿尔奇、Waxman-Smits 和印度尼西亚等公式均是基于中、高孔渗储层的实验而提出的，对于复杂孔隙结构的低渗透砾岩储层其适用性差，需要新建立与之相适应的饱和度方程，但难度很大[14]；二是假定已有饱和度方程适用于低孔低渗砾岩储层，仅需对其中的参数进行适当的修正，但相关参数修正和获取需要建立在大量系统的岩电实验基础上，探究不同孔隙结构储层的岩电参数变化规律，才能较好的控制饱和度计算精度。

一、基于常规测井的含油饱和度计算方法

1. 基于孔隙结构参数的饱和度评价模型

低孔低渗砾岩储层复杂的孔隙结构控制了储层的渗流与导电能力，直接影响了储层的物性参数和流体导电特征，导致其岩电关系存在"非阿尔奇"现象，即在双对数坐标下地层因素与孔隙度、电阻率增大率与含水饱和度之间的关系呈现出非线性特征。适用于中高孔渗地层的阿尔奇模型在低孔低渗砾岩储层油气性定量评价时存在不适用性，需要新的饱和度评价方法解决这类储层的含水饱和度评价难题。实践中发现，利用双水导电模型能够很好地模拟研究区"非阿尔奇现象"，但是，双水导电模型中的部分参数，如 m_f、m_b、n 等确定比较困难，因此，研究人员提出一种不采取岩电参数，基于毛细管束渗流模型的饱和度评价新方法。

1）原理与推导

（1）双水导电模型。

如公式（5-34）所示，双水导电体积模型将岩石总电阻视为可动水和束缚水两部分电阻的并联，其中束缚水包括黏土水和微毛细管孔隙水两部分。对于包含水的岩石电阻可以视为两种孔隙形成的电阻并联而成[15]，完全含水时有以下关系：

$$\frac{1}{r_0} = \frac{1}{r_{f0}} + \frac{1}{r_{b0}} \quad (5-34)$$

根据欧姆定律，对于自由流体孔隙网络有

$$r_{f0} = R_{f0}\frac{L}{A_f} = R_{wf}\frac{L_{wf}}{A_{wf}} \quad (5-35)$$

对于微孔隙网络有

$$r_{b0} = R_{b0}\frac{L}{A_b} = R_{wb}\frac{L_{wb}}{A_{wb}} \quad (5\text{-}36)$$

对于整个岩石有

$$r_0 = R_0\frac{L}{A_0} \quad (5\text{-}37)$$

将式(5-35)~式(5-37)代入式(5-34)有

$$\frac{A_0}{R_0L} = \frac{A_{wf}}{R_{wf}L_{wf}} + \frac{A_{wf}}{R_{wf}L_{wf}} \quad (5\text{-}38)$$

公式两边同乘 L/A_0，整理移项得

$$\frac{1}{R_0} = \frac{A_{wf}}{R_{wf}L_{wf}}\frac{L}{A_0} + \frac{A_{wf}}{R_{wf}L_{wf}}\frac{L}{A_0} \quad (5\text{-}39)$$

假设大孔隙与微孔隙部分的地层水电阻率相等，只是两部分地层水的导电路径不同，即假设有

$$R_{wf} = R_{wb} = R_w \quad (5\text{-}40)$$

继续将式(5-39)变形为

$$\frac{1}{R_0} = \frac{1}{R_w}\frac{A_{wf}L_{wf}}{A_0L}\left(\frac{L}{L_{wf}}\right)^2 + \frac{1}{R_w}\frac{A_{wb}L_{wb}}{A_0L}\left(\frac{L}{L_{wb}}\right)^2 \quad (5\text{-}41)$$

由 $V_f = A_{wf}L_{wf}$、$V = A_0L$ 代入式(5-41)得

$$\frac{1}{R_0} = \frac{1}{R_w}\frac{V_f}{V}\left(\frac{L}{L_{wf}}\right)^2 + \frac{1}{R_w}\frac{V_b}{V}\left(\frac{L}{L_{wb}}\right)^2 \quad (5\text{-}42)$$

将 $\phi_f = \dfrac{V_f}{V}$、$\phi_b = \dfrac{V_b}{V}$ 代入式(5-42)得

$$\frac{1}{R_0} = \frac{1}{R_w}\phi_f\left(\frac{L}{L_{wf}}\right)^2 + \frac{1}{R_w}\phi_b\left(\frac{L}{L_{wb}}\right)^2 \quad (5\text{-}43)$$

式中 V_f——自由流体总体积，%；

V_b——束缚水总体积，%；

V——岩石总体积，%；

ϕ_f——自由流体孔隙度，%；

ϕ_b——束缚水孔隙度，%；

ϕ——岩石孔隙度，%。

当岩石含烃时，由于微孔隙水不能流动，所以烃取代的是自由流体孔隙空间，设自由流体孔隙空间的水占该部分孔隙的比例为 S_{wf}（即可动水饱和度），假设束缚流体孔隙空间完全含水，油气不能进入，即束缚流体孔隙空间的水占该部分孔隙的比例为 1，则式（5-43）可写为

$$\frac{1}{R_t}=\frac{1}{R_w}\phi_f S_{wf}\left(\frac{L}{L_{wf}}\right)^2+\frac{1}{R_w}\phi_b\left(\frac{L}{L_{wb}}\right)^2 \tag{5-44}$$

（2）毛细管束渗流模型。

毛细管束模型是表征多孔介质最常用的物理模型之一。该模型是把岩石多孔介质中的孔隙网络抽象成由一组等长度、不等直径的毛细管所组成（图5-32），该模型在油层物理、渗流力学和岩石导电机理中应用广泛[16]。

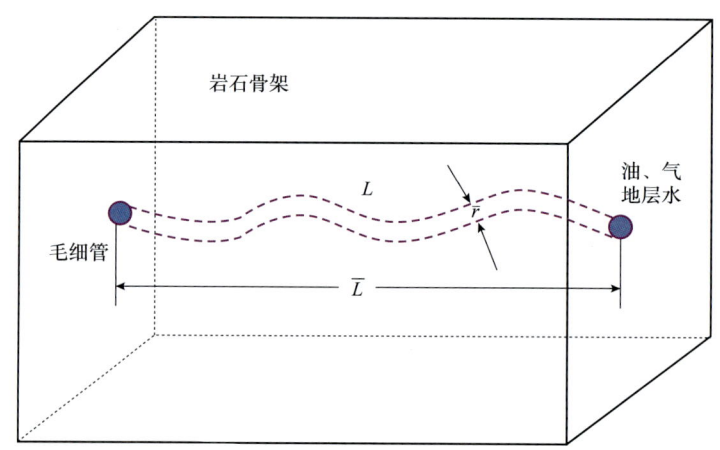

图 5-32 毛细管束渗流模型

毛细管束模型引入孔隙迂曲度（τ）表征流体在多孔介质中渗流时，流体质点所走过的距离与孔隙介质外形几何长度之比，其表达式为

$$\tau=\frac{L}{\bar{L}} \tag{5-45}$$

式中 L——流体质点所走过的距离，mm；

$\bar{L}$——孔隙介质外形几何长度，mm。

（3）模型结合与实现。

将式（5-45）代入式（5-44）中得到：

$$\frac{1}{R_t}=\frac{1}{R_w}\phi_f S_{wf}\left(\frac{1}{\tau_{wf}}\right)^2+\frac{1}{R_w}\phi_b\left(\frac{1}{\tau_{wb}}\right)^2 \tag{5-46}$$

式中 τ_{wf}——自由流体空间的孔隙迂曲度，小数；

τ_{wb}——束缚水空间的孔隙迂曲度，小数。

基于毛细管束渗流模型，按照平均孔隙半径 r 和孔隙度 ϕ 计算岩石渗透率的公式为：

$$K = \frac{\phi \times r^2}{8\tau^2} \tag{5-47}$$

式中 K——渗透率，mD；
r——岩石孔道半径，μm；
ϕ——孔隙度，%；
τ——孔道迂曲度，小数。

当渗透率单位为 mD，则上式变形为

$$K = \frac{125 \times \phi \times r^2}{\tau^2} \tag{5-48}$$

根据式（5-48），得到自由流体空间的孔隙迂曲度（τ_{wf}）计算公式为

$$\tau_{wf}^2 = \frac{125 \times \phi_f \times r_f^2}{K_f} \tag{5-49}$$

式中 ϕ_f——自由流体孔隙度，小数；
r_f——自由空间平均孔隙半径，μm；
K_f——自由空间渗透率，mD。

将式（5-49）代入式（5-46）得

$$\frac{1}{R_t} = \frac{1}{R_w} \phi_f S_{wf} \frac{K_f}{125 \times \phi_f \times r_f^2} + \frac{1}{R_w} \phi_b \frac{K_b}{125 \times \phi_b \times r_b^2} \tag{5-50}$$

式中 ϕ_b——束缚流体孔隙度，小数；
r_b——束缚空间平均孔隙半径，μm；
K_b——束缚空间渗透率，mD。

由于束缚水不能流动，处于束缚状态，因此 $K_b \approx 0$，因此上式右边第二项可以忽略，式（5-50）变形为

$$\frac{1}{R_t} = \frac{1}{R_w} S_{wf} \frac{K_f}{125 \times r_f^2} \tag{5-51}$$

假设岩石测得的渗透率全部为自由流体空间所贡献，束缚水空间不参与影响，数学表达式为

$$K_f = K \tag{5-52}$$

r_f、r_b 共同作用于所测得的岩石平均孔隙半径 $\bar{r}$，并且满足束缚水空间的孔隙半径小于自由流体空间的孔隙半径，即 $r_b < r_f$，满足上述条件的数学表达式为

$$\begin{aligned} S_{wb} \times r_b + S_f \times r_f &= \bar{r} \\ \frac{r_b}{r_f} &= \frac{S_{wb}}{S_f} (S_{wb} \leq 0.5) \\ \frac{r_b}{r_f} &= \frac{S_f}{S_{wb}} (S_{wb} > 0.5) \end{aligned} \tag{5-53}$$

式中 S_{wb}——束缚水饱和度，小数；
S_f——自由流体饱和度，$S_f=1-S_{wb}$，小数。

将式（5-53）代入式（5-51），于是有

当 $S_w \leqslant 0.5$ 时，
$$S_{wf} = \frac{125R_w}{R_t K}\left(\frac{S_f \bar{r}}{1-2S_{wb}S_f}\right)^2 \qquad (5-54)$$

当 $S_w > 0.5$ 时，
$$S_{wf} = \frac{125R_w}{R_t K}\left(\frac{\bar{r}}{2S_f}\right)^2 \qquad (5-55)$$

测井解释中，总含水饱和度 S_w 与可动水饱和度 S_{wf} 之间有如下换算关系：

$$S_w = \frac{\phi_f S_{wf} + \phi_{wb}}{\phi_t} \qquad (5-56)$$

式中 ϕ_f——自由流体孔隙度，小数；
ϕ_b——束缚水孔隙度，小数；
ϕ_t——总孔隙度，小数。

将式（5-56）进一步简化得

$$S_w = S_f S_{wf} + S_{wb} \qquad (5-57)$$

式中 S_f——自由流体饱和度，小数；
S_{wf}——自由水饱和度，小数；
S_{wb}——束缚水饱和度，小数。

将式（5-54）和式（5-55）代入式（5-57）中便得到储层含水饱和度解释新模型：

当 $S_w \leqslant 0.5$ 时，
$$S_w = S_f \times \frac{125R_w}{R_t K}\left(\frac{S_f \bar{r}}{1-2S_{wb}S_f}\right)^2 + S_{wb} \qquad (5-58)$$

当 $S_w > 0.5$ 时，
$$S_w = S_f \times \frac{125R_w}{R_t K}\left(\frac{\bar{r}}{2S_f}\right)^2 + S_{wb} \qquad (5-59)$$

式中 S_w——含水饱和度，小数；
S_{wb}——束缚水饱和度，小数；
S_f——自由流体饱和度，$S_f=1-S_{wb}$，小数；
$\bar{r}$——岩石平均孔隙半径，μm；
R_w——地层水电阻率，Ω·m；
R_t——岩石电阻率，Ω·m；
K——岩石渗透率，mD。

2）模型的实验验证和应用

利用该模型计算的电阻率可以很好地模拟电阻率响应特征，与实测电阻率误差较小（图5-33）。结合岩电实验资料、压汞实验资料，基于孔隙结构参数的饱和度模型能有效模拟含水饱和度S_w与岩石电阻率R_t的关系，误差较小（图5-34）。

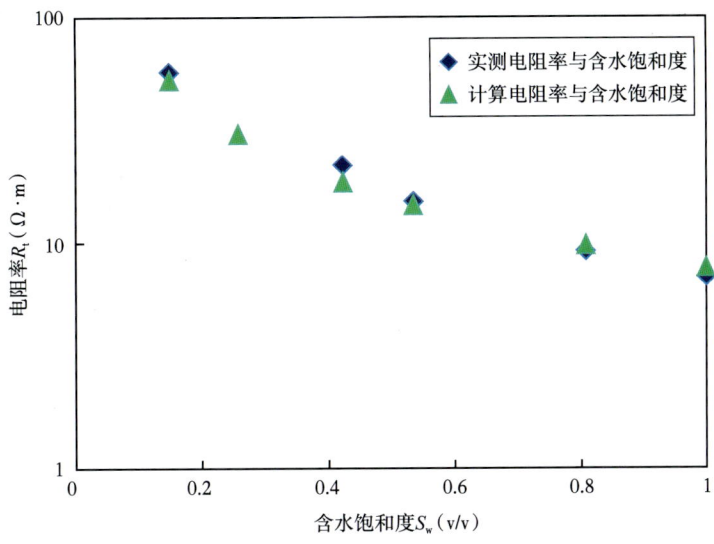

图5-33　新模型模拟结果

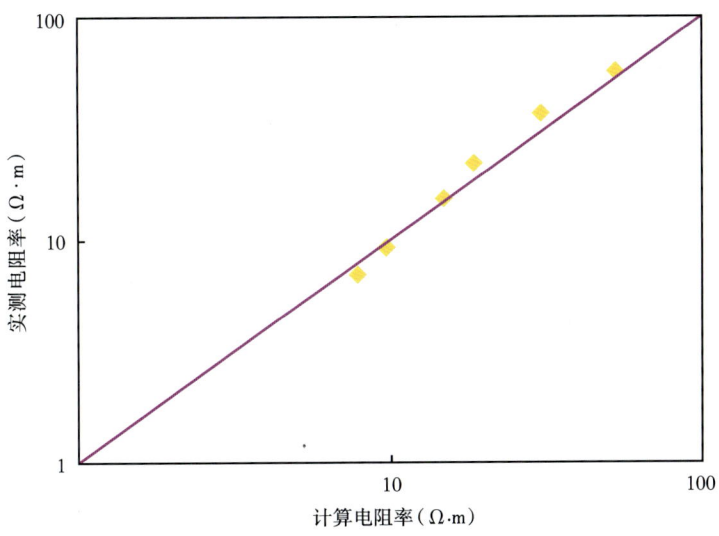

图5-34　新模型模拟结果误差分析

将建立的评价模型应用于百口泉组砾岩储层含油饱和度评价（图5-35）。新模型计算的平均毛细管半径与实验分析结果高度匹配，含油饱和度精度显著优于传统饱和度评价方法计算结果。相对于传统模型，基于孔隙结构参数的饱和度评价模型避免了岩电参数获取困难、非阿尔奇特征对饱和度评价的影响，通过引入表征储层微观特征的孔隙结构参数（平均孔隙半径 r），反映了储层微观地质特征。同时，新模型引入了表征储层宏观地质特征的物理参数（束缚水饱和度 S_{wb}、渗透率 K 等），在研究区取得了较好的应用效果。

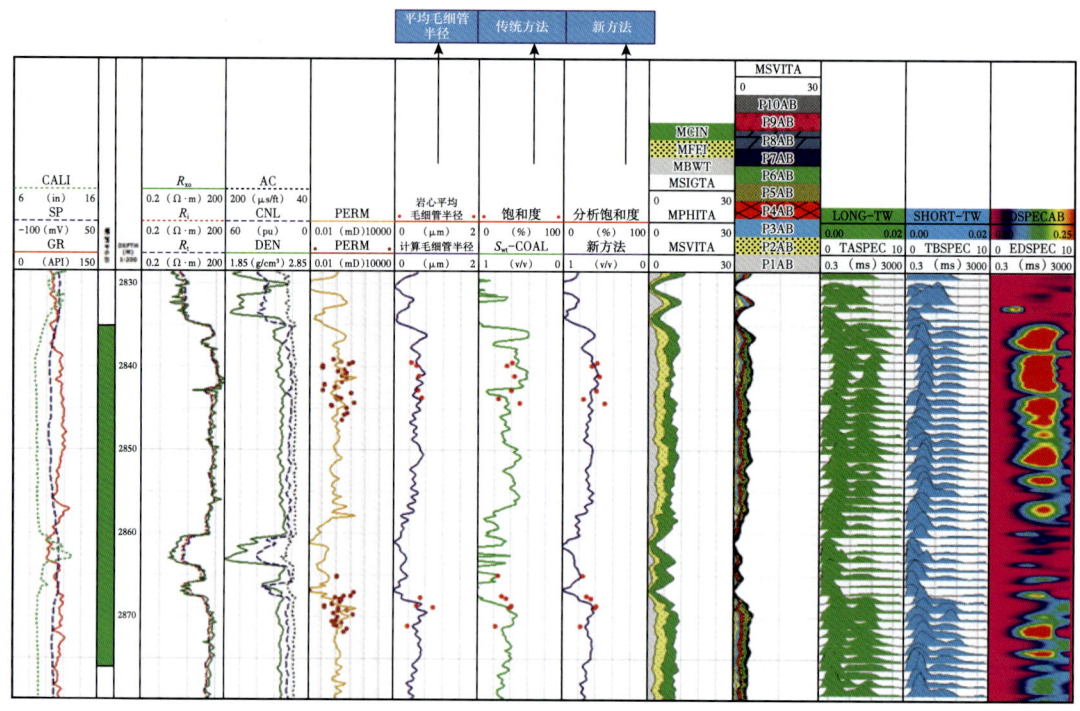

图 5-35　基于孔隙结构参数的饱和度评价结果

前 3 道为常规曲线道、第 4 道为渗透率、第 5 道为平均毛细管半径、第 6 道为利用传统饱和度计算方法计算的饱和度、第 7 道为是利用新方法计算的饱和度、第 8 道～12 道分别为核磁共振的处理结果各类孔隙流体体积道、孔隙分量道、核磁 A 组 T_2 谱、B 组 T_2 谱、差谱信号

2. 基于伪毛细管压力曲线的异常高电阻率储层含油饱和度评价

准噶尔盆地部分砾岩储层岩性为钙泥质胶结砾岩，此类储层电阻率可高达 800Ω·m，常规测井、核磁共振测井响应特征及试油结果均证实储层中含有油气（图 5-36）。采用阿尔奇公式、双水模型等基于电阻率的饱和度评价方法所计算的饱和度明显偏高，部分储层含油饱和度超过 100%，与地层情况不符，亟须一种基于非电阻率的饱和度评价方法获取可靠的含油饱和度。

依据油藏形成机理，油气经过二次运移而聚集形成油气藏的过程可以表述为驱动力（浮力）克服毛细管阻力并最终达到平衡的过程。油气运移过程中，首先进入孔隙结构好的储层，然后随着排驱压力的逐渐增大，进入孔隙结构稍差的储层。因此，油藏的含油高度及岩石的物性是决定油藏原始含油饱和度的两个重要因素。利用伪毛细管压力构造方法在目的层逐点构造毛细管压力曲线，如果能够确定油藏油水界面，则可以基于已知的油水界面得到含油高度，逐点评价油层的原始含油饱和度。

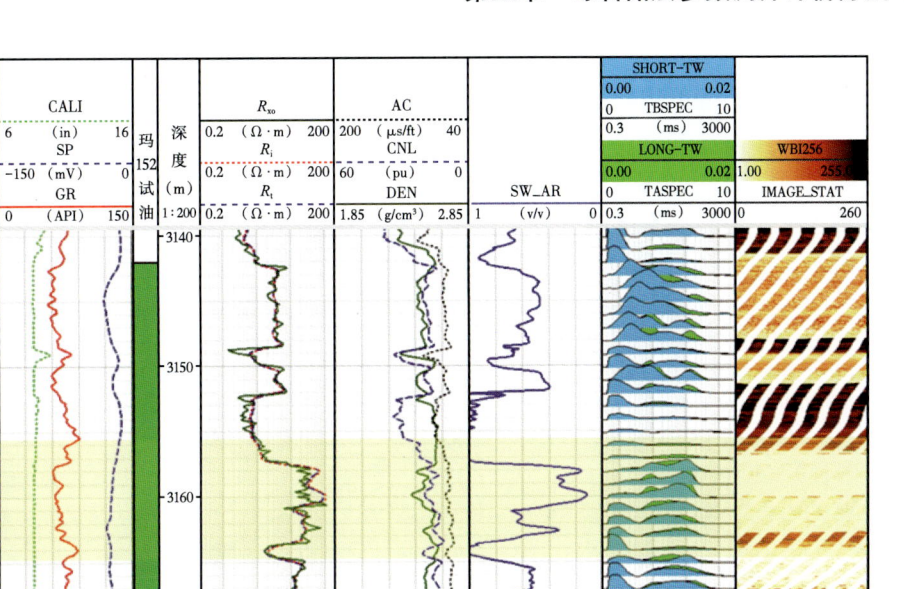

图 5-36 异常高电阻率砾岩储层测井响应特征

毛细管压力曲线的转换：根据式（5-60）将实验室条件下（汞—气系统）的毛细管压力曲线转换为地层条件下（油—水系统）的毛细管压力曲线。

$$p_{CR} = \frac{\sigma_R \cos\theta_R}{\sigma_L \cos\theta_L} p_{CL} \quad (5\text{-}60)$$

式中　σ_R——油藏条件下的界面张力，mN/m；
　　　θ_R——油藏条件下的接触润湿角，（°）；
　　　p_{CR}——油藏条件下的毛细管压力，MPa；
　　　σ_L——实验室条件下的界面张力，mN/m；
　　　θ_L——实验室条件下的接触润湿角，（°）；
　　　p_{CL}——实验室条件下的毛细管压力，MPa。

常见系统取值如表 5-1 所示。准噶尔盆地砾岩油藏为油—水系统，式 5-61 中各项参数取值如下：σ_R=30mN/m，θ_R=30°，σ_L=480mN/m，θ_L=140°。

表 5-1　不同系统参数取值表

条件	流体系统	润湿角 θ（°）	$\cos\theta$	界面张力 σ（mN/m）	$\sigma\cos\theta$（mN/m）
实验室	空气—水	0	1	72	72
	油—水	30	0.866	48	42
	空气—水银	140	0.765	480	367
	空气—油	0	1	24	24
地层	油—水	30	0.866	30	26
	水—气	140	1	50	50

确定油水界面后，利用式（5-61）估算油藏条件下的毛细管压力（p_{CR}）。针对目的层段，在每一个深度点构建连续的地层毛细管压力曲线，毛细管压力对应的汞饱和度即为油层的原始含油饱和度。如果没有对应值，则将该压力值上下相邻的两个点的连线近似看作一次函数曲线，如图5-37所示，然后利用毛细管压力拟合公式［式（5-62）］求取近似的汞饱和度即为原始含油饱和度。以此类推，实现低阻油层连续深度含油饱和度的计算。

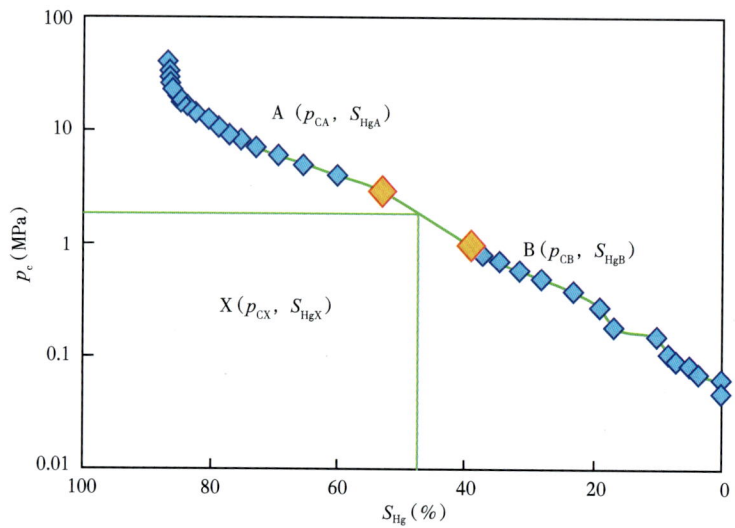

图 5-37 确定油水界面条件下含油饱和度确定方法

$$p_{CR} = 0.01(\rho_w - \rho_o)H \tag{5-61}$$

式中 p_{CR}——油藏条件毛细管压力，MPa；

ρ_w、ρ_o——分别为地层水的密度、地层原油密度，g/cm³；

H——含油高度，m。

毛细管压力（p_{CR}）拟合公式：

$$S_{HgX} = S_{HgB} + \frac{S_{HgA} - S_{HgB}}{p_{CRA} - p_{CRB}} \times (p_{CRX} - p_{CRB}) \tag{5-62}$$

式中 p_{CRA}、p_{CRB}——分别为相邻点 A、B 的压力值，MPa；

S_{HgA}、S_{HgB}——分别为相邻点 A、B 的汞饱和度值，%。

上述方法需要在确定了明确的油水界面的情况下使用，但在准噶尔盆地砾岩储层中，有些目的层段并没有明确的油水界面，因此，利用伪毛细管压力曲线法计算原始含油饱和度的方法就受到很大限制。因此，对不依赖于确定油水界面的 Purcell 法估算高阻油层的含油饱和度的应用进行了讨论。

Purcell 法从压力与进汞量的角度反映不同孔喉半径对渗透能力的贡献。当累计渗透率贡献值达 99.99% 时，对应的孔喉半径即为储层的孔喉半径下限，进而在毛细管压力曲线上找到一个对应的汞饱和度值，即近似为储层的原始含油饱和度值。按照孔隙半径区间从大到小的顺序累计各区间对应的渗透能力相对贡献值，公式如下：

$$\Delta K_{fi} = \Delta S_{Hg}\left(1/p_{ci}^2 + 1/p_{ci+1}^2\right) \quad (5\text{-}63)$$

$$\Delta K_i = \Delta K_{fi} / \sum_{i=1}^{n} \Delta K_{fi} \quad (5\text{-}64)$$

$$\sum_{i=1}^{n} \Delta K_i = \Delta K_1 + \Delta K_2 + \cdots + \Delta K_n \quad (5\text{-}65)$$

式中　p_{ci}——进汞压力，MPa；

ΔS_{Hg}——区间进汞饱和度，%；

ΔK_{fi}——不同孔隙半径区间的渗透能力，%；

ΔK_i——不同孔隙半径区间的渗透能力占总渗透能力的百分数，%；

$\sum_{i=1}^{n} \Delta K_i$——不同孔隙半径区间储层的累计渗透能力，%；

针对目的层每一深度点所构建的毛细管压力曲线都按照式（5-63）~式（5-65）计算，然后均截取累计渗透能力$\sum_{i=1}^{n} \Delta K_i = 99.99\%$时所对应的孔隙半径为最小孔隙半径$R_{min}$，利用式（5-66）计算出对应的毛细管压力$p_c$。该毛细管压力所对应的汞饱和度即近似为储层原始含油饱和度。基于伪毛细管压力曲线的异常高电阻率储层饱和度评价结果如图5-38所示。

$$p_c = 2\sigma\cos\theta / R_{min} \quad (5\text{-}66)$$

式中　σ——界面张力，mN/m；

θ——润湿角，（°）；

R_{min}——最小孔隙半径，μm。

二、基于核磁共振测井的含油饱和度计算方法

1. 核磁共振波谱计算含油饱和度

核磁共振测井的探测范围有限，一般都在冲洗带之内，因此核磁测井测量的油气信息是冲洗带内残余油气，而非原状地层中的原始油气[17]。因此，要想得到原状地层准确的含油饱和度，则需要进行油气校正。通常情况下，物性相对较好的砾岩储层，其渗透性较好，地层被打开后油气渗流进入较多，冲洗带残余油饱和度较低，分布在100ms后的T_2谱幅度较小，需要进行有效的油气校正；反之，对于物性相对较差的砾岩储层，其渗透性较差，残余油饱和度就较高，100ms后的T_2谱形就较大，油气校正量相对较小，因此，油气信息的校正量应与地层的渗透率呈正相关。根据上述分析，在岩心归位的前提下，拟合了100ms后核磁共振孔隙度、岩心渗透率与含油饱和度之间的关系：

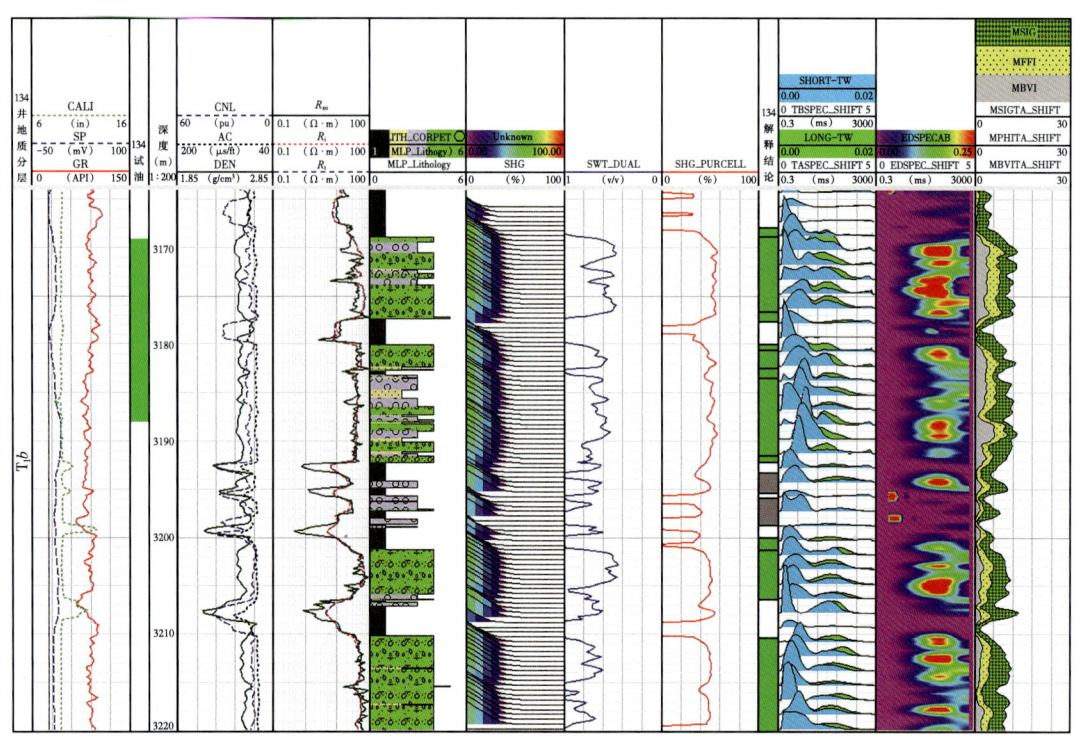

图 5-38 伪毛细管压力曲线方法评价结果

前 3 道为常规曲线道、第 4 道为神经网络计算预测的岩性、第 5 道为构建的伪毛细管压力曲线、第 6 道为常规方法计算的饱和度、第 7 道为伪毛细管压线计算的饱和度、第 8~10 道分别核磁共振的处理结果核磁共振 T_2 谱、差谱信号、各类孔隙流体体积道

$$S_o = 19 \times CMRP\_100\text{ms} \times e^{\frac{\lg K+5}{100}} \quad (5\text{-}67)$$

式中 $CMRP\_100\text{ms}$——横向弛豫时间 100ms 后核磁共振测井孔隙度分量之和；

K——岩心分析渗透率，mD；

S_o——密闭取心分析含油饱和度，%。

利用上述方法对玛 601 井进行含油饱和度计算（图 5-39），除个别异常样点，饱和度计算值与密闭取心分析饱和度具有很好的一致性，误差较小。

2. 饱和度迭代法计算可动流体饱和度

利用核磁共振测井评价常规储层的含油饱和度是基于浮力成藏的原理，砾岩储层的成藏模式与常规油气藏没有本质区别。对储层的主要储集空间而言，其孔隙中的油气也是在外力的作用下以油驱水的方式"注入"的，其注入过程由易到难。在注入压力较低的情况下，油气首先注入孔喉较大的孔隙空间，随着注入压力的增大，油气逐渐进入孔喉尺寸较小的孔喉空间，储层孔隙中的饱和度逐渐增高。玛湖凹陷为富烃凹陷，在油层处，排烃压力足够的情况下，可动流体均被原油所驱替，此时含油饱和度可近似认为是可动流体饱和度。

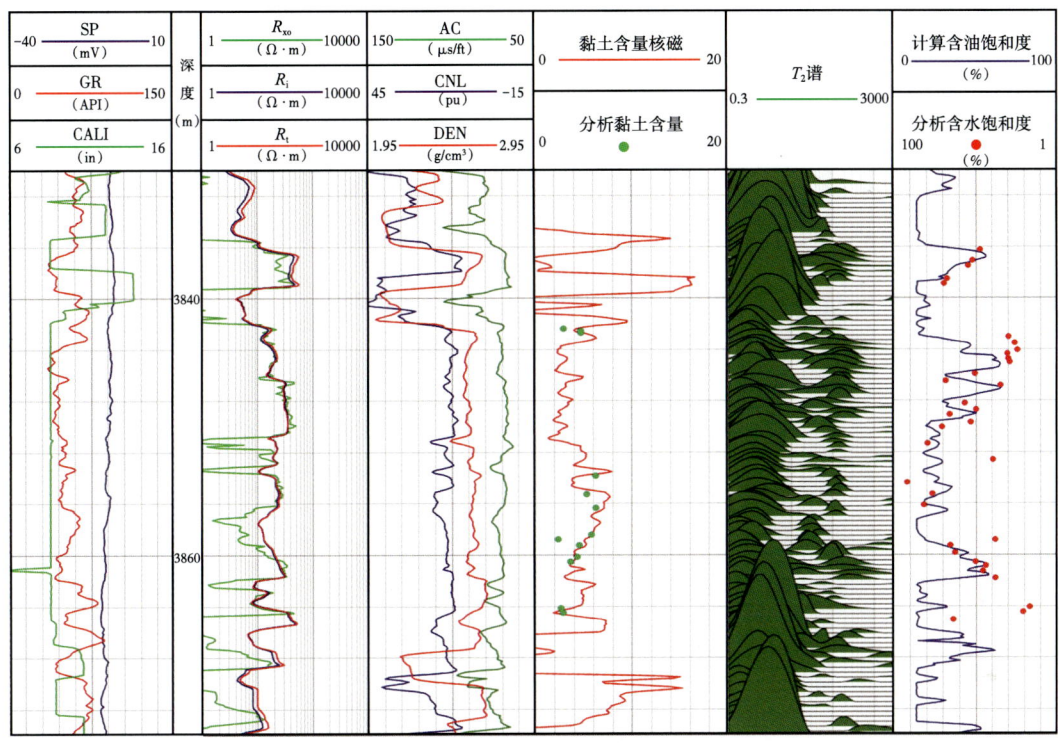

图 5-39 岩心分析饱和度与核磁计算含油饱和度对比成果图（玛 601 井）

基于上述分析，以密闭取心含油饱和度测量结果为标定依据，计算密闭取心段含油饱和度所对应的可动流体 T_2 截止值，再用该 T_2 截止值计算非取心段的可动流体饱和度，该可动流体饱和度可作为油层处的含油饱和度。

利用密闭取心分析含油饱和度确定核磁共振可动流体 T_2 截止值采用迭代的方法，步骤包括：饱和度数据的精确归位，迭代法确定饱和度计算横向弛豫时间 T_2 截止值。

饱和度数据精确归位的具体实现步骤是：首先，用每米不小于 3 个数据的孔隙度分析资料进行饱和度分析数据的联合归位；然后，用微电阻率扫描成像资料进行岩心的归位的微调，确保归位误差不大于 0.1m。

迭代法确定饱和度计算横向弛豫时间 T_2 截止值，按式（5-68）进行迭代计算均方误差。

$$AT_2(j) = \sum_{j=1}^{m} \frac{1}{n} \sum_{i=1}^{n} \left(S_{oi} - S_{oji} \right)^2 \quad (5\text{-}68)$$

式中 $AT_2(j)$ ——第 j 个迭代 T_2 截止值的均方计算误差；
n ——含油饱和度实验数据的个数；
S_{oi} ——第 i 个样点的饱和度测量数据；
S_{oji} ——第 j 个迭代 T_2 值的第 i 个计算饱和度。

通过迭代计算，均方误差最小的 T_2 值即为用于饱和度计算截止值 AT_2。图 5-40 为玛 18 井密闭取心井段应用不同的 T_2 截止值计算的均方误差，均方误差最小时对应的 T_2 截止值为 9ms。

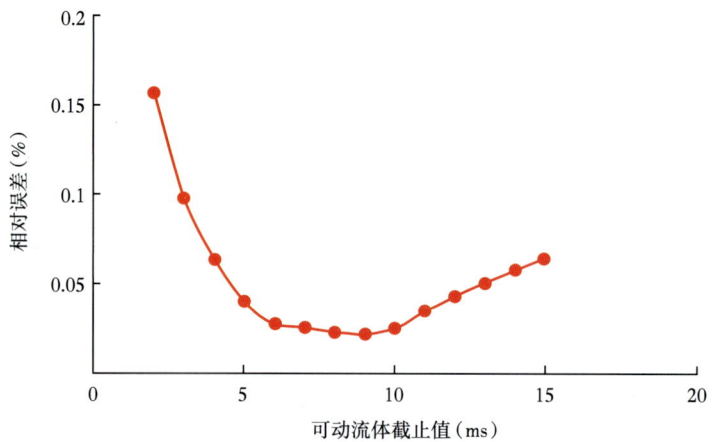

图 5-40　不同的 T_2 截止值计算的均方误差变化（玛 18 井）

利用确定的 T_2 截止值和核磁共振测井获得的连续 T_2 谱按式（5-69）即可连续计算饱和度。

$$S_o = 1 - \left(\sum_{i=ATS}^{AT_2} \phi_i\right) \bigg/ \left(\sum_{i=ATS}^{ATD} \phi_i\right) \tag{5-69}$$

式中　S_o——含油饱和度，小数；
　　　ϕ_i——第 i 毫秒核磁共振弛豫时间对应的孔隙相对体积，小数；
　　　AT_2——横向弛豫时间截止值，ms；
　　　ATS——有效孔隙度的核磁共振横向弛豫起算时间，ms；
　　　ATD——有效孔隙度的核磁共振横向弛豫终止时间，ms。

采用饱和度迭代法计算含油饱和度与岩心分析饱和度对比（图 5-41），二者变化趋势一致，误差较小，计算结果满足地质需求。

3. 基于构建核磁水谱的低渗透砾岩含油饱和度评价方法

利用体积弛豫现象构建的核磁流体性质识别图版，是开展含油性定性评价重要方法[18]。然而，上述方法只能定性解释低渗透砾岩储层的流体性质，难以定量计算含油饱和度，存在明显的技术瓶颈。研究人员基于大量的实验分析，构建了基于核磁水谱的低渗透砾岩含油性测井评价方法[19-20]。

1）利用 J 函数，进行储层分类

为了更好地建立岩石物理模型，开展了系统的岩石物理实验及数据分析。从玛湖凹陷 25 口探井、评价井百口泉组、上乌尔禾组、下乌尔禾组等目的层段选取岩样进行了压汞与核磁共振联测实验（图 5-42）。

实验结果显示，毛细管压力曲线的门槛压力变化范围从 0.16MPa 变化至 1.28MPa，其对应的核磁共振 T_2 谱形态各异，表明砾岩的孔隙结构复杂。要建立毛细管压力曲线与核磁 T_2 谱的转换关系，首先需要依据毛细管压力曲线特征，对储层进行分类。基于 J 函数特征将毛细管压力曲线分为四类（图 5-43）。

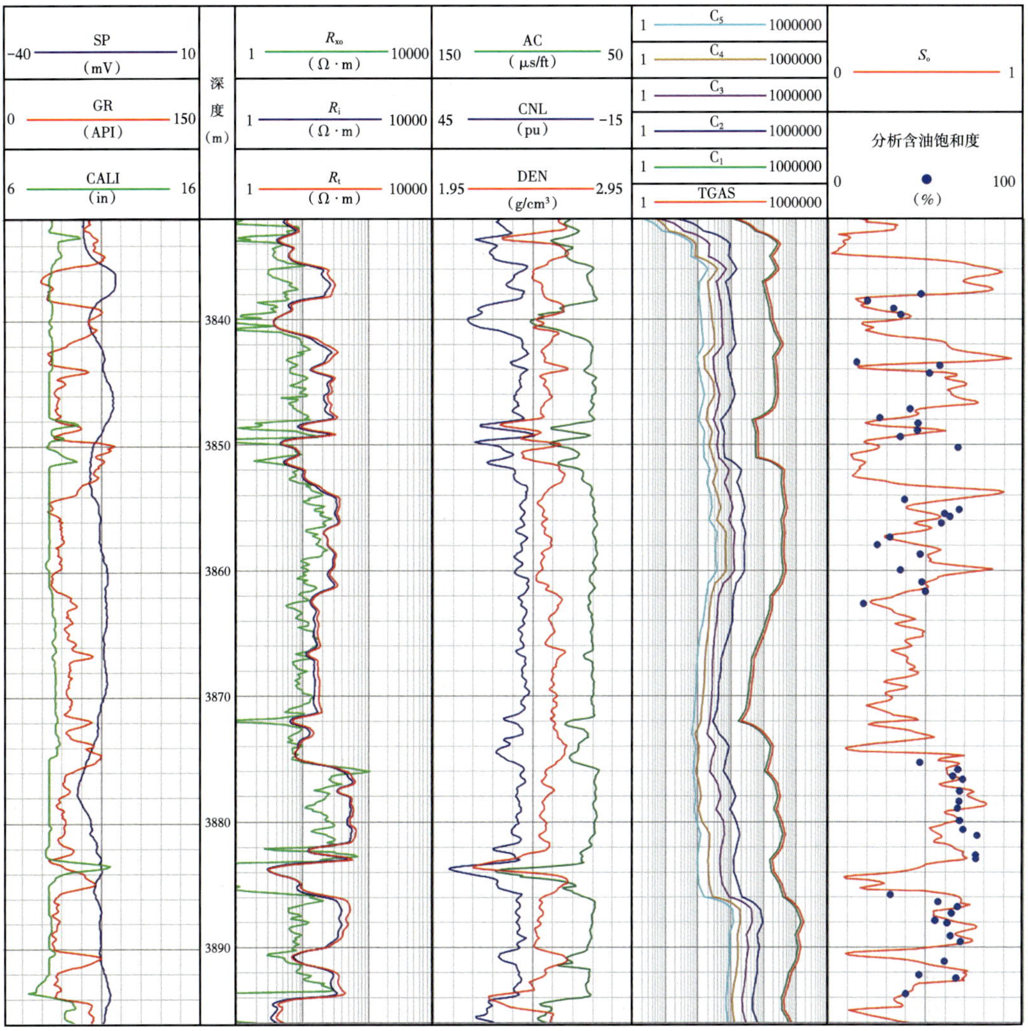

第五章 砾岩储层参数测井评价方法

图 5-41 迭代法饱和度计算结果（玛601井）

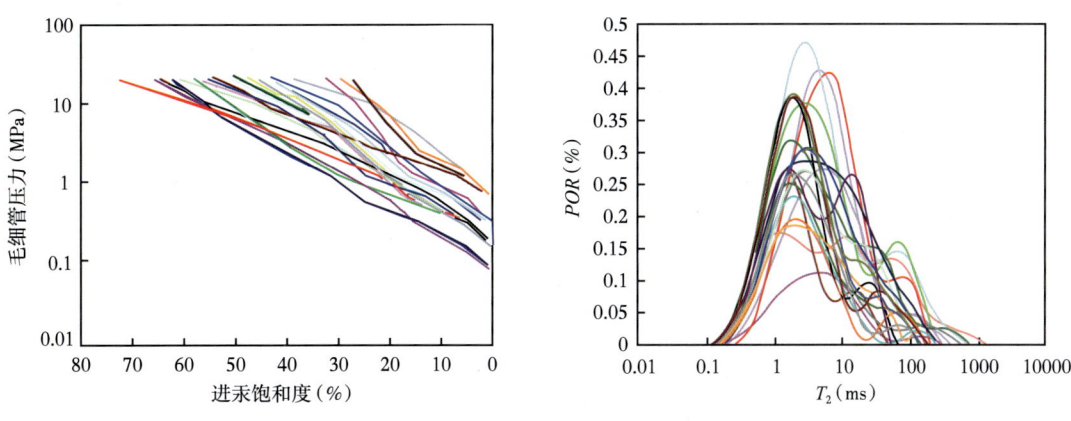

图 5-42 压汞毛细管压力曲线与核磁共振测井联测数据

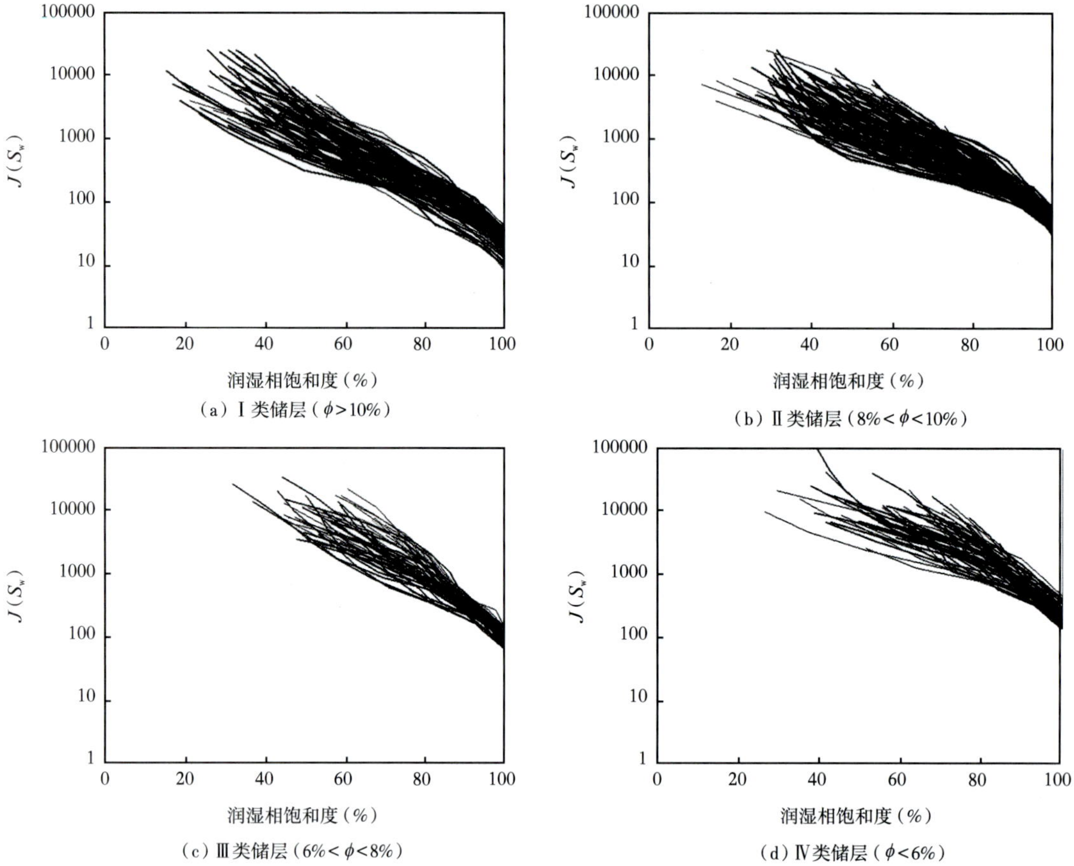

图 5-43　采用 J 函数法砾岩储层毛细管压力曲线分类

在毛细管压力曲线分类的基础上，为了方便后续建立测井表征模型，对四类储层的毛细管压力曲线进行了归并简化，利用多元统计的方法构造了百口泉组和乌尔禾组四类储层的平均毛细管压力曲线（图 5-44）。

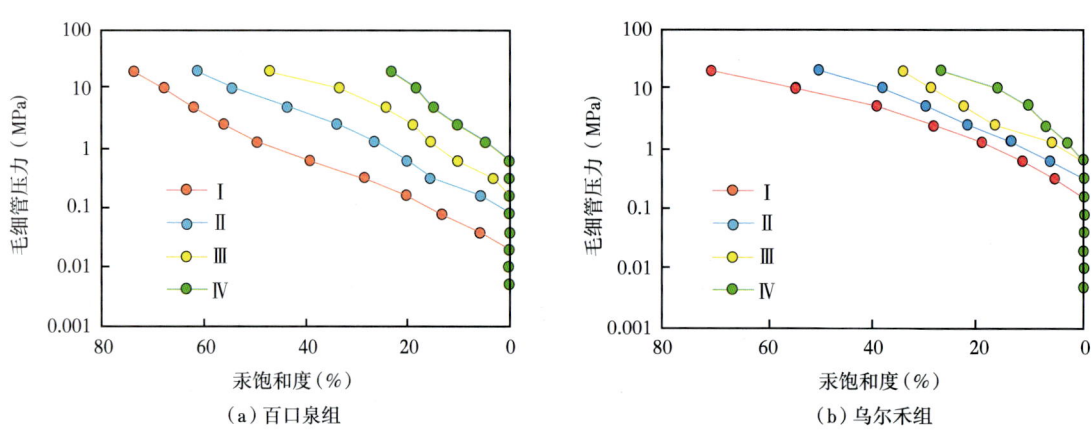

图 5-44　构造四类储层的平均毛细管压力曲线

2）利用核磁 T_2 谱与毛细管压力曲线，构建核磁水谱

根据核磁共振测井原理，100%含水的核磁 T_2 谱才能完全反映岩石的孔隙结构。因此，可以利用毛细管压力曲线重构100%含水核磁 T_2 谱。按照 T_2 值从小到大的方向累加，构造一条与压汞毛细细管压力曲线相近的核磁 T_2 谱累加曲线，主要反映储层的孔隙结构。然后，固定含水饱和度，在不改变曲线形态的情况下，采用三次样条插值的方式，将进汞压力的取值与核磁 T_2 谱累加曲线的 T_2 时间均统一到固定的含水饱和度下。通过绘制交会图，发现 T_2 时间与进汞压力的倒数（$1/p_c$）在双对数坐标线表现为两段式分布特征（图5-45）。

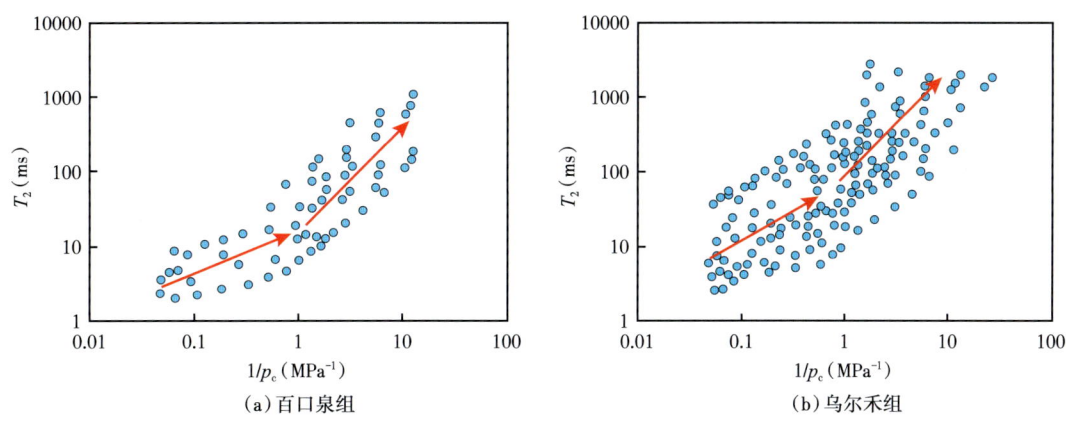

图 5-45 毛细管压力与核磁共振 T_2 谱的转换关系

结合砾岩岩性特征，长弛豫时间部分主要反映砾岩储层中较大砾石与砂、胶结物之间的弛豫性质及大孔的信息；中短弛豫时间部分主要反映中小砾和细粉砂之间的弛豫性质及小孔的信息。

通过实验分析，研究认为毛细管压力曲线与核磁 T_2 谱的转换关系应为幂函数，且大孔、小孔二者系数不同，因此，核磁共振 T_2 谱可以表示为

$$T_2 = m_i \left(\frac{1}{p_c} \right)^{n_i} \tag{5-70}$$

式中　m、n——模型系数，无量纲；
　　　$i=1$、2，分别代表大孔和小孔；
　　　p_c——进汞压力，MPa。

3）构建核磁含油饱和度表征模型

在砾岩储层整体亲水润湿性的前提下，100%含水核磁 T_2 谱为水的表面弛豫特征，反映储层的孔隙结构。当储层处于饱含油状态时，测量得到的核磁 T_2 谱短弛豫时间部分为水的表面弛豫特征，反映束缚水部分的孔隙结构，长弛豫时间部分为油的体积弛豫特征。因此，当储层分别处于100%含水和饱含油状态时，测量得到的核磁 T_2 谱会有明显的差异。如图5-46所示，蓝色三角形、红色圆形分别为100%含水和饱含油状态下砾岩岩心的核磁 T_2 谱，两者在短弛豫时间部分（＜100ms）基本重合，在长弛豫时间部分（＞100ms），两

者表现出明显的差异性，因此，可以利用100%含水和饱含油状态下砾岩储层的核磁T_2谱差异来识别流体性质。

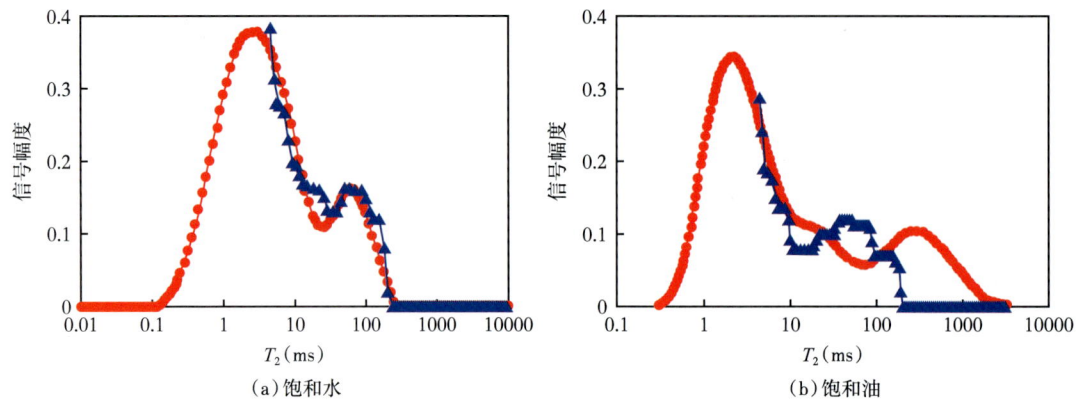

图 5-46　构造的水谱（蓝色）与实测核磁T_2谱（红色）

上述流体识别方法虽然可以判断砾岩储层是否具有油气显示，但是，并不能定量计算储层含油饱和度。由于100%含水与饱含油核磁T_2谱存在明显区别，可以提取核磁T_2谱的相关参数定量反映二者之间的差异，达到间接表征含油饱和度的目的。分别提取100%含水与饱含油时的核磁T_2谱几何平均值，定义核磁测井含油性评价敏感因子如下：

$$\lambda = \frac{T_{2lm\_w}}{T_{2lm\_o}} \tag{5-71}$$

式中　T_{2lm_w}——100%含水核磁T_2谱几何平均值，ms；
　　　T_{2lm_o}——饱含油核磁T_2几何平均值，ms；
　　　λ——核磁测井含油性评价敏感因子，无量纲。

由上述理论分析可知，T_2几何平均值的比值与储层的含油饱和度必然存在联系。利用密闭取心实验测量得到的原始含油饱和度（S_o）与核磁测井含油性评价敏感因子（λ）进行相关性分析，可以获得二者的函数关系：

$$S_o = t(\lambda) \tag{5-72}$$

式中　S_o——密闭取心原始含油饱和度，%；
　　　$t(\lambda)$——以含油性评价敏感因子λ为自变量的函数。

通过回归分析得到函数$t(\lambda)$后，即建立了利用核磁测井含油性评价敏感因子计算储层含油饱和度的模型（图 5-47）。

4）含油饱和度计算模型的检验

为了检验上述方法计算含油饱和度的可靠性，选取未参与建模的另一口井的密闭取心段，利用前述方法计算得到的含油饱和度与密闭取心实验测量的含油饱和度的对比结果如图 5-48 所示，二者平均相对误差为 8.6%，表明含油饱和度预测模型的可靠性较高。

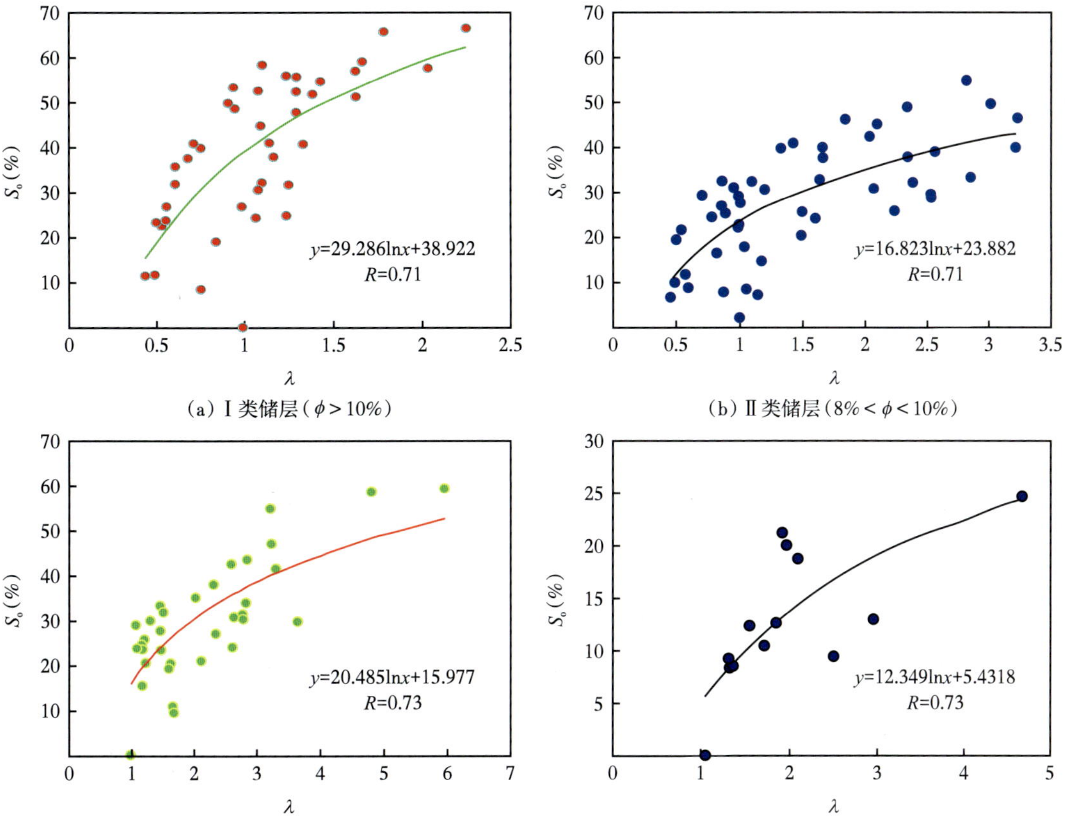

S_o(%)
λ
y=29.286lnx+38.922
R=0.71
y=16.823lnx+23.882
R=0.71
y=20.485lnx+15.977
R=0.73
y=12.349lnx+5.4318
R=0.73

(a) Ⅰ类储层（ϕ>10%）　(b) Ⅱ类储层（8%<ϕ<10%）

(c) Ⅲ类储层（6%<ϕ<8%）　(d) Ⅳ类储层（ϕ<6%）

图 5-47　四类储层的含油饱和度计算模型

预测含油饱和度（%）
密闭取心含油饱和度（%）

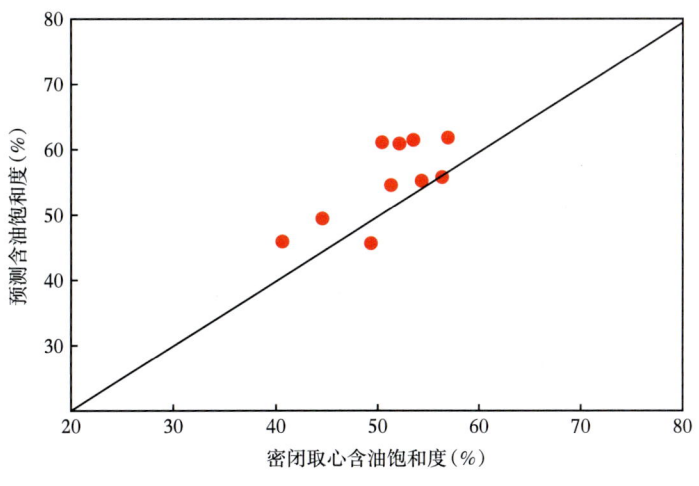

图 5-48　饱和度计算结果对比

应用基于构建核磁水谱的含油性饱和度计算模型，实现了核磁共振含油饱和度评价从定性识别到定量评价的飞跃。以玛湖 027 井上乌尔禾组为例（图 5-49），计算的饱和度（黑色曲线）与岩心饱和度（红色杆图）吻合度很好，含油饱和度高于50%，解释结果为油层，3335~3359m井段试油结果为日产7.31t的油层。

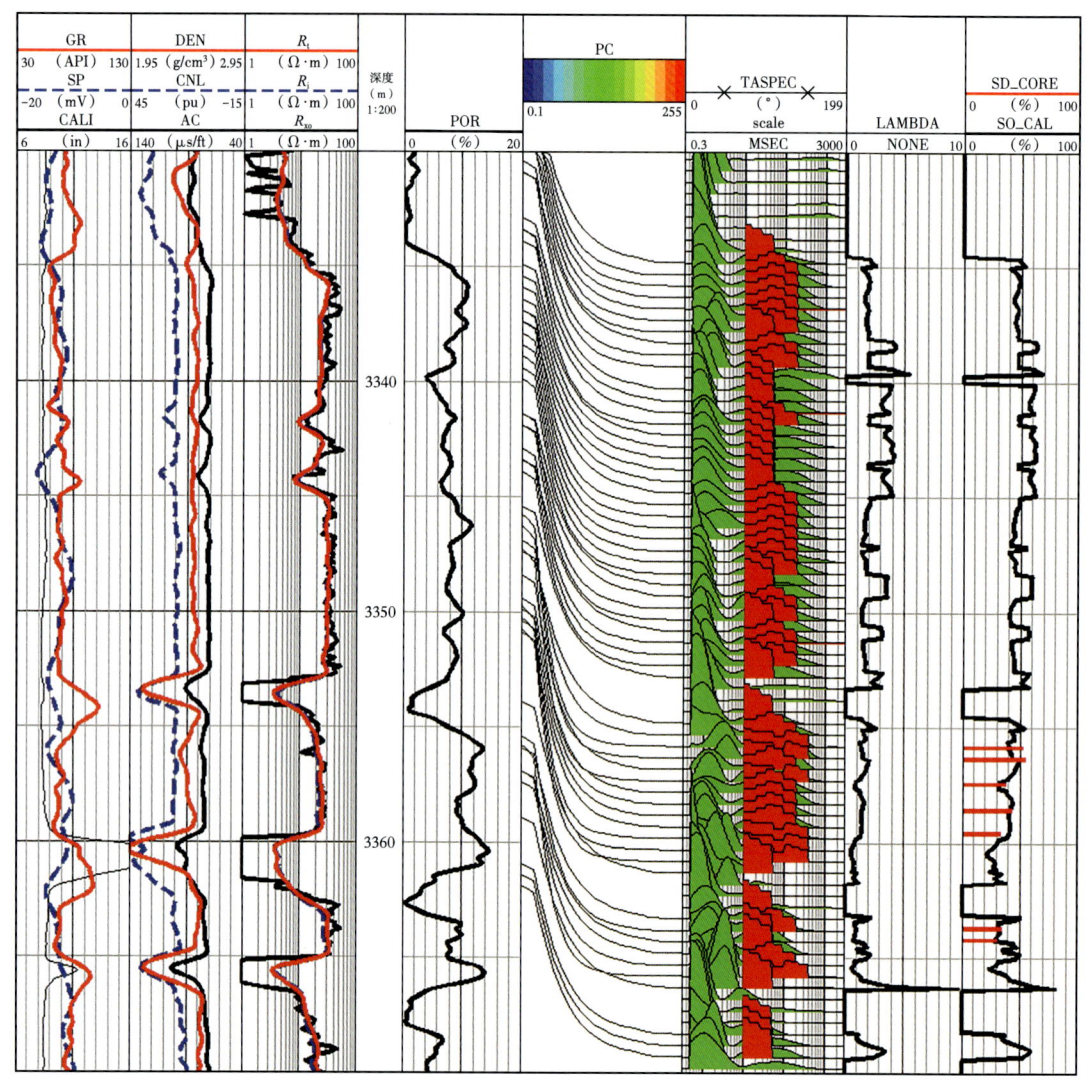

图 5-49 玛湖 027 井上乌尔禾组测井解释成果图

第6道为毛细管压力曲线道；第7道为构造水谱（红色）与实测核磁T_2谱（绿色）对比道；第9道为岩心含油饱和度和计算饱和度的对比道

4. MRIAN 模型评价含油饱和度

MRIL 核磁共振成像测井探测深度较浅，提供了侵入带地层流体信息。如果将 MRIL 核磁共振测井数据和其他探测深度的测井数据结合分析就可以提供更多的储层信息。例如，把 MRIL 数据和深电阻率数据相结合，可以提供原状地层流体的全面信息，MRIAN 就是利用多组数据进行原状地层不同流体饱和度解释的模型。

MRIAN 模型结合了 MRIL 数据和侧向或感应的深电阻率数据。利用核磁共振测井提供黏土水孔隙度（MCBW）和有效孔隙度（MPHI）及电阻率测井提供的地层电阻率

（图5-50），使用双水模型计算出原状地层中总含水饱和度，再应用MRIAN体积模型得到原状地层毛细管束缚水、可动水、可动烃体积，进而对储层流体性质进行判别。

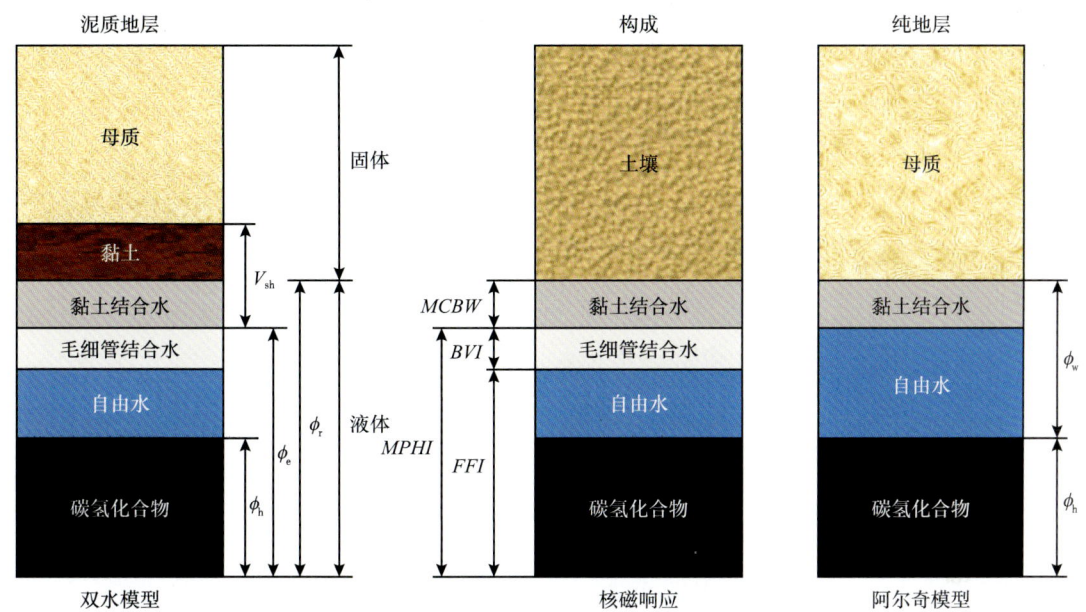

图5-50 含油饱和度模型对比

对于泥质地层，双水模型（左）比阿尔奇模型（右）对孔隙流体提供更有概括性的描述。阿尔奇模型对于纯地层是适用的。在此应用中，MRIL测井数据（中）提供MRIAN程序需要的两个重要参数：黏土束缚水孔隙度（MCBW）和有效孔隙度（MPHI）

1）双水模型

双水模型的数学表达式为

$$C_t = \left(\phi_t^m \cdot S_{wt}^n\right)\left[C_w\left(1-\frac{S_{wb}}{S_{wt}}\right)+C_{cw}\left(\frac{S_{wb}}{S_{wt}}\right)\right] \quad (5-73)$$

式中 C_t——地层电导率，S/m；
C_w——地层水电导率，S/m；
C_{cw}——黏土束缚水电导率，S/m；
ϕ_t——总孔隙度（包括自由流体、毛细管束缚水和黏土束缚水），%；
S_{wt}——总含水饱和度（作为总孔隙度的一部分），%；
S_{wb}——黏土束缚水饱和度（作为总孔隙度的一部分），%；
m——胶结指数；
n——饱和指数。

地层水电导率（C_w）与温度有关，根据研究区实际情况，可由式（5-74）确定：

$$C_w = 0.000216\times(T-16.7)\times(T+504.4) \quad (5-74)$$

式中 T——地层温度，°F。

Coates 通过引入一个参数 W，改进了双水模型，减少了指数 m 和 n 的不确定性，W 由下式定义：

$$W = \frac{\lg(\phi_t^m S_{wt}^n)}{\lg(\phi_t S_{wt})} \quad (5\text{-}75)$$

代入 W 参数，双水模型变为以下形式：

$$C_t = (\phi_t \cdot S_{wt})^W \left[C_w \left(1 - \frac{S_{wb}}{S_{wt}}\right) + C_{cw} \left(\frac{S_{wb}}{S_{wt}}\right) \right] \quad (5\text{-}76)$$

2）确定黏土束缚水饱和度

黏土束缚水饱和度通过 MRIL 的总孔隙度（ϕ_t=MSIG）和有效孔隙度（ϕ_e=MPHI）计算得到，总孔隙度也可以利用常规测井数据获取，例如中子和密度交会孔隙度。

$$S_{wb} = \frac{\phi_t - \phi_e}{\phi_t} \quad (5\text{-}77)$$

需要注意的是，进行总孔隙度和有效孔隙度测量时，当含氢指数较低（即含气地层）或者轻烃不完全极化时，测量结果可能会低估，在 MRIAN 计算之前应使用时域分析，对 ϕ_t 和 ϕ_e 进行校正。

MRIAN 也可以使用从常规测井数据得到的 S_{wb} 值，这些方法包括自然伽马、中子、密度、声波和电阻率。使用时，需要将其他方法获取的 S_{wb} 平均值与以 MRIL 为基础的 S_{wb} 值相比较，选择两者中较小的取值用于以后的计算。

3）S_{wb} 计算值的质量控制

通过构建视电导率（C_{wa}）和黏土束缚水饱和度计算值的交会图，可以对 S_{wb} 计算值进行质量控制。视电导率的计算公式如下：

$$C_{wa} = \frac{1}{R_t \phi_t^W} \quad (5\text{-}78)$$

式中　R_t——地层真电阻率，$\Omega \cdot m$；

　　　ϕ_t——总孔隙度，%。

如图 5-51 所示，数据点应该落在两条曲线之间，上面一条线表示 S_{wt}=100% 的条件，而下面一条线表示含烃条件。

上面一条曲线是假定 S_{wt}=100%，使用双水模型可以计算得到：

$$C_{wa} = C_w + S_{wb}(C_{cw} - C_w) \quad (5\text{-}79)$$

下面的曲线是假定 $S_{wt}=S_{wb}$，根据束缚（纯黏土）条件计算得到：

$$C_{wa} = (S_{wb}^W) C_{cw} \quad (5\text{-}80)$$

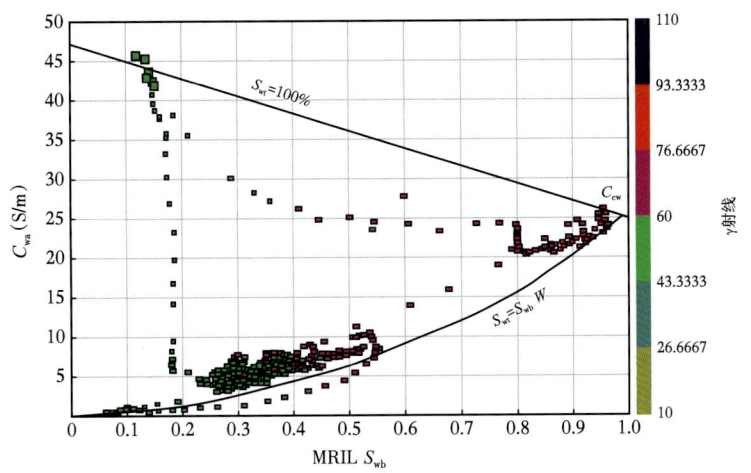

图 5-51　C_{wa} 和 S_{wb} 的交会图

4）确定 W 指数

在 MRIAN 处理过程中，式（5-81）中的 W 指数可由式（5-81）估算：

$$W = \frac{\lg \dfrac{C_t}{C_w(1-S_{wb}/S_{wt})+C_{cw}(S_{wb}/S_{wt})}}{\lg(\phi_t S_{wt})} \quad (5-81)$$

在 100% 含水饱和度和束缚条件下含烃两种极端情况下，W 将落在由式（5-81）确定的范围之内。在 100% 含水饱和条件下，此时 $S_{wt}=1.0$，W 值称为 W_w，由式（5-82）计算得到：

$$W_w = \frac{\lg \dfrac{C_t}{C_w + S_{wb}(C_{cw}-C_w)}}{\lg(\phi_t)} \quad (5-82)$$

在束缚条件下，$S_{wt}=S_{wirr}$，W 值称为 W_i，使用式（5-83）可以计算得到：

$$W_i = \frac{\lg \dfrac{C_t}{C_w + S_{wb}(C_{cw}-C_w)/S_{wir}}}{\lg(\phi_t S_{wir})} \quad (5-83)$$

式（5-83）中，束缚水饱和度（S_{wir}）计算公式如下，束缚孔隙体积（BVI）可以利用 MRIL 测井计算得到：

$$S_{wir} = \frac{\phi_t S_{wb} + BVI}{\phi_t} \quad (5-84)$$

在一般的含烃地层，W 总是小于 W_w，大于 W_i，即：

$$W_i < W < W_w \quad (5-85)$$

MRIAN 使用式（5-86）经验关系计算 W：

$$W = W_Q = 1.65 + 0.4\left(\frac{BVI}{MPHI}\right) \quad (5\text{-}86)$$

如果 $W_Q > W_w$，则 MRIAN 使 $W_Q = W_w$，并且认为这一层是含水的；如果 $W_Q < W_i$，则 MRIAN 使 $W_Q = W_i$，认为这一层是束缚水饱和的。

5）总含水饱和度（S_{wt}）的计算

计算得到 S_{wb} 和 W_Q 后，可以进一步获得双水模型中的 S_{wt}，在此基础上，分别计算含水孔隙度（ϕ_{wt}）、有效孔隙中水的体积（$CBVWE$）以及烃孔隙体积（ϕ_h），从而完成对原状地层流体饱和度的评价（图 5-52）。

$$\begin{aligned}\phi_{wt} &= S_{wt}\phi_t \\ CBVWE &= \phi_{wt} - MCBW \\ \phi_h &= \phi_e - CBVWE\end{aligned} \quad (5\text{-}87)$$

式中 $MCBW$——MRIL 测井得到的黏土束缚水的体积，%；

ϕ_e——有效孔隙度，%。

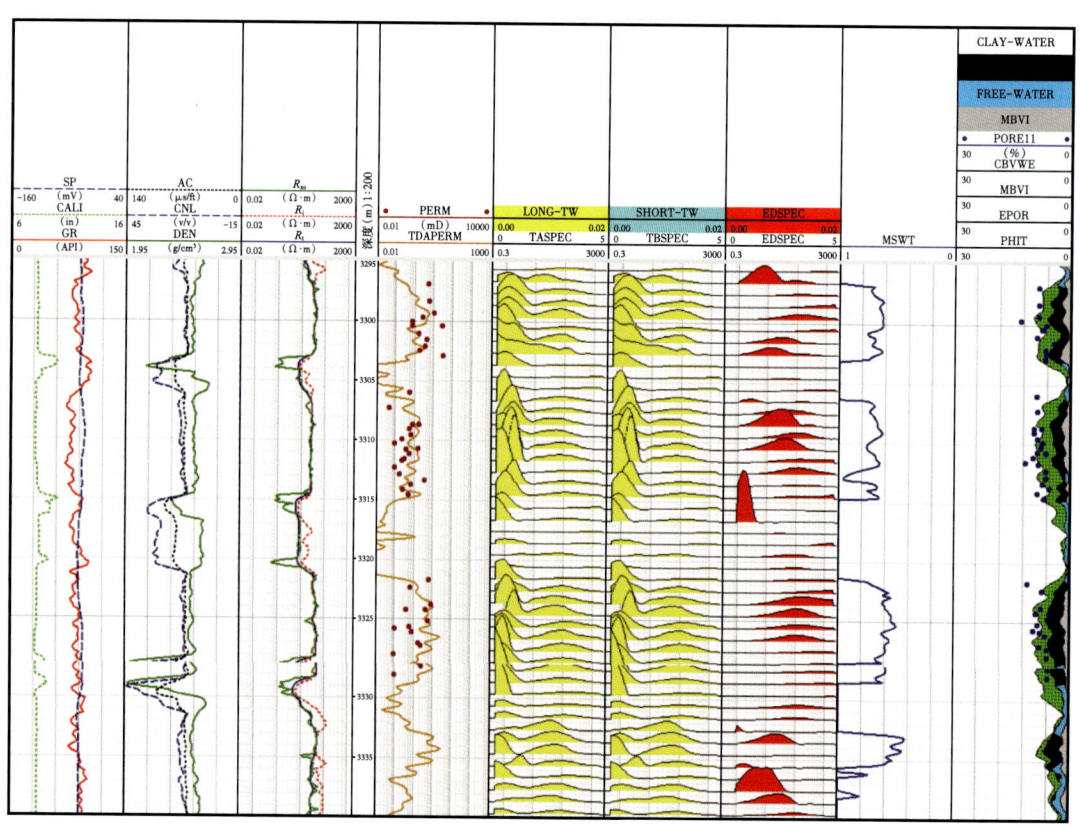

图 5-52 MRIAN 模型含油饱和度解释结果（玛 136 井）

前 3 道为测井曲线道、第 4 道为渗透率、第 5、6 道分别为 A 组、B 组的 T_2 谱、第 7 道为差谱信号、第 8 道为所计算的饱和度、第 9 道为分量孔隙度

参考文献

[1] 肖立志，陆大卫，柴细元，等.核磁共振测井资料解释与应用导论[M].北京：石油工业出版社，2001.

[2] 孙中良，李志明，申宝剑，等.核磁共振技术在页岩油气储层评价中的应用[J].石油实验地质，2022，44（5）：930-940.

[3] 范宜仁，葛新民，汪海龙，等.非均质性砂砾岩储层渗透率预测方法研究[J].西南石油大学学报（自然科学版），2010，32（3）：6-10.

[4] 孙建孟，闫国亮.渗透率模型研究进展[J].测井技术，2012，36（4）：329-334.

[5] 罗水亮，林承焰，袁学强，等.滨南油田砂砾岩储层测井精细解释模型及其应用[J].物探化探计算技术，2009，31（2）：131-134.

[6] 崔浩哲，姚光庆，周锋德.低渗透砂砾岩油层相对渗透率曲线的形态及其变化特征[J].地质科技情报，2003，22（1）：88-91.

[7] 程梦薇.基于储层分类的渗透率测井计算方法[J].长江大学学报（自科版），2016，35（16）：42-46.

[8] 鲁健康，郝彬，李程善，等.基于流动单元分类的致密砂岩储层渗透率预测[J].石油科学通报，2021，6（3）：369-379.

[9] 陈文浩，王志章，潘潞，等.致密砂岩储层流动单元定量识别方法探讨[J].天然气地球科学，2016，27（5）：844-850.

[10] 范宜仁，严杰，卢志远，等.基于核磁共振刻度流动单元复杂砂岩储层渗透率建模方法[J].测井技术，2017，41（5）：528-533.

[11] 张超.利用核磁共振T_2谱计算致密砂岩储层渗透率新方法[J].测井技术，2018，42（5）：550-556.

[12] 王谦，苏波，宋帆，等.油基泥浆密闭取心饱和度校正方法[J].测井技术，2014，38（4）：391-395.

[13] 公言杰，柳少波，赵孟军，等.油水同层型致密油原始含油饱和度实验测定新方法及应用实例[J].天然气地球科学，2016，27（12）：2154-2159.

[14] 胡胜福，周灿灿，李霞，等.测井饱和度解释模型的演化历程分析与思考[J].地球物理学进展，2017，32（5）：1992-1998.

[15] 王亮，李昱翰，任丽梅，等.W-S模型与双水模型对泥质砂岩附加导电性描述的对比分析[J].测井技术，2018，42（6）：622-628.

[16] Bernabe Y, Zamora M, Li M, et al.Pore connectivity, permeability, and electrical formation factor: A new model and comparison to experimental data[J].Journal of Geophysical Research: Solid Earth, 2011, 116（B11204）: 1-15.

[17] 钟吉彬，阎荣辉，张海涛，等.核磁共振横向弛豫时间谱分解法识别流体性质[J].石油勘探与开发，2020，47（4）：691-702.

[18] 胡法龙，周灿灿，李潮流，等.核磁共振测井构建水谱法流体识别技术[J].石油勘探与开发，2016，43（2）：244-252.

[19] Volokitin Y, Looyestijn W.A practical approach to obtain primary drainage capillary pressure curves from NMR core and log data[J].Petrophysics, 2001, 42（4）: 334-343.

[20] Yakov V.A practical approach to obtain primary drainage capillary pressure curves from NMR core and log data[J].Petrophysics, 2003, 42（4）: 334-343.

第六章　砾岩储层流体性质测井识别

准噶尔盆地砾岩储层物性差，非均质性强，测井曲线对油气的敏感性降低，而多样的储集空间类型和复杂的孔隙结构进一步影响了电阻率测井反映油气特征的准确性，导致油层与水层的区分度变差，流体性质判别困难。

对于孔隙结构复杂、非均质性强的砾岩储层来说，单纯利用电阻率测井来识别流体性质有很大的难度，需要结合多种测井参数构建图版综合判别。核磁共振测井主要是反映地层孔隙中、介质中、氢核对仪器的贡献，受岩性影响较小，在识别流体性质，定量评价流体饱和度方面具有显著优势[1]。此外，基于不同测井资料的统计方法，例如逐步判别分析、神经网络法也应用于流体识别[2]。

第一节　常规测井流体性质识别方法

一、沥青削减指数法

准噶尔盆地二叠系乌尔禾组和三叠系百口泉组发育含沥青的砾岩储层。当地层中含沥青质时，由于沥青质堵塞孔道，导致储层电阻率异常升高，容易引起含沥青层段与油层段混淆，难以有效识别油层。

1. 沥青削减指数（CI）

沥青不具有导电性，地层中分布的沥青质会堵塞岩石孔隙喉道、影响导电路径，造成储层电阻率显著增大。同时，由于沥青具有较强的吸附作用，导致储层吸附更多的放射性元素，使得自然伽马值升高。根据沥青对电阻率和自然伽马的影响关系，同时考虑孔隙发育程度对上述测井曲线的影响，构建了沥青消减指数，以消除沥青质对测井参数的影响，凸显油气和骨架对电阻率的贡献。沥青削减指数的数学模型为

$$CI = R_t / GR \cdot \sqrt{\phi_N - \phi_D} \tag{6-1}$$

式中　ϕ_D——补偿密度孔隙度，%；

　　　ϕ_N——补偿中子孔隙度，%；

　　　R_t——电阻率测井参数，$\Omega \cdot m$；

　　　GR——自然伽马测井参数，API。

2. 油层识别标准

分别构建电阻率—密度和削减指数—密度交会图识别流体性质。电阻率—密度交会图版中［图6-1（a）］，油层、油水同层、水层、含油水层样点相互交织，难以有效区分不

同类型的流体;削减指数—密度交会图［图6-1（b）］中,以削减指数0.11为界,油层及油水同层样点分布于上部区域,含油水层和水层削减指数均小于界限值,即削减指数可以消除沥青造成的电阻率测井值异常升高带来的影响,有效区分产油层。

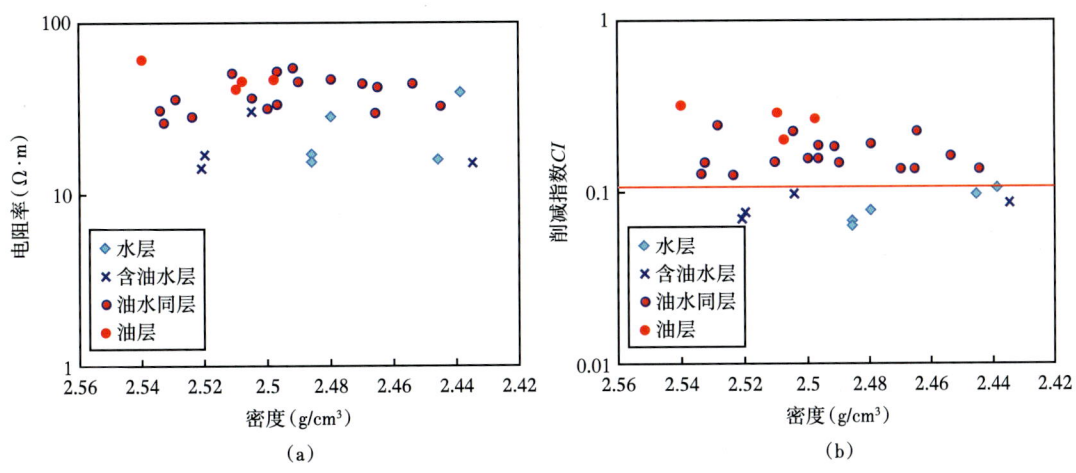

图6-1 电阻率—密度（a）和削减指数—密度交会图（b）

二、甜点指数（SI）与储层品质指数（RQI）交会法

1. 甜点指数（SI）

富含油气的"甜点"是致密储层评价关注的焦点。一个油藏单元内（多层合试）,孔隙度、渗透率、油层有效厚度及含油指数等因素都对储层含油性构成直接的影响。综合考虑上述因素,构建甜点指数（SI）反映储层流体性质。甜点指数计算模型如下:

$$SI = H \cdot \phi_e \cdot K \cdot O_f \tag{6-2}$$

式中　SI——甜点指数,小数;
　　　H——油层有效厚度,m;
　　　ϕ_e——有效孔隙度,%,
　　　K——渗透率,mD;
　　　O_f——含油因子,小数。

其中,含油因子反映了原油对密度孔隙度和中子孔隙度的影响,当储层含油时,由于油的密度值和含氢指数均比水小,导致含油储层的密度孔隙度增大,而中子孔隙度减小,其计算公式为

$$O_f = \sqrt{\phi_N - \phi_D} \tag{6-3}$$

式中　ϕ_N——中子孔隙度,%;
　　　ϕ_D——密度孔隙度,%。

2. 储层品质指数（RQI）

根据Kozeny-Carman方程推导建立的储层品质指数用于判别一定范围内具有相似孔

隙结构、岩石物理特征相对均匀、流体渗流能力相当、在空间上连续分布的储集体,其概念来源于储层流动单元,主要表征储层的非均质性,旨在更加精细地划分储层和预测储集体的分布[3]。因此,储层品质指数是反映微观孔隙结构变化的特征参数,可用于划分储层类型。储层品质指数越小,储层孔隙结构复杂程度越高,排驱压力越大,含油性越差,其表达式为

$$RQI = \sqrt{\frac{K}{\phi_e}} = \frac{r}{2\sqrt{F_s\tau}} \quad (6-4)$$

式中 RQI——储层品质指数,小数;

K——渗透率,mD;

ϕ_e——有效孔隙度,%;

r——毛细管半径,μm;

F_s——形状因子,小数;

τ——毛细管弯曲度,小数。

3. 油层标准的确定

基于玛湖地区多口井测试数据,以储层品质指数(RQI)为纵坐标,甜点指数(SI)为横坐标绘制交会图,建立储层流体性质识别图版(图6-2)。总体上,随着储层品质指数持续增大,含油级别不断提升,但受砾岩储层孔隙结构复杂因素影响,储层品质系数对含油水层、油水同层和油层区分度不够。但甜点指数具有较好的区分度,当甜点指数 $SI \geqslant 18$,储层流体性质为油层;当 $18 > SI \geqslant 10$,储层流体性质为油水同层;当 $10 > SI \geqslant 2$,储层流体性质为含油水层;当 $2 > SI \geqslant 0.2$,储层流体性质为含油层;当 $SI < 0.2$,储层为干层。

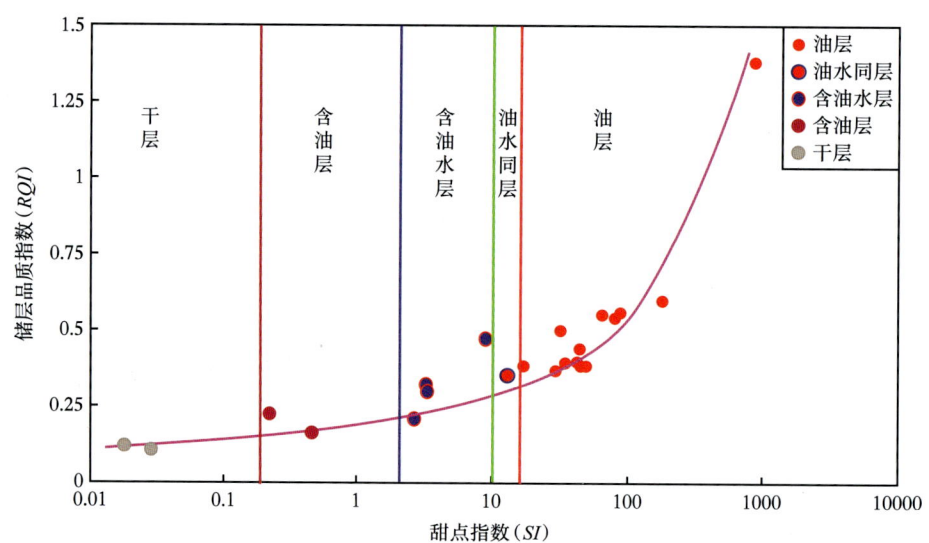

图 6-2 储层品质指数和甜点指数识别流体性质图版(玛湖地区)

三、微分阿尔奇公式图版法

对于经典阿尔奇公式[4]，假设 a、b、m、n 和地层水电阻率 R_w 这些参数随着深度变化，当它们在很小的时隔内数值保持不变，对阿尔奇公式做全微分处理，可以得到：

$$DRTP = \frac{\partial R_t}{\partial \phi} = \frac{-a \cdot b \cdot m \cdot R_w}{S_w^n \cdot \phi^{m+1}} \quad (6-5)$$

$$DRSW = \frac{\partial R_t}{\partial S_w} = \frac{-a \cdot b \cdot n \cdot R_w}{\phi^m \cdot S_w^{n+1}} \quad (6-6)$$

在一定范围储层内，a、b、m、n 和地层水电阻率 R_w 都近似没变化，因此岩性及地层水矿化度的影响因素均被忽略，起主要因素的是孔隙度和含水饱和度对电阻率的贡献。式中，当微分的两个边界值分别是当 $S_w=A$ 时，即含水饱和度为某一个定值时得到两条线。例如，当含水饱和度等于束缚水饱和度时可得到的两条线称为理论油线[5]，其数学表达如下：

$$OLIP = \frac{\partial R_t}{\partial \phi} \bigg/_{S_w = S_{wir}} \quad (6-7)$$

$$OLIS = \frac{\partial R_t}{\partial S_w} \bigg/_{S_w = S_{wir}} \quad (6-8)$$

当 $S_w=B$ 时，例如，当含水饱和度等于 100% 时，可以求得另外两条线，称为理论水线，其表达式如下：

$$WLIP = \frac{\partial R_t}{\partial \phi} \bigg/_{S_w = 1} \quad (6-9)$$

$$WLIS = \frac{\partial R_t}{\partial S_w} \bigg/_{S_w = 1} \quad (6-10)$$

利用阿尔奇公式的全微分计算结果与理论油线及水线进行对比分析，油水层判别标准如表 6-1 所示。

表 6-1 微分阿尔奇公式判别标准

参数	油层	油水同层	水层
DRTP	$DRTP \geqslant OLIP$	$WLIP < DRTP < OLIP$	$DRTP \leqslant WLIP$
DRSW	$DRSW \geqslant OLIS$	$WLIS < DRSW < OLIS$	$DRSW \leqslant WLIS$

微分阿尔奇公式评价结果显示（图 6-3），3250m 处计算的微分曲线基本与油线重合，流体性质为油层；3302~3304m 处所计算的微分曲线基本与水线重合，这是因为干层处无

可动油和可动水，流体主要为束缚水，流体性质为干层。随着含油饱和度增大，微分曲线与理论水线的差异逐渐增大，利用这一特征，可以定性识别流体性质。

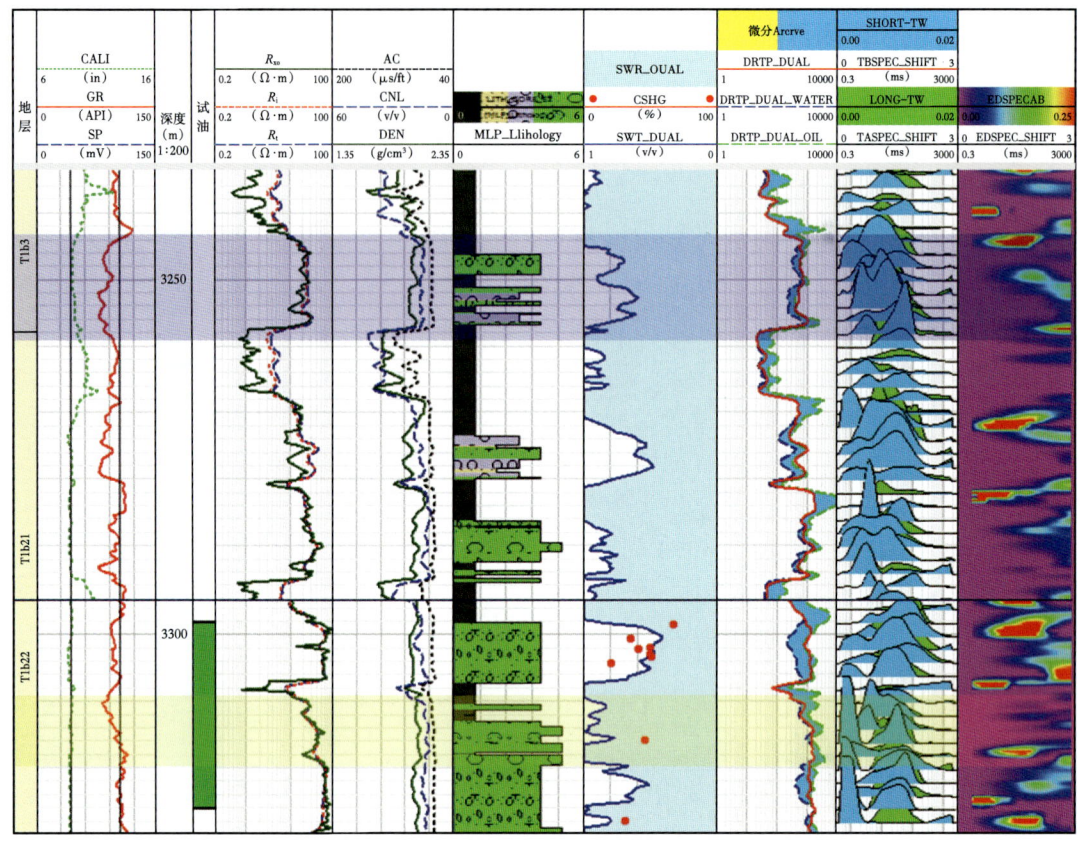

图 6-3　微分阿尔奇公式识别效果

前 3 道为常规曲线道；第 4 道为神经网络预测的岩性；第 5 道为计算的饱和度；第 6 道分别为微分阿尔奇曲线、油线和水线（DRTP_DUAL、DRTP_DUAL_OIL、DRTP_DUAL_WATER）；第 7 道为 T_2 谱；第 8 道为差谱信号

四、改进皮克特图版识别流体

皮克特图版（Pickett）一直被广泛用于油气田测井解释评价过程中[6-7]。该图版的理论基础由阿尔奇公式两端取对数推导而来。根据阿尔奇公式有：

$$R_t = a\phi^{-m}I = a\phi^{-m}R_w S_w^{-n} \tag{6-11}$$

式中　R_t——电阻率，$\Omega \cdot m$；
　　　ϕ——孔隙度，%；
　　　R_w——地层水电阻率，$\Omega \cdot m$；
　　　I——电阻增大率，小数；
　　　S_w——含水饱和度，%；
　　　m——胶结指数，小数；

n——饱和指数,小数;

a、b——系数。

对式(6-11)两边同时取对数得到:

$$\lg R_t = -m\lg\phi + \lg(abR_w) - n\lg S_w \tag{6-12}$$

式(6-12)表明:对于不含泥质的纯岩石来说,在 R_t 与 ϕ 的双对数交会图中,R_t 与 ϕ 之间的关系是一组斜率为 $-m$、截距为 $\lg(abR_w/S_w^n)$ 的直线。若岩性性质、地层水电阻率稳定不变,则各直线的截距仅随含水饱和度的变化而变化。根据上述原理,可以在没有进行岩电实验的情况下评价储层流体性质,或者在没有地层水分析资料的情况下估算地层水电阻率和含水饱和度。

但是,由于构成皮克特图版的基础,即阿尔奇公式是根据含水纯岩石体积物理模型导出的,所以并不适用于含泥质砾岩储层。同时,由于准噶尔盆地砾岩储层分布广泛,地层水矿化度变化范围较大,导致该图版在测井解释和地质分析中遇到较大的困难。考虑到地层水矿化度和温度对电阻率的影响,提出考虑地层水矿化度的改进皮克特图版对储层流体性质进行判别,具体图版制作方法如下。

1. 确定油层含油饱和度下限

利用毛细管压力曲线和相对渗透率曲线确定油层的含油饱和度下限。以玛131井区为例,利用上述方法确定油层含油饱和度下限为40%,即当含水饱和度小于60%时,储层流体性质为油气,当含水饱和度高于95%时,储层流体性质为水,当在60%~95%时,储层流体是油水两相同时存在。

2. 孔隙度范围的确定

为了建立一个广泛可用的图版,考虑砾岩储层物性特征,定义储层孔隙度变化范围为0~30%。

3. 地层水矿化度范围的确定

地层水矿化度可根据地层水采样实测获得。由于研究区地层水矿化度范围变化大,设定储层中地层水矿化度变化范围为3000~100000mg/L。

4. 地层电阻率的求取

确定上述参数后,可求取每种矿化度、孔隙度条件下的地层电阻率,制作成图版如图6-4、图6-5所示。

从改进的皮克特图(图6-4)中可以清楚地看到,对于含油储层,地层水矿化度、温度不同,电阻率会发生显著变化,即随着地层孔隙度、地层水矿化度和地层温度增大,对应储层的电阻率将逐渐降低。

利用图版识别流体的方法如下:

假设地层水矿化度为10000mg/L,则有。

(1)红星:在图6-4(含油饱和度为40%)中10000mg/L线之上为油层。

(2)浅蓝星:在图6-4(含油饱和度为40%)中10000mg/L线之下,在图6-5(含水饱和度为95%)中10000mg/L线之上为油水同层。

(3)蓝星:在图6-5(含水饱和度为95%)中10000mg/L线之下为水层。

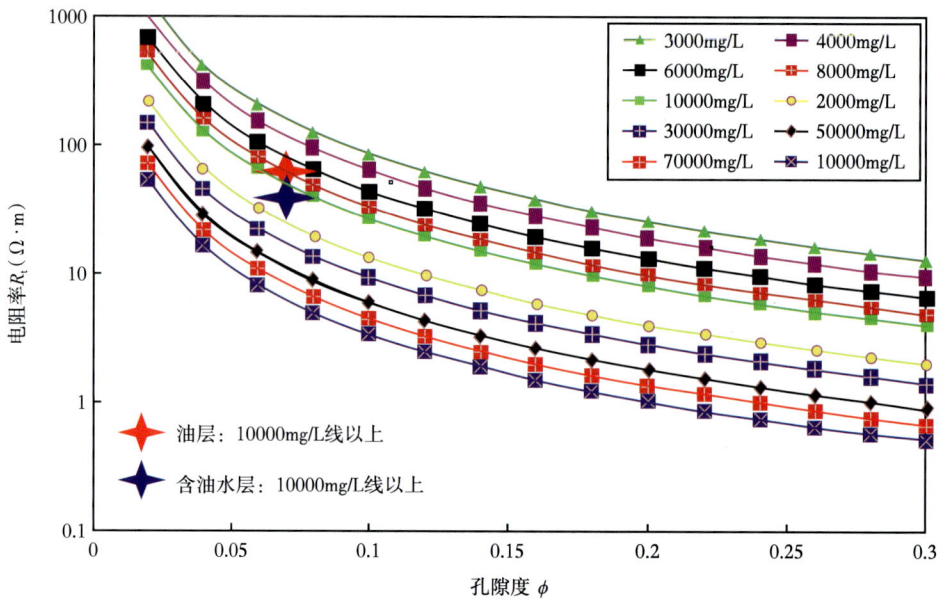

图 6-4 改进皮克特图（$S_w=60\%$）

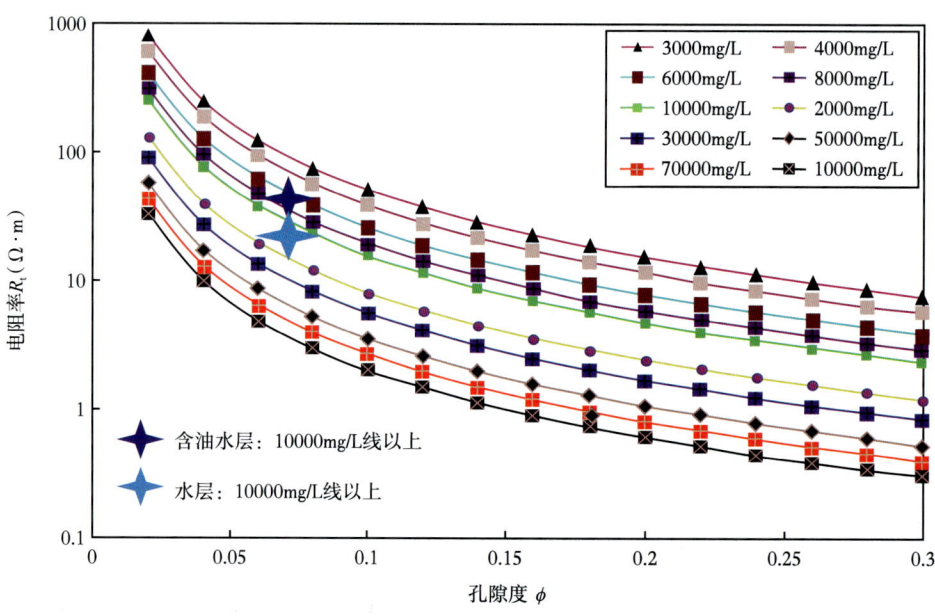

图 6-5 改进皮克特图（$S_w=95\%$）

五、综合流体识别指数（FI）

1. 深浅电阻率比值（R_t/R_i）与束缚水饱和度（S_{wir}）

对准噶尔盆地环玛湖斜坡区砾岩储层试油层段测井响应特征进行分析，不同类型流体具有如下测井响应特征（表6-2）：

束缚水饱和度（S_{wir}）：研究区油层、油水同层（含油水层）、含油层的束缚水饱和度呈现显著的差异。油层束缚水饱和度一般在0.7以下，油水同层（含油水层）束缚水饱和度0.7以上，干层具有最高的束缚水饱和度，一般在0.8以上。储层中的地层水主要以束缚水的形式存在于地层中，分析原因主要是在油藏形成时，对于物性差的储层未能充填油气，形成局部的滞留水。

深浅电阻率比值（R_t/R_i）：油层段双侧向测井响应表现为深电阻率R_t<浅电阻率R_i，钻井液侵入特征表现为增阻侵入，与正常侵入特征刚好相反。

表6-2 砾岩储层试油层段响应特征

序号	井号	试油层段（m）	试油结论	侵入情况	SP曲线情况	R_t/R_i	S_{wir}	ΔSP
1	玛131	3186.0~3200.0	油层	无侵入	SP无明显异常、轻微正异常	0.993513	0.642	5.74
2	玛133	3299.0~3313.0	油层	无异常侵入，下部有异常侵入	SP无明显异常、轻微正异常	0.97968	0.55843	5.03
3	玛134	3169.0~3188.0	油层	油层正常侵入	SP正异常	1.002486	0.684	8.509
4	玛16	3266.0~3274.0	油层	异常侵入	SP正异常	0.939334	0.60	4.5411
5	玛16	3210.0~3220.0	油层	异常侵入	SP正异常	0.921938	0.67	-3.1715
6	玛152	3142.0~3170.0	油层	异常侵入	SP负异常	0.882606	0.65	-6.7343
7	夏93	2727.0~2737.0	油层	异常侵入	SP负异常	0.954571	0.67	-9.4774
8	夏94	2835.0~2876.0	油层	异常侵入	SP负异常	0.972164	0.68	-9.38
9	玛134	3210.0~3215.0	含油水层	正常侵入，下半段异常侵入	SP无明显异常	1.046016	0.72	6.55
10	夏90	2609.0~2616.0	含油水层	轻微异常侵入（几乎无侵入）	SP负异常	0.975692	0.77	-16.82
11	夏90	2561.0~2596.0	含油水层	正常侵入	SP负异常	1.062439	0.73	-14.61
12	玛湖2	3201.0~3228.0	含油水层	正常侵入	SP正异常	1.018438	0.76	6.15
13	夏89	2383.0~2432.0	油水同层	正常侵入	SP负异常	1.067361	0.77	-10.8566
14	夏94	2914.0~2923.0	含油层	异常侵入 几乎无侵入	SP异常不明显	0.974456	0.75	-0.3
15	玛西1	3582.0~3588.0	含油层	正常侵入	SP正异常	1.096658	0.88	3.27
16	夏93	2680.0~2712.0	干层	异常侵入	SP负异常	1.010432	0.85	-11.32

根据束缚水饱和度和深浅电阻率比值特征构建交会图版识别流体性质（图6-6），当$R_t/R_i < 1.0$同时$S_{wir} < 0.68$时，为油层。

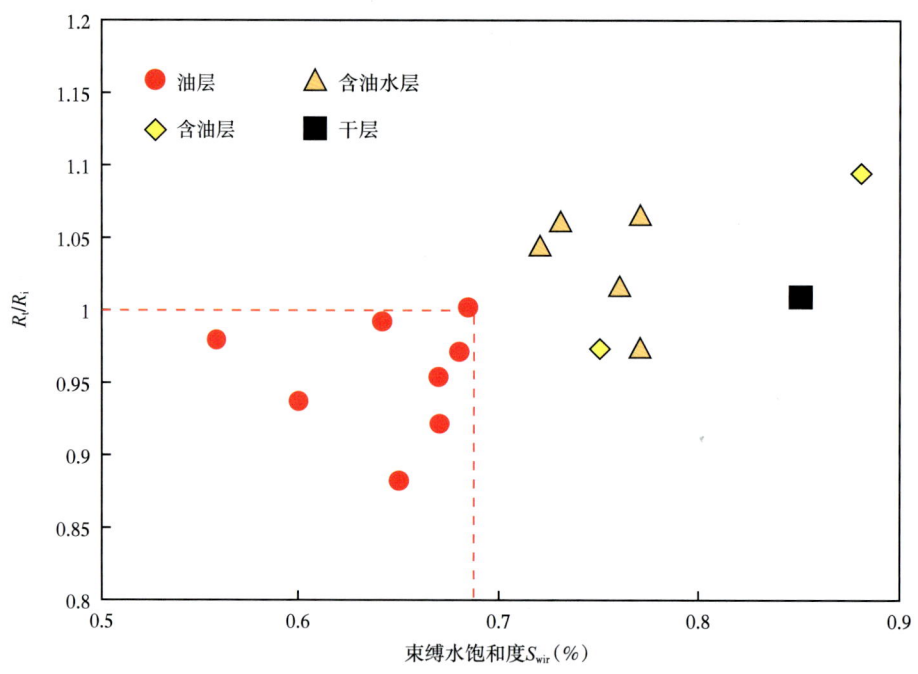

图6-6　R_t/R_i与束缚水饱和度交会图

2. 孔隙度差值与束缚水饱和度

如图6-7所示，核磁共振测井资料累计变量道（第6图道）中包含长等待时间T_{wl}（A组孔隙度）与短等待时间T_{ws}（B组孔隙度）两组弛豫信号。根据核磁共振差谱法原理，长等待时间下，孔隙空间中的水与油气完全极化，因此，A组孔隙度中同时包含了油气孔隙度信息；短等待时间条件下，孔隙中水完全极化，而油气组分未完全极化，即B组孔隙度可近似为水孔隙度信息。两者的差值可近似反映地层孔隙中油气信息。利用试油结果标定测井解释结果，得到以下特征：

（1）油层的孔隙度差值$EDPOR$大于0.8；油水同层（水层）$EDPOR$小于0.8。

（2）油层束缚水体积较小，水层束缚水体积较大。

基于上述规律，利用核磁共振长、短等待时间计算得到的孔隙度差值与束缚水饱和度建立的交会图版上（图6-8），油层和水层有明显分带特征，干层表现出两个极端特征，即束缚水饱和度很高同时孔隙度差值很小。利用上述特点，可以达到区分油层和干层的目的。

3. 含水饱和度与束缚水饱和度重叠法

地层含水饱和度S_w是可动水饱和度S_{wm}与束缚水饱和度S_{wir}之和，即$S_w=S_{wm}+S_{wir}$。因此，S_{wm}与S_{wir}在相同刻度下绘制的测井曲线会出现不同的幅度差异，可以指示可动水，幅度的差异性也可以判断储层流体性质：

当$S_w \leq S_{wir}$时，$S_{wm} \approx 0$，表明孔隙中的水均为束缚水，储层为油层；

当$S_w > S_{wir}$时，表明孔隙中存在可动水，储层为油水同层或水层。

第六章 砾岩储层流体性质测井识别

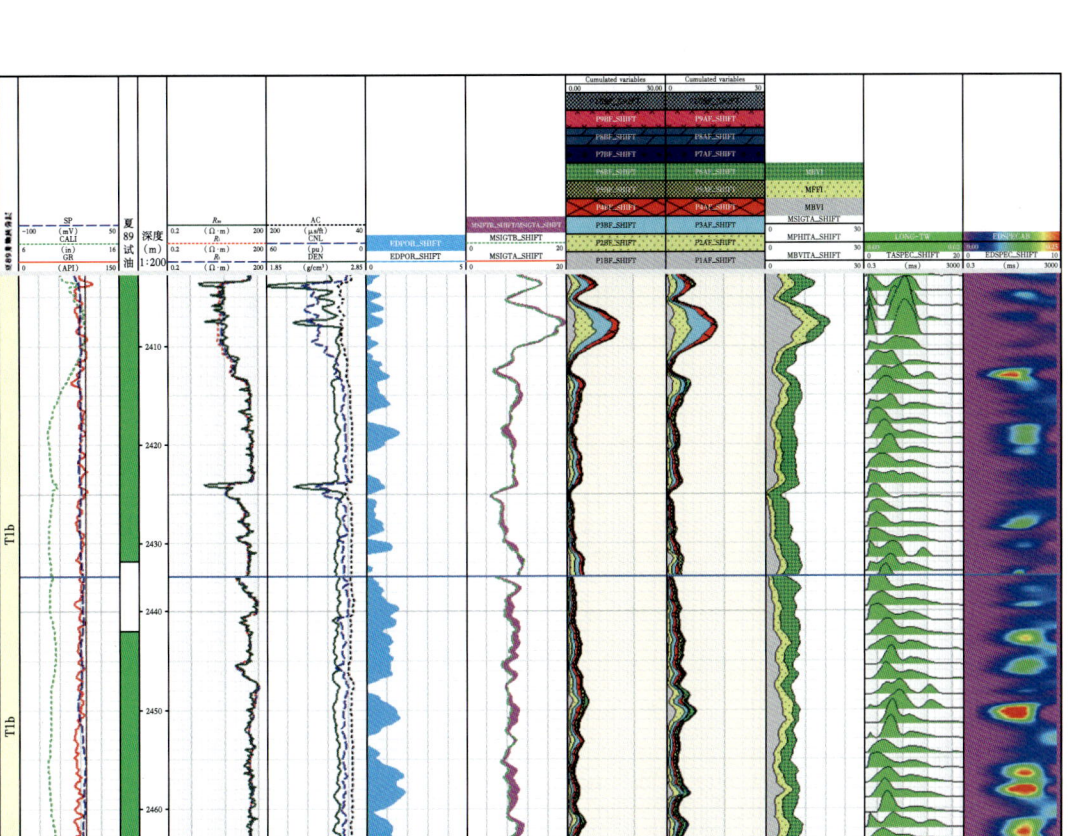

图 6-7 核磁共振测井解释成果图

前 3 道为常规测井曲线；第 4 道为孔隙度差值；第 5 道为分别为 A 组孔隙度、B 组孔隙度；第 6、7 道分别为
A 组孔隙度、B 组孔隙度分量；第 8 道为孔隙空间分量；第 9 道为 T_2 谱；第 10 道为差谱信号

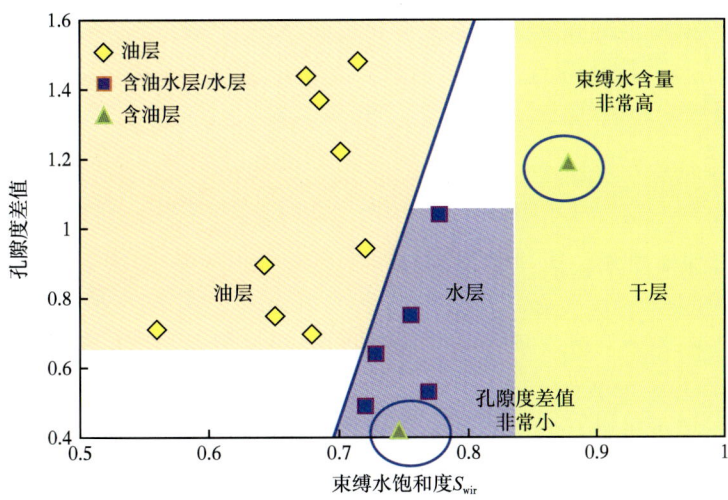

图 6-8 束缚水饱和度与孔隙度差值交会图

环玛湖斜坡区含水饱和度与束缚水饱和度交会图(图 6-9)显示,干层、含油层、油层段数据点均落在 45°对角线附近,其中油层含水饱和度主要分布在 60%以下;含油层含水饱和度主要分布在 60%~70%,而干层含水饱和度大于 70%;含油水层含水饱和度均大于 70%,油水同层含水饱和度主要在 60%~70%。

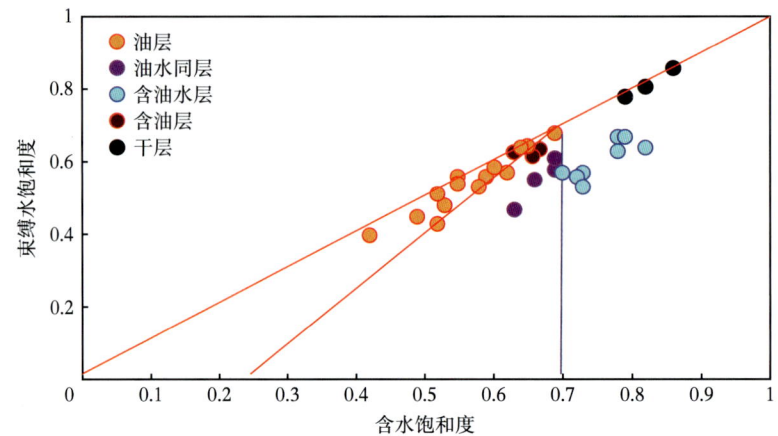

图 6-9　含水饱和度与束缚水饱和度交会图

需要注意的是,该方法的使用需要满足以下条件才能具有较好的识别精度:
(1)求准储层束缚水饱和度 S_{wir} 和含水饱和度 S_w 是关键,二者的准确程度是该方法识别流体性质成败的关键;
(2)适用于以孔隙型为主的储层,对于裂缝型储层局限性较大;
(3)厚储层应用效果较好;薄储层受各种因素影响较大,束缚水饱和度和含水饱和度难以求准,效果稍差。

4. 综合流体识别指数(FI)

如前所述,深浅电阻率比值与束缚水饱和度交会图、孔隙度差值与束缚水饱和度交会图和含水饱和度与束缚水饱和度交会图从不同方面反映流体性质差异,都具有一定的局限性。综合利用上述参数构建综合流体识别指数(FI),更能全面准确识别流体性质。综合流体识别指数如下。

$$FI = 10^{\left(\frac{R_t}{R_i}-1\right)\times 10} \times 10^{(1.2S_{wir}-S_w)\times 10} \times 10^{EDPOR} \quad (6\text{-}13)$$

式中　R_t/R_i——深浅电阻率比值,无量纲;
　　　S_{wir}——束缚水饱和度,%;
　　　S_w——含水饱和度,%;
　　　$EDPOR$——孔隙度差值,%。

采用综合流体识别指数对储层流体性质进行识别(图 6-10),油层流体识别指数 FI 在 100 甚至 1000 以上,而水层或差油层相对偏小,集中在 100 以下。将流体性质测井分析结果与研究区 28 层试油层段测试结果对比,测井解释应用符合率达 89%。

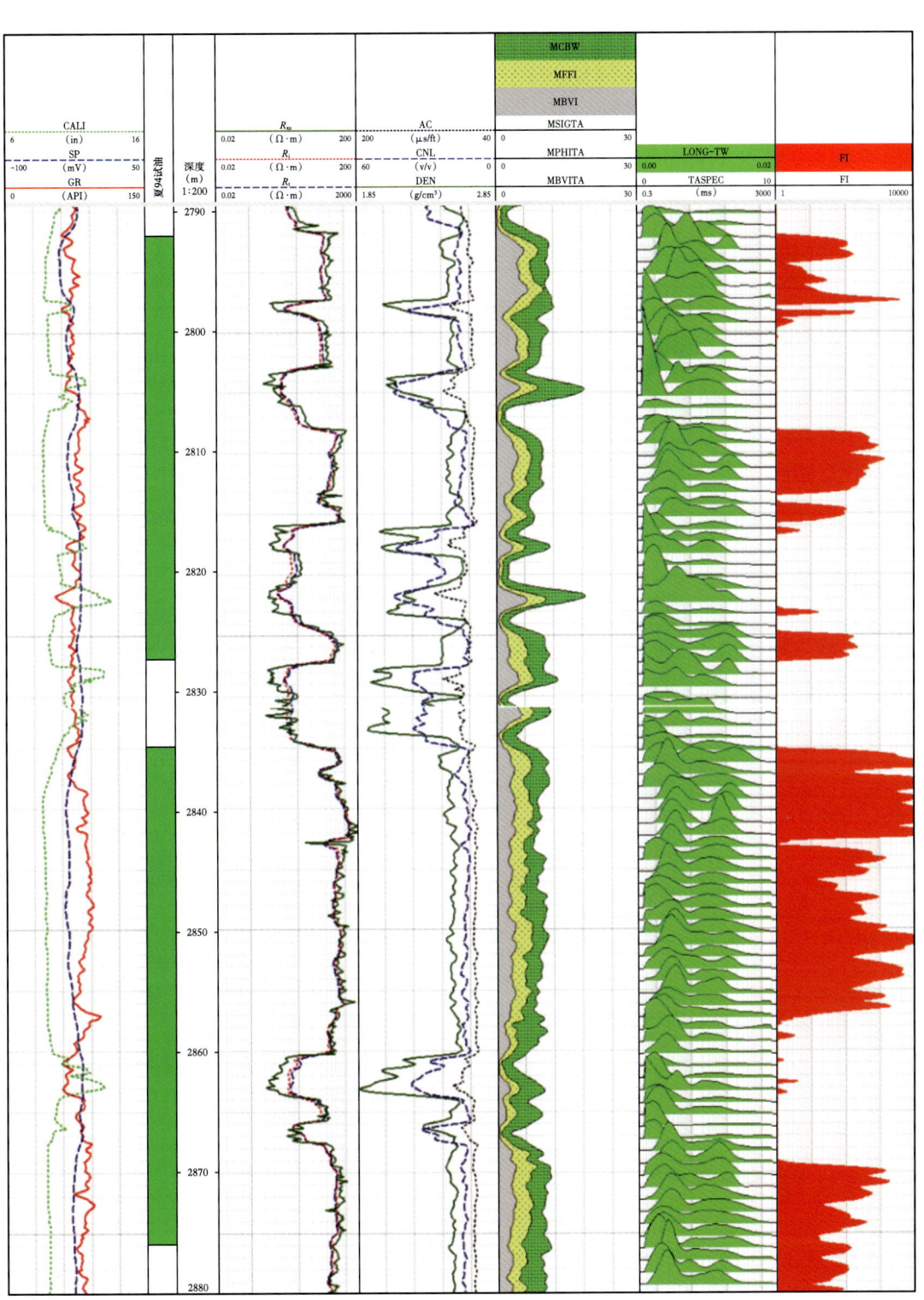

图 6-10 综合流体识别指数识别效果

前 3 道为常规曲线数据；第 4 道为孔隙空间分量；第 5 道为 T_2 谱；第 6 道流体识别指数 FI 识别效果

第二节 核磁共振测井流体性质识别方法

岩石孔隙中的流体通常是油、气、水等多种流体混合在一起。孔隙中流体的核磁共振响应主要受到流体性质和双弛豫时间、流体的黏度、分子扩散系数及它们对岩石的润湿性等因素的影响[8]。当不同性质流体的这些参数存在较大差异时，通过选择合适的采集参数、等待时间及回波间隔得到的核磁共振数据可以用于识别孔隙中的各种流体，进一步获取含烃饱和度信息[9]。

一、T_2 谱弛豫时间识别流体性质

利用油、气、水的弛豫和扩散特性存在差异可以定性识别流体性质。对比油层与水层的横向弛豫时间 T_2 发现（图6-11），油层段具有更长的弛豫时间，在100ms之后仍然存在孔隙度分量，而水层段核磁共振波谱较短，在100ms之后几乎不存在弛豫信号。结合玛湖地区的实际情况，以横向弛豫时间大于100ms的谱信号为敏感参数来建立油层定性识别图版[10]。

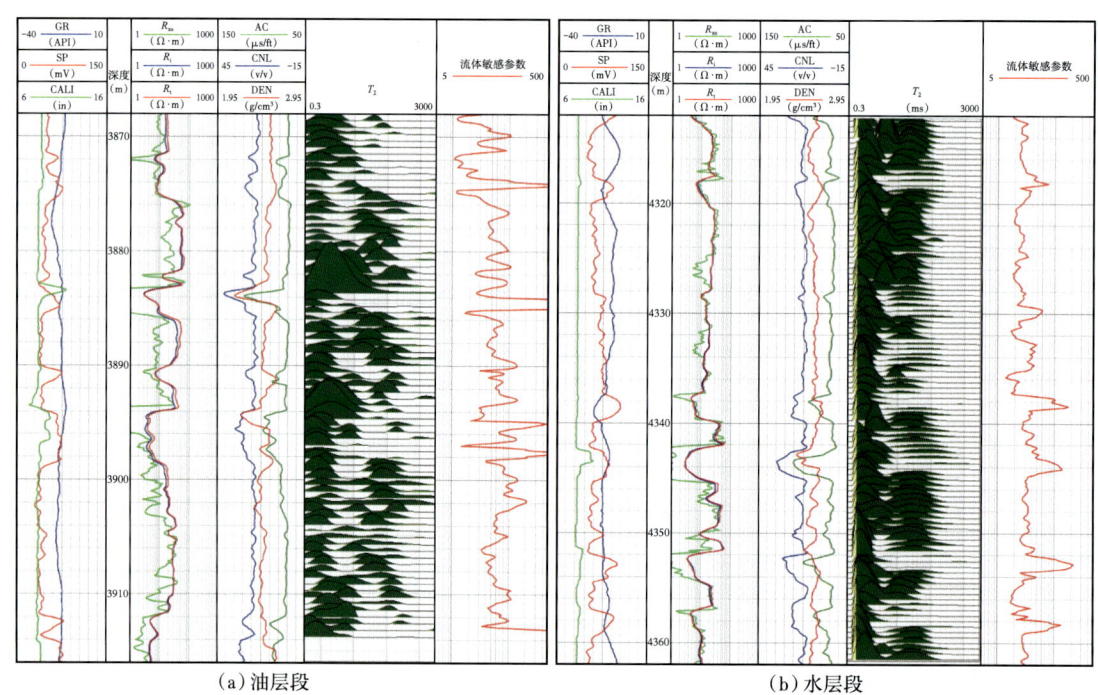

图6-11 油层段和水层段核磁共振测井 T_2 谱（玛601井）

基于大量实测核磁测井 T_2 谱统计，横向弛豫时间大于300ms的谱反映的是测量时的"噪声"而并没有特殊的地质意义，同时，实测核磁共振波谱普遍存在双峰的特征，且两个峰之间的界限位于10ms附近。鉴于上述特点，提出横向弛豫时间在100~300ms内的核磁共振孔隙度（NMRP_100ms）除以3ms之后的核磁共振孔隙度（NMRP_3ms），与10~300ms内的 T_2 几何平均值 T_{2LM} 这两个核磁共振敏感参数来建立油层识别图版。

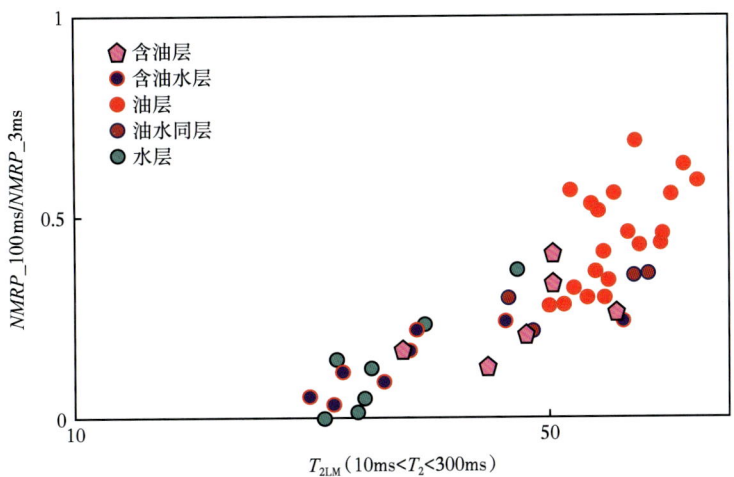

图 6-12　玛湖凹陷百口泉组 T_2 谱弛豫时间流体性质识别图版

利用试油资料标定测井数据，读取上述两个核磁敏感参数并制作交会图，得到玛湖凹陷百口泉组砾岩储层不同流体性质的界限值（图 6-12）。油层识别标准为 $NMRP\_100\text{ms}/NMRP\_3\text{ms} > 0.18$，且 T_{2LM}（$10\text{ms} < T_2 < 300\text{ms}$）$> 50\text{ms}$。

二、基于核磁体积弛豫特征识别流体性质的方法

玛湖地区乌尔禾组砾岩储层岩石润湿性为亲水，储集空间中的轻质原油不会与孔隙内壁接触，其核磁响应特征就是流体的体积弛豫特征[11]。由于原油性质多为轻质原油，体积弛豫现象的主峰会比较靠后，一般为 400~500ms。图 6-13 所示的是玛湖 014 井上乌尔禾组岩心模拟地温条件下的核磁流体实验结果。绿色、红色和蓝色谱线分别为饱和水、离心和饱和油三种状态下岩心 T_2 谱。饱和水和离心谱对比发现，二者 0.01~3ms 区间内的谱信号幅度高度一致，为黏土束缚水和毛细管束缚水分量；饱和水谱的可动水分布区间主要

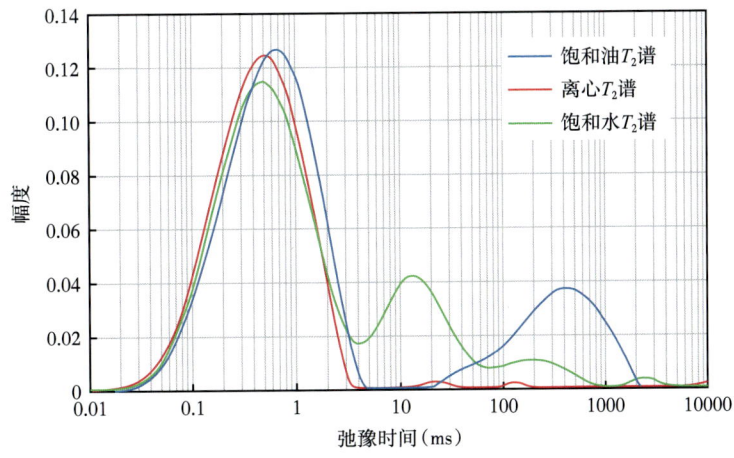

图 6-13　玛湖 014 井上乌尔禾组（3742.6m）砾岩核磁实验 T_2 谱对比

集中在 3~100ms，100~1000ms 的大孔隙度分量很小。饱和油谱和饱和水谱对比发现，可动水孔隙空间基本全部"转移"到了可动油的孔隙空间。同时，油的孔隙分量主要集中在 100ms 以后，因此可以用 100ms 作为识别油气存在的标志。以玛湖 027 井上乌尔禾组为例（图 6-14），该井在 3335.5~3359.5m 井段核磁测井提取的 T_2 谱几何平均值 T_{2LM}（30~1000ms）为 135ms，测试获得日产 7.31t 的油层，证明了该方法的适用性。

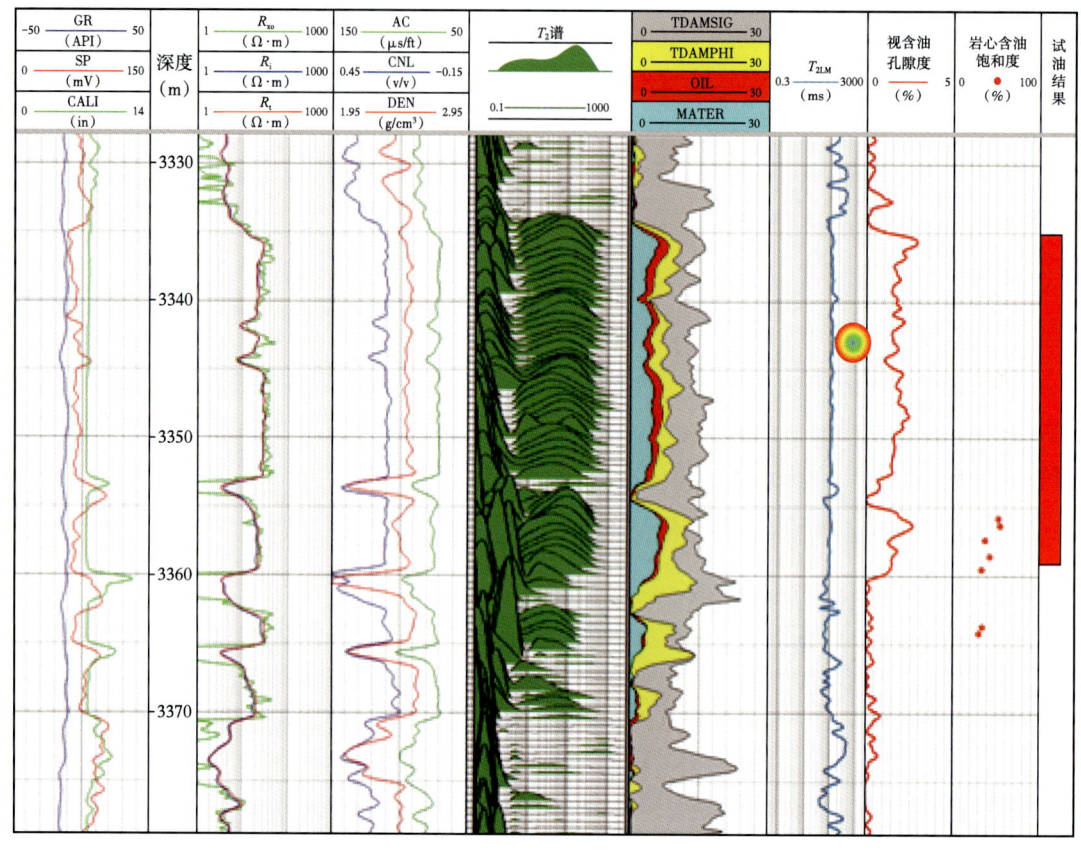

图 6-14　玛湖 027 井上乌尔禾组测井图

然而，将 100ms 横向弛豫时间作为识别油气的标志线有一定的适用条件：

（1）岩石基本无泥浆侵入。由于核磁测井径向探测距离有限，如果岩石有泥浆侵入，那么核磁探测的将是残余油信号而不是原状地层油信号；

（2）在原油黏度较低的情况下，原油的体积弛豫时间大于孔隙的表面弛豫时间，所以核磁共振测井对流体性质非常敏感。

基于上述考虑，选取 T_{2LM}（30~1000ms）、视含油孔隙度（100~1000ms）两个敏感参数交会制作了流体性质的识别图版（图 6-15、图 6-16），其中 T_{2LM} 可以反映流体的黏度，而视含油孔隙度代表含油孔隙的大小。经过多井对比分析发现，所建立的流体性质识别图版可以更好地识别油层，上乌尔禾组油层标准为 $T_{2LM}>80ms$ 且视含油孔隙度 $>1\%$，下乌尔禾组的油层标准为 $T_{2LM}>90ms$ 且视含油孔隙度 $>1\%$。

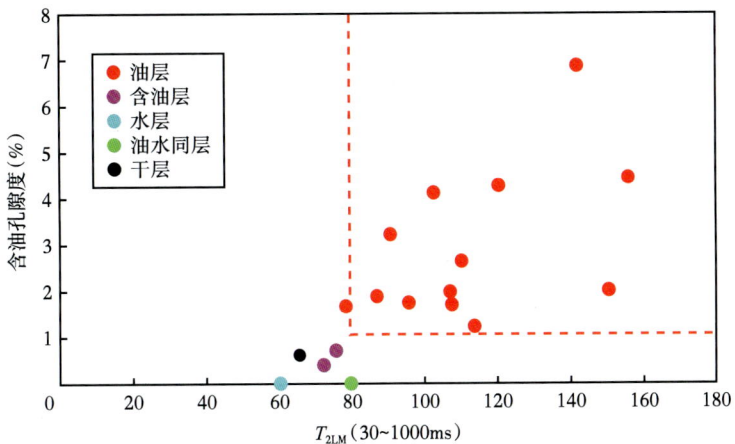

图 6-15 玛湖凹陷二叠系上乌尔禾组核磁流体性质识别图版

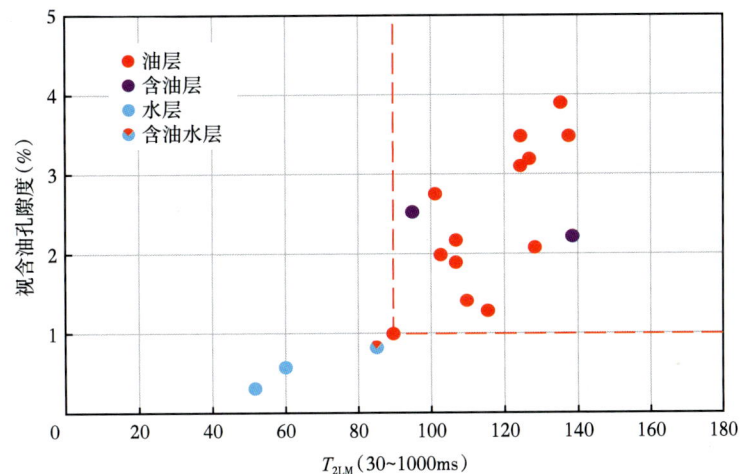

图 6-16 玛湖凹陷二叠系下乌尔禾组核磁流体性质识别图版

第三节 物性约束下的录井、测井多因素流体性质识别方法

一、储层物性评价方法

利用录井、测井评价方法大多符合地质统计规律这一特点，通过分析储层物性特征，采用聚类分析和交会图技术，将已知试油结果的储层按产能分类，研究储层产能与物性参数的内在联系，从中提取敏感参数作为储层分类的基础，具体步骤如下。

（1）确定研究区块储层分类敏感指标。常规测井对有效储层的划分存在一定困难，对复杂砾岩的储层物性计算更难。而核磁共振测井资料的总孔隙度、渗透率可以解决上述问题，选择其作为储层产能分类的敏感指标。

（2）将已试油段核磁共振物性参数与产能进行交会，获得玛湖凹陷百口泉组储层分类图版（图6-17），将该地区的储层分为4类。①Ⅰ类储层：核磁总孔隙度大于8.9%，渗透率超过3mD，产能大于8m³/d；②Ⅱ类储层：核磁总孔隙度大于6.8%，渗透率超过0.45mD，产能介于3~8m³/d；③Ⅲ类储层：核磁总孔隙度大于5.8%，渗透率大于0.1mD，产能小于3m³/d；④Ⅳ类非储层：无产能。图版统计表明核磁渗透率与核磁总孔隙度是评价该地区储层产能的重要参数，反映了储层物性。为了更加精确地评价储层物性，构建了储层物性指数，其计算公式为

$$Z = \sqrt{K/\phi} \tag{6-14}$$

式中　Z——储层物性指数，无量纲；
　　　ϕ——核磁总孔隙度，%；
　　　K——核磁渗透率，mD。

通过对玛湖凹陷物性指数计算分析，得出该区4类储层物性分类下限，Ⅰ类储层：$Z \geqslant 0.57$；Ⅱ类储层：$0.26 \leqslant Z < 0.57$；Ⅲ类储层：$0.13 \leqslant Z < 0.26$；Ⅳ类储层：$Z < 0.13$。

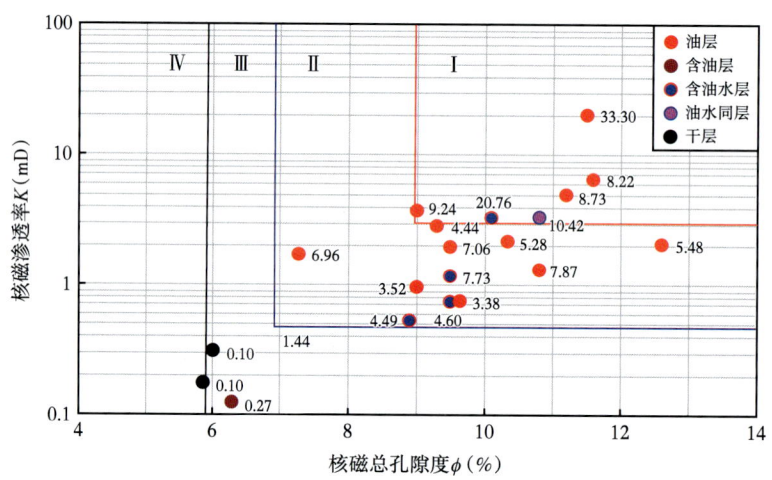

图6-17　玛湖凹陷百口泉组储层分类图版（图中数字为产能值，单位：m³/d）

二、构建录井、测井含油因子

1. 录井含油因子

通过统计分析发现，地化录井资料在研究地区流体性质识别中规律性较差。因此，考虑采用气测录井资料进行流体识别。常规气测评价方法主要应用气测烃组分数据，选取不同的参数作横、纵坐标建立评价图版，划分不同流体性质[12]。玛湖凹陷百口泉组常规气测解释图版主要有轻烃比值法、正规化法、双对数比值法及气体评价法等图版[13]。然而，常规气测解释图版规律性较差，上述4种常规解释图版油水层界线不清，流体性质识别困难，因此，需要探索新的气测录井流体识别方法。

在常规气测评价方法分析基础上，从对油层敏感的各类气测参数分析入手，挖掘储层

含油性气测敏感参数。

（1）烃相系数（U_h）：通过研究气测全烃曲线形态特征发现，当地层含油性变差，即由油层—油水同层—含油水层过渡时，反映在气测曲线图上，气测全烃曲线形态由箱状—半箱状—三角形状转变，表现为低钻时段的全烃显示厚度变化（图6-18）。为了度量气测全烃曲线形态，提出了烃相系数，其计算公式为

$$U_h = H_q / H_t \tag{6-15}$$

式中　U_h——烃相系数，无量纲；

　　　H_q——低钻时段对应的气测异常显示厚度，以半幅点为界，m；

　　　H_t——气测异常显示段对应的低钻时厚度，以半幅点为界，m。

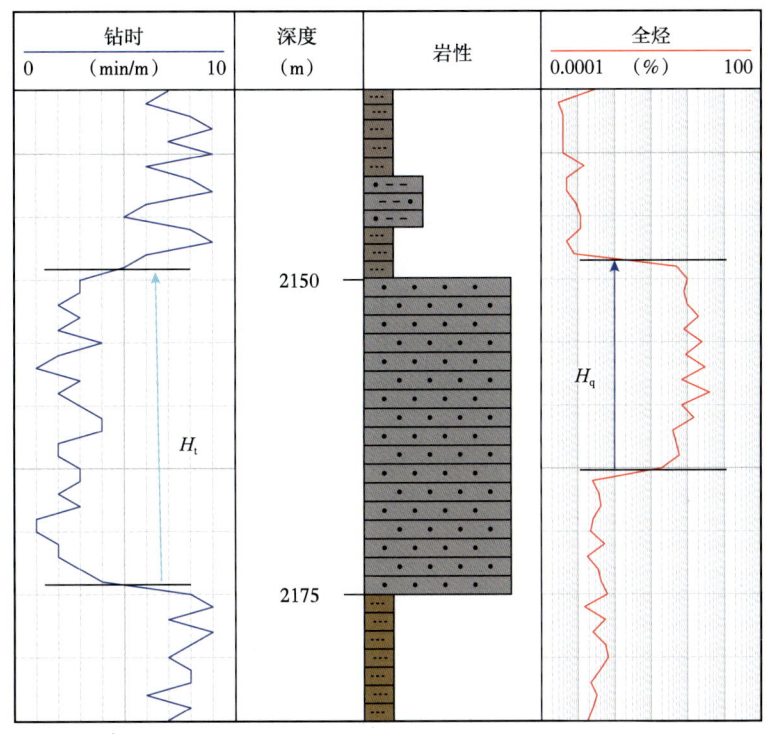

图6-18　烃相系数参数图

（2）烃组分递减率（K）、油气丰度系数（b）：研究表明不同流体性质气测组分递减趋势不同。以油层为例，将气测组分峰数与气测组分值进行拟合分析（图6-19），拟合公式中的系数K和b分别定义为烃组分递减率和油气丰度系数。

（3）峰基比（F）：峰基比指气测全烃高峰值与气测基值之比，是识别地层流体性质的重要参数，它直接反映了储层相对含烃量。

（4）钻时比值（R）：钻时是反映储层可钻性的参数，间接反映了储层物性情况，用围岩钻时与储层钻时的比值来表示钻时比值，能更加精确反映储层的可钻性。

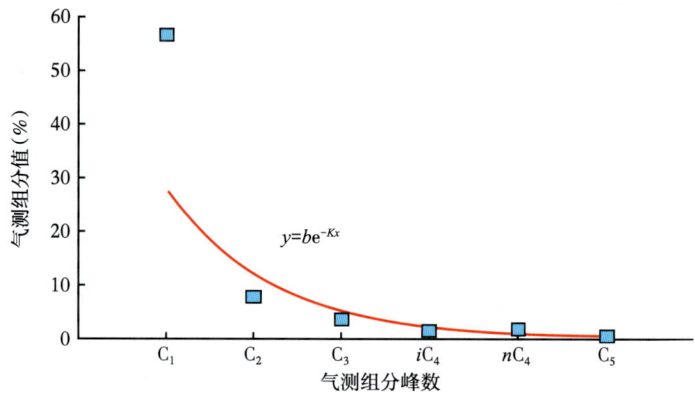

图 6-19　玛湖凹陷百口泉组油层烃组分拟合曲线

上述录井敏感参数与储层含油性有较强的相关性，依据传统气测图版建立经验将其集合为一个可定量描述的参数值，命名为气测含油因子（β），计算公式如下：

$$\beta = U_h \cdot \ln\{[1+b(F-1)/F]R\}/K \quad (6\text{-}16)$$

通过对玛湖凹陷气测含油因子的计算分析，得出该区域气测含油性评价标准，油层：$\beta \geq 0.96$；水层：$0.15 \leq \beta < 0.96$；干层：$\beta < 0.15$。

2. 测井含油因子

致密砾岩储层非均质性强、储层孔隙结构复杂，导致油、水层电阻率较为接近，局部水层的电阻率甚至比油层段高，单一依靠常规测井资料，其解释结果具有多解性，常规测井解释图版符合率较低，油水层界线不清，难以满足目前勘探生产需求。因此，从对油层敏感的各类测井曲线分析入手，挖掘储层含油性测井敏感参数。

（1）测井解释有效厚度（H）：通过对该区油层、油水同层、含油水层、含油层、干层显示厚度统计分析（图 6-20），发现油层、油水同层的有效厚度明显较含油水层、含油层、干层厚，测井解释有效厚度是反映储层含油性的敏感参数之一。

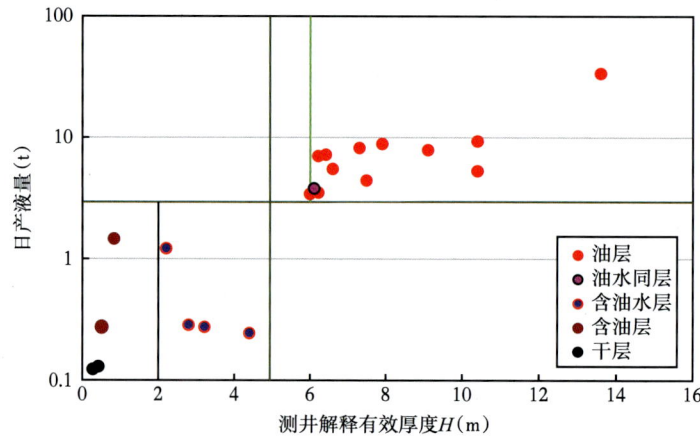

图 6-20　玛湖凹陷百口泉组测井有效厚度与日产液量图

（2）核磁含水饱和度（S_w）、核磁束缚水饱和度（S_{wir}）：对玛湖凹陷百口泉组测试层段核磁含水饱和度、核磁束缚水饱和度统计分析，发现储层流体性质与核磁含水饱和度及核磁束缚水饱和度存在联系，当核磁含水饱和度大于核磁束缚水饱和度时，即图6-21中Ⅰ区所示储层含可动水，主要为油水同层、含油水层；当核磁含水饱和度等于或略大于核磁束缚水饱和度时，Ⅱ区所示储层不含可动水，主要为油层、含油层或干层。

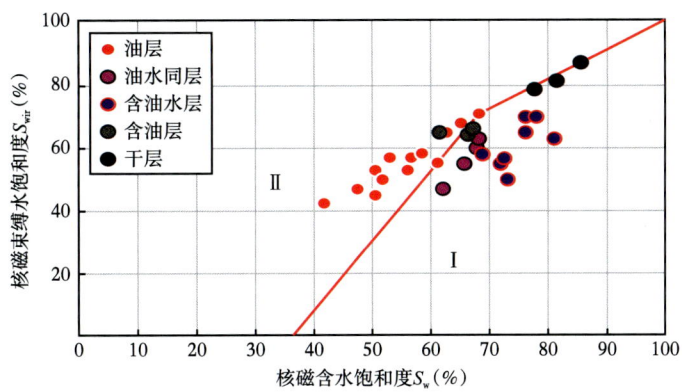

图6-21　玛湖凹陷百口泉组核磁含水饱和度与核磁束缚水饱和度统计图

上述测井敏感参数与储层含油性关系密切，将其综合表征为测井含油因子（λ），计算公式如下：

$$\lambda = H(1-S_w) \times e^{-2(S_w - S_{wir})} \quad (6-17)$$

通过对玛湖凹陷测井含油因子计算分析，得出该区测井含油性评价标准，油层：$\lambda \geq 9.53$；水层：$2.55 \leq \lambda < 9.53$；干层：$\lambda < 2.55$。

三、测、录井多因素流体识别

在准确得到研究区域储层物性指数（Z）、气测含油因子（β）、测井含油因子（λ）后，将上述参数分别进行两两交会。分析结果表明，气测含油因子和测井含油因子交会图版能更好地识别流体性质（图6-22），油层主要分布于$\beta > 0.9$且$\lambda > 8.5$的区域，解释符合率为86.4%，满足勘探生产需求。

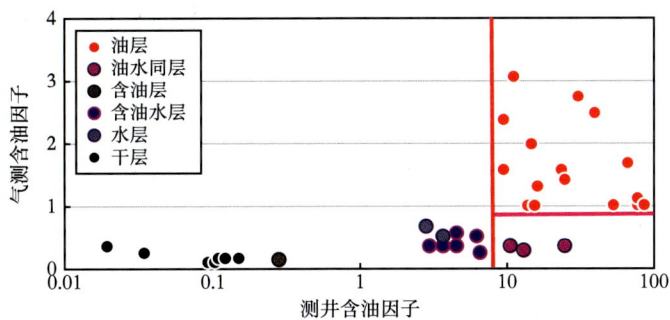

图6-22　玛湖凹陷百口泉组测、录井多因素流体识别解释图版

参 考 文 献

[1] 谭茂金，石耀霖，赵文杰，等.核磁共振双 TW 测井数据联合反演与流体识别[J].地球物理学报，2008，(5)：1582-1590.

[2] 韩学辉，支乐菲，李峰弼，等.应用 Bayes 逐步判别方法识别东辛油田沙四段储层流体性质[J].地球物理学进展，2011，26（4）：1243-1248.

[3] 郭睿，赵丽敏，褚人杰，等.委内瑞拉卡拉高莱斯合同区疑难储层测井识别方法[J].测井技术，2004，(4)：292-295+366.

[4] 张志松.阿尔奇公式的理论本原[J].地球物理学进展，2020，35（4）：1514-1522.

[5] 谭锋奇，许长福，韦雅，等.基于数值模拟的水淹储层原始电阻率反演方法[J].中南大学学报（自然科学版），2012，43（8）：3149-3158.

[6] 白松涛，万金彬，徐风，等.基于变岩电 Pickett 图版低孔隙度低渗透率储层流体评价[J].测井技术，2016，40（6）：694-698+703.

[7] 田中元，卞德智，陈昊，等.改进的 PICKETT 法在 Y 油田低阻油层识别中的应用[J].石油学报，2005，(4)：81-84.

[8] 张海涛，方驭洋，李高仁，等.油润湿致密砂岩核磁共振弛豫机理与流体识别方法[J].石油物探，2020，59（3）：422-429+440.

[9] 佘刚，徐永发，李世毅，等.二维核磁共振测井在柴达木盆地复杂储层流体识别中的应用[J].地球物理学进展，2018，33（4）：1566-1572.

[10] 李鹏举，张智鹏，姜大鹏.核磁共振测井流体识别方法综述[J].测井技术，2011，35（5）：396-401.

[11] 胡法龙，周灿灿，李潮流，等.基于弛豫—扩散的二维核磁共振流体识别方法[J].石油勘探与开发，2012，39（5）：552-558.

[12] 朗东升，岳兴.油气水层定量评价录井技术[M].北京：石油工业出版社，2004.

[13] 杨卫东，江波.利用气测曲线形态解释油气层方法研究[C]//第二届中国石油工业录井技术交流会论文集.北京：中国石油大学出版社，2013.

第七章 砾岩有效储层物性下限及储层分类

第一节 砾岩有效储层物性下限

储层物性下限是储层能够储集和渗滤流体的最小孔隙度和最小渗透率界限[1]。从储层识别的角度来看，广义的储层物性下限包括储层物性下限、含油储层下限和有效储层物性下限等3方面内涵[2]。储层物性下限是划分储层和非储层的界限；含油储层下限是区分储层是否存在油气侵入的标准；有效储层物性下限是经过工程改造后达到工业油流标准的含油储层最低孔隙度和渗透率标准。上述三者中，有效储层物性下限的确定是油气勘探和储量评价关注的重点。

有效储层物性下限主要根据岩心物性分析、试油和生产测试资料来确定[3-4]。由于受储层地质条件、测试参数及其因素影响，有效储层物性下限的确定尚无可靠的定量计算方法或数学模型。有效储层物性下限的确定方法大致分为静态法和动态法两类。其中静态法包括含油产状法和物性参数统计频率法等[5-6]；动态法则主要采用驱替压力实验法和最小流动孔喉半径法等[7-8]。不同方法均有其利弊，实践中有效储层物性下限往往需要多种方法相互验证综合确定。

一、累计频率统计法

累计频率统计法是美国岩心公司常采用的一种方法，已被国内各大油田所采用[9]。该方法以岩心分析孔隙度、渗透率为基础，以低孔渗储层段累计储渗能力丢失较为合理时对应的孔隙度和渗透率为物性下限[10]。利用该方法确定有效储层物性下限值的关键在于，统计研究区全部取心井储层内的所有岩心分析孔隙度和渗透率，制作直方图并求取累计频率曲线，进而依据其经验确定出储层合理的物性下限值。在这个值以下的储层丢失的储油能力和产油能力均很小，可以忽略。累计频率法作为一种经验统计方法，其确定储层物性下限的可靠程度一方面依赖于岩心分析资料的数量和代表性，另一方面，具体丢失频率的确定依赖于对研究区的认识。

以玛北地区百口泉组砾岩储层为例，其岩心分析孔隙度范围为1.6%~14%，渗透率范围为0.011~16.3mD，为典型的低孔、低渗致密砾岩储层。按照累计频率丢失不超过总数的20%，累计产能丢失频率不超过总数的10%（图7-1）作为标准，当孔隙度下限值取7.4%时，累计产能丢失频率为7%，累计频率丢失为15%；当渗透率下限值取0.12mD时，累计产能丢失频率为0.06%，累计频率丢失为13%。在产能和累计频率丢失较少的情况下，可以确定其有效储层下限值为孔隙度7.4%，渗透率0.12mD。

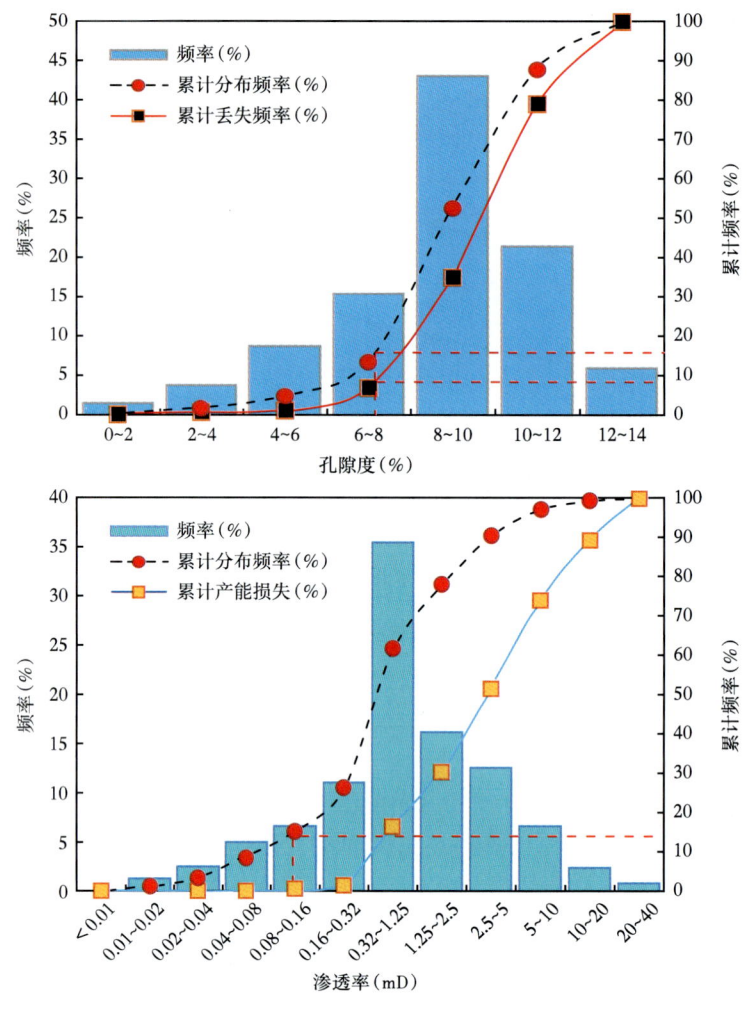

图 7-1 玛北地区百口泉组孔隙度、渗透率累计频率和累计能力分布图

二、含油产状法

含油产状法是利用取心井试油结果与岩心含油级别、物性分析资料建立交会关系，达到划分含油产状的出油下限的目的[11]。大多数油田含油级别达到油浸和油斑级别的都是有效层，某些低渗油田含油级别在荧光级也可出油，含油级别在荧光级及以下则难以出油。利用含油产状与物性之间的相关性，确定含油产状的出油下限后，便可以求出对应的物性下限。与累计频率法类似，由于含油产状级别依赖于现场地质人员肉眼确定，并受钻井液冲刷、原油性质、观察时效性等诸多因素影响，含油级别定名主观影响很大，若有效层含油产状定得太高，得到的物性下限偏高，可能丢失大量产层；反之则下限值偏低，造成非产层混入。同时，对于黏度小、挥发性强、颜色浅的轻质原油，地面岩心的含油产状并不能代表地下的含油产状，由此确定的物性下限可能存在较大偏差。

以玛北井区百口泉组为例，其岩心含油级别主要为油浸、油斑、油迹、荧光。利用玛北井区 21 口取心井 1000 余块岩心的含油级别及物性分析数据，建立岩心含油产状孔隙度和渗透率交会图版（图 7-2）。按照岩心含油产状，确定有效储层物性下限标准为：孔隙度为 7.1%，渗透率为 0.07mD，可以将荧光级和无含油显示的岩心区分开。

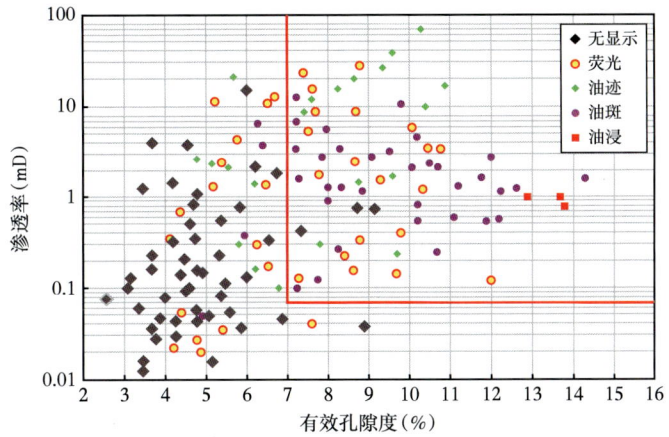

图 7-2　玛北地区百口泉组孔隙度、渗透率与含油性关系图

三、排驱压力值法

排驱压力值法是利用储层孔喉结构特征对流体渗流能力起到控制作用，在实验室条件下，用压力驱替岩样，分析岩心排驱压力与孔隙度、渗透率的内在联系。采用排驱压力与孔隙度、渗透率关系曲线的突变点可以将储层与非储层区分开，该突变点对应的排驱压力值即为有效储层物性下限[12]。

玛北井区百口泉组排驱压力与孔隙度的关系图（图 7-3）显示，排驱压力与孔隙度呈

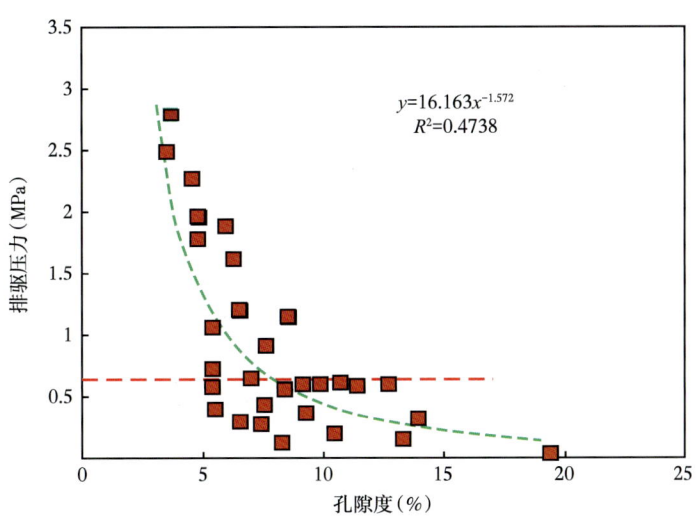

图 7-3　排驱压力与孔隙度关系图

幂函数关系。当孔隙度在 7.5% 时，交会曲线发生明显转折变化，因此，认为储层孔隙度下限为 7.5%，其对应排驱压力值为 0.65MPa。根据排驱压力与渗透率的拟合关系，利用 0.65MPa 排驱压力值可以确定渗透率下限为 0.11mD（图 7-4）。

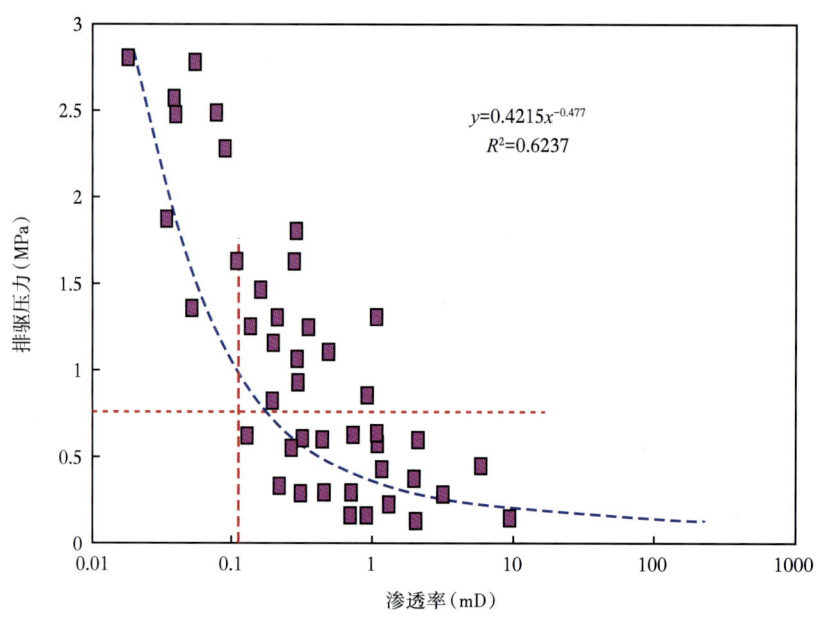

图 7-4　排驱压力与渗透率关系图

四、最小流动孔喉半径法

孔隙和喉道是油气储集与渗滤的空间和通道，在一定压差作用下油气能否从岩石中流出取决于喉道的粗细，即孔喉半径大小。将既能储集油气又能使油气渗流的最小孔隙通道称为最小流动孔喉半径[13]。确定储层的最小流动孔喉半径后，可以根据孔喉半径与常规物性参数的关系，确定储层的物性下限。

J 函数法是以压汞数据为基础，研究岩石微观孔喉特征[14]。实验室测定的柱塞岩样毛细管压力曲线只能代表连续储层中某一深度点，要得到能够表征整个气层的毛细管压力曲线，就必须将获得的所有毛细管压力资料综合平均。为此，Leverett 提出了"J"函数的概念和计算公式：

$$J(S_{wn}) = \frac{p_c}{\sigma}\sqrt{\frac{K}{\phi}} \quad (7\text{-}1)$$

$$S_{wn} = \frac{S_w - S_{wir}}{1 - S_{wir}}, \quad (0 \leqslant S_{wn} \leqslant 1) \quad (7\text{-}2)$$

式中　J——J 函数，无量纲；
　　　p_c——毛细管压力，MPa；
　　　K——渗透率，mD；

ϕ——孔隙度，%；
σ——界面张力，mN/m；
S_w——岩心含水饱和度，%；
S_{wir}——岩心束缚水饱和度，%；
S_{wn}——岩心标准化饱和度，%。

用 J 函数法对岩心的压汞资料进行处理，得到 J 函数曲线和储层平均毛细管压力曲线（图 7-5），再用 Wall 法计算储层的最小流动孔喉半径。

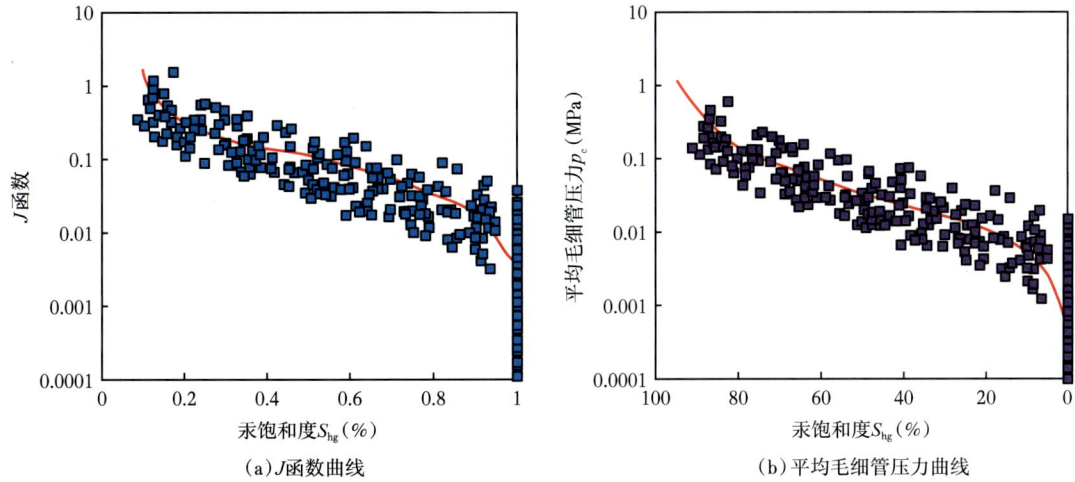

图 7-5 玛北井区储层 J 函数曲线和平均毛细管压力曲线

Wall 法以等孔隙体积增量为基础，从孔喉半径和进汞量的关系出发，求取不同孔喉半径对渗透能力的贡献[15]。同样将孔喉半径从小到大所累计的渗透率贡献值达 99% 时对应的孔喉半径作为储层最小流动孔喉半径，计算公式如下：

$$\sum_{i=1}^{n}\Delta K_i = \Delta K_1 + \Delta K_2 + \cdots + \Delta K_n \quad (7-3)$$

$$\Delta K_i = \frac{(2i-1)r_i^2}{\sum_{i=1}^{n}(2i-1)r_i^2} \quad (7-4)$$

式中 r_i——对应的孔喉半径，μm；
i——等量孔隙体积间隔序号；
ΔK_i——区间渗透率贡献；
$\sum_{i=1}^{n}\Delta K_i$——累计渗透率贡献。

表 7-1 为在平均毛细管压力曲线上用 Wall 法求取最小流动孔喉半径的计算表。取累计渗透能力达到 99.99% 时，所对应的孔喉半径即为最小流动孔喉半径为 0.065μm。建立

中值半径与孔隙度、渗透率的交会图版，将 0.065μm 作为孔隙度和渗透率下限值对应的中值半径值。图 7-6 显示孔隙度下限值为 6.2%，渗透率下限值为 0.16mD。

表 7-1 玛北井区百口泉组 Wall 公式法确定的孔隙流动下限数据

序号	等量孔隙体积	累计孔隙体积对应压力（MPa）	相应孔隙半径（μm）	r_i^2（μm²）	$(2i-1)r_i^2$（μm²）	区间渗透能力（%）	累计渗透能力（%）
1	0	0.005	147.000	21609.000	21609.000	80.529	80.5290
2	5	0.03	26.923	724.852	2174.556	8.104	88.6326
3	10	0.06	12.291	151.068	755.340	2.815	91.4475
4	15	0.08	8.698	75.659	529.614	1.974	93.4211
5	20	0.11	6.652	44.244	398.192	1.484	94.9051
6	25	0.14	5.140	26.418	290.600	1.083	95.9880
7	30	0.17	4.349	18.915	245.892	0.916	96.9044
8	35	0.20	3.769	14.207	213.107	0.794	97.6985
9	40	0.23	3.141	9.866	167.723	0.625	98.3236
10	45	0.27	2.692	7.249	137.722	0.513	98.8368
11	50	0.33	2.262	5.115	107.406	0.400	99.2371
12	55	0.42	1.767	3.122	71.799	0.268	99.5046
13	60	0.53	1.379	1.902	47.540	0.177	99.6818
14	65	0.66	1.120	1.253	33.843	0.126	99.8079
15	70	0.82	0.895	0.800	23.209	0.086	99.8944
16	75	1.05	0.698	0.487	15.104	0.056	99.9507
17	80	1.41	0.523	0.274	9.027	0.034	99.9843
18	85	2.50	0.294	0.086	3.025	0.011	99.9956
19	90	4.50	0.163	0.027	0.987	0.004	99.9993
20	95	11.30	0.065	0.004	0.165	0.001	99.9999
21	100	30.37	0.024	0.001	0.024	0	100

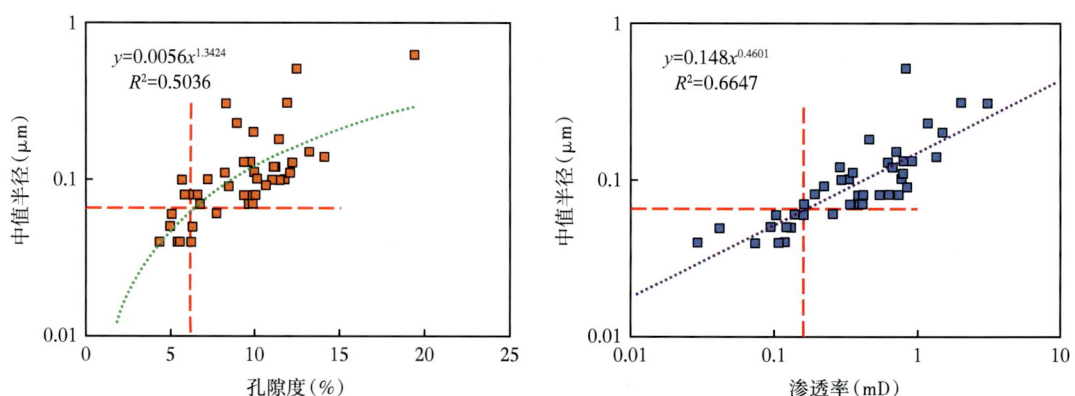

图 7-6 玛北井区百口泉组岩心分析中值半径与孔隙度、渗透率交会图

五、综合统计物性下限

累计频率统计法、含油性产状法基于大量储层物性统计数据，为静态统计方法，受分析人员经验和样点数据质量影响，具有一定主观性。排驱压力值法、最小流动孔喉半径法基于渗流力学的原理，为动态方法。多种资料的综合运用和不同方法相互验证，能够最大程度上避免因单一方法局限性而在物性下限取值时产生的偏差，保证物性下限的取值符合实际地质情况。

上述4种物性下限研究方法确定的玛北井区孔隙度下限范围为6.2%~7.5%，渗透率下限范围为0.06~0.15mD（表7-2）。取孔隙度与渗透率的平均值，确定玛北储层物性下限为：孔隙度为7.1%、渗透率为0.11mD。

表 7-2　玛北井区物性下限确定结果统计表

物性下限分析方法	孔隙度（%）	渗透率（mD）
经验统计法	7.4	0.12
含油性分析法	7.1	0.07
排驱压力值法	7.5	0.11
最小流动孔喉半径法	6.2	0.15
试油法	7.3	0.13
平均值	7.1	0.11

第二节　致密砾岩储层分类

致密砾岩储层非均质性强，影响产能的因素很多。不同类型储层产能变化大，存在较多测井解释为致密油层、干层，试油却获得工业油流，即"干层"不干的现象；或测井解释为油层，但试油为低产层的现象。为了区分工业产层与大量低产、低效层，需要建立储层分类标准，并针对性开展储层分类评价。孔隙结构评价是特低孔低渗储层评价的核心，产能评价是测井储层定量评价的最终体现，也是测井评价的难点。因此，对于致密砾岩油气藏测井评价来说，通过储层的"四性"关系研究与孔隙结构评价，建立科学、合理的储层分类标准与产能预测方法。

一、储层分类的基本原则

低孔低渗储层分类主要考虑储层空间和渗流通道的有效性、流体的可动用程度与渗流特征，以储层孔隙结构评价为重心，优选能反映储层品质的参数建立分类评价标准。采用测井方法开展储层分类需结合具体区块具体层位，深入分析各类储层的微观特征与测井响应的关系，建立符合研究区地质特征和油藏特点的综合分类评价标准。

（1）储层分类首先应着眼于考察储层对油气的有效储集和渗透能力。常规的孔隙度、渗透率分析参数是在岩样烘干后用单相的流体介质测定的，可称为绝对孔隙度和渗透率。

而石油地质最关心的是在地层条件下，储层对烃类的储集和渗流能力。地层条件下烃类是和地层水一起，以双相或多相流形式赋存于地层孔隙中。由于岩石骨架对烃类和水的选择性润湿，烃类和水在岩石孔隙中的分布状态不同，地层对烃类的储渗能力受这种分布状态的影响。从储集能力方面考察，并不是所有的孔隙系统对油气都是有效的；从渗流能力方面考察，岩石对油气的渗滤同时受到岩石本身的渗透性和地层水的双重影响。储层质量的优劣，更重要地应强调在油（气）水两相共存的条件下，岩石对油气的储集和渗滤能力，是油气有效孔隙度和有效渗透率的概念。这样建立的储层分类评价方案更符合地层的实际情况。

（2）储层分类方法应具有简单、特征突出和易于操作的特点。合理的储层分类方案应该使组内个体样本之间的特征趋于一致，组间的差异比较明显，可操作性比较强。在没有取心和化验分析资料的情况下，能利用测井资料对储层进行归类。

（3）储层分类标准应有利于经济评价和有利区的筛选。储层分类的界限应该与油气的经济或商业产能界限具有较好的对应关系，有利于储量计算和经济评价工作的衔接。

（4）储层分类应有利于储层横向预测。常见的储层分类所用的参数多是描述性的，包括孔隙度、渗透率、多项压汞参数和铸体图像分析资料等。这些参数的精度不一，各参数之间存在很大的雷同性和重复性，比较烦琐。但往往又忽视了选用与储层性质密切相关的能反映沉积、成岩作用特征的参数，因而在一定程度上影响了储层评价的地质基础，不利于储层预测。从储层的沉积—成岩学特征出发，突出有代表性的储层描述性参数，充实与储层沉积、成岩作用有关的成因性参数，使之有利于储层评价和预测。

二、基于含油产状储层分类

储层特征研究表明，准噶尔盆地玛湖凹陷百口泉组砾岩储层储集性能主要受到物性、泥质含量、微观孔隙结构等因素影响。相同岩性，泥质含量低、分选性好的储集性能最好，其测试结果能获得工业油气。因此，根据试油井产能特征，构建不同含油产状岩心的黏土含量与孔隙度、渗透率与孔隙度的交会图版，对储层进行分类评价，实现对砾岩储层分类。

首先，对影响储层物性的主控因素之一黏土含量与孔隙度的交会图分析表明（图7-7），含油性随着黏土含量的降低明显变好，以储层物性下限6%来看，黏土含量小于7%时含油级别主要为油迹级以上的显示，黏土含量小于6%时含油级别主要为油斑及部分油浸以上的显示，黏土含量小于5%时含油级别以油浸为主，并有部分富含油级岩心，因此，利用含油级别与黏土的关系可以将储层划分为三类，含油性的黏土含量下限标准为7%。

孔隙度—渗透率交会图（图7-8）表明，渗透率也对储层含油性影响比较明显。当渗透率大于0.1mD，孔隙度大于6%时，储层含油性随着孔渗增大而逐渐变好。渗透率大于1mD时，含油性主要为油斑及以上含油级别，当渗透率大于5mD时，含油性主要为油浸及富含油为主。结合玛湖地区试油产能数据并综合微观岩石学特征，将百口泉组砾岩储层划分为四类（表7-3）。

Ⅰ类储层：岩性主要为灰色含砾粗砂岩及砾岩，分选较好，泥质含量低，磨圆好，砂质胶结，排驱压力较小，粒间孔和粒间溶孔发育，可获得高产，产量大于10t；

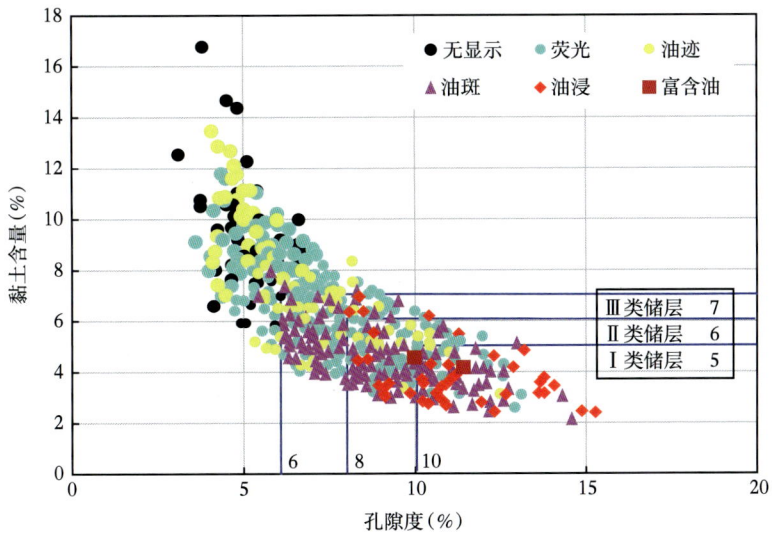

图 7-7　玛湖百口泉组岩心黏土含量、孔隙度与含油性关系

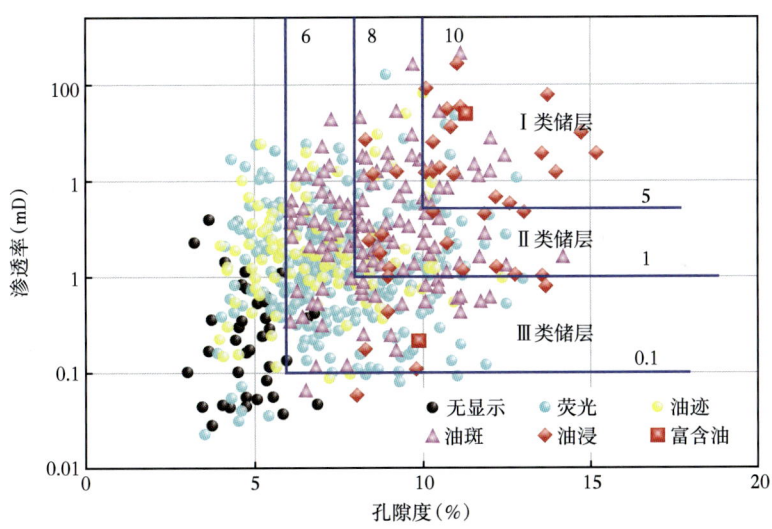

图 7-8　玛湖地区百口泉组渗透率、孔隙度与含油性关系

Ⅱ类储层：岩性主要为灰色砂质砾岩，分选中等，泥质含量低，粒间孔和粒间溶孔发育，通常可达到工业油流，产量在 6~10t；

Ⅲ类储层：岩性主要为灰色砾岩、钙质砾岩、灰绿色泥质胶结的砾岩，分选中等，填隙物含量较高，孔隙类型主要为微孔、颗粒溶孔。可获得低产油气流，产量在 6t 以下；

Ⅳ类储层：岩性主要为杂色及褐色砾岩，储集性能较差，分选差，孔隙类型主要为微孔、往往为非储层。通过建立的标准与实钻情况来，吻合率较好，高产井区多为Ⅰ、Ⅱ类储层发育，低产井多为Ⅲ类储层发育，Ⅳ类为非储层。

表 7-3 玛湖凹陷百口泉组砾岩储层分类标准

储层类型	典型岩性	孔隙度（%）	渗透率（mD）	黏土含量（%）	含油饱和度（%）	排驱压力（MPa）	平均毛细管半径（μm）	产量（t）	储层评价
Ⅰ类	灰色含砾粗砂岩、灰色砂质细砾岩	>10	>5	<5	55~80	<0.2	>1.3	>10	较好
Ⅱ类	灰绿色细砾岩、灰绿色小中砾岩、灰绿色大中砾岩	8~10	1~5	5~6	50~70	0.2~0.4	1.3~0.5	6~10	中等
Ⅲ类	灰色含砾中细砂岩、灰绿色大中砾岩	6~8	0.1~1	6~7	40~60	0.4~1.3	0.5~0.4	<6	较差
Ⅳ类	钙质砾岩、褐色泥质大中砾岩、粗砾岩	<6	<0.1	>7	<40	>1.3	<0.4		非储层

三、基于孔隙结构特征的储层分类

储层孔隙结构评价包括孔隙与喉道信息，恒速压汞能较好区分喉道和孔隙，但当恒速压汞实验岩心数相对较少，无法普遍用于建立孔隙结构定量评价模型时，完全饱和水核磁共振 T_2 谱能有效反映储岩孔隙分布特征，高压压汞能够反映喉道特征，因此，可以利用核磁共振 T_2 谱与高压压汞曲线开展孔隙结构定量表征[16-17]。

1. 基于压汞实验的孔隙结构特征分类

通过压汞实验可以获得排驱压力（p_d）、饱和度中值毛细管压力（p_{c50}）、孔喉分选系数（S_p）和孔喉分布歪度（S_{kp}）等反映岩石孔喉特征的参数[18]。

排驱压力（p_d）也称作门槛压力，是指非润湿相流体开始进入岩石孔喉的压力，其毛细管压力对应孔隙系统中最大连通孔喉。排驱压力主要反映的是岩石的孔隙特征与其渗透能力，因此通常将排驱压力作为储层评价的主要指标之一。

饱和度中值毛细管压力（p_{c50}）指非润湿相流体饱和度达到 50% 所对应的毛细管压力值，其压力值对应的孔喉半径就是岩样孔隙中的中值半径。

分选系数（S_p）是对样品中孔喉大小标准偏差的度量，其计算公式为

$$S_p = \frac{D_{64} - D_{16}}{4} + \frac{D_{95} - D_5}{6.6} \quad (7-5)$$

式中 S_p——分选系数，无量纲；
D_n——孔喉累计分布曲线对应的直径，μm；

分选系数越小，说明孔喉大小越均匀，反之，分选系数越大，则孔喉大小分选越差。

歪度又称偏态（S_{kp}），同样用以表达孔喉大小分布的状态，其计算公式为

$$S_{kp} = \frac{D_{84} + D_{16} - 2D_{50}}{2(D_{84} - D_{16})} + \frac{D_{95} + D_5 - 2D_{50}}{2(D_{95} - D_5)} \quad (7-6)$$

式中 S_{kp}——歪度。歪度值的变化范围为 [-1, 1]，当 $S_{kp}=0$ 时，说明孔喉分布曲线呈对称的正态分布；当 $S_{kp}<0$ 时，说明孔隙空间中的孔喉较小，为细歪度；当 $S_{kp}>0$ 时，孔喉较大，为粗歪度。

峰态（K_p）主要用以描述孔喉分布曲线的陡峭程度，其计算公式为

$$K_p = \frac{D_{95} - D_5}{2.44(D_{75} - D_{25})} \quad (7-7)$$

式中　K_p——峰态值。当 K_p=1 时，曲线为正态分布；当 K_p<1 时，曲线为单峰、平峰及双峰的形态分布；当 1.5<K_p<3 时，曲线为高而窄的尖峰形态。

孔喉半径均值（D_m）是孔喉大小总平均数的一种度量，其计算公式为

$$D_m = \frac{D_5 + D_{15} + D_{25} + \cdots + D_{85} + D_{95}}{10} \text{ 或 } D_m = \frac{D_{16} + D_{50} + D_{84}}{3} \quad (7-8)$$

式中　D_m——孔喉半径均值，μm；D_m 越小，毛细管压力曲线就越偏于细歪度。

玛北地区砾岩储层孔隙结构受岩性控制明显，从形态上可以将压汞曲线分为四种类型（图 7-9）：Ⅰ类具有低排驱压力、高进汞饱和度和低斜进汞平台的特点，岩性主要为灰色含砾粗砂岩、灰色砾岩；Ⅱ类具有中排驱压力、中进汞饱和度和斜进汞平台的特点，岩性主要为灰色砾岩；Ⅲ类具有中高排驱压力、中低进汞饱和度和进汞平台上倾的特点，主要为灰绿色砾岩、钙质砾岩；Ⅳ类具有高排驱压力、低进汞饱和度和上凸形进汞平台的特点，岩性主要为褐色砾岩。

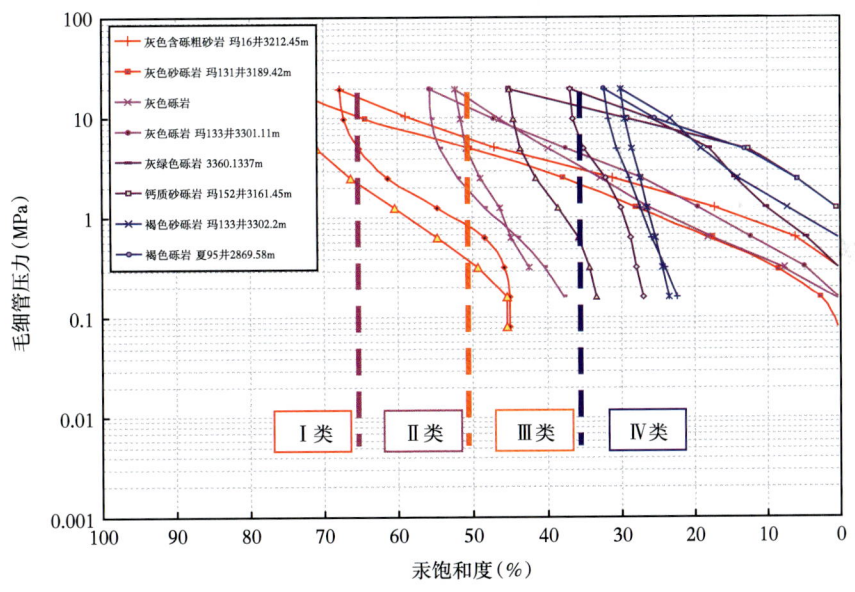

图 7-9　玛北地区压汞曲线分类图

依据压汞曲线进行孔隙结构分类，统计了不同等级储层参数（表 7-4）、常规测井响应特征及测井曲线区间值（表 7-5）。Ⅰ类至Ⅳ类储层孔隙度、渗透率、孔隙结构以及分选性逐渐变差，Ⅰ类储层核磁自由流体孔隙度高，主要沉积类型为水下分流河道，测试产量大于 10t；Ⅱ类储层核磁自由流体孔隙度中高，主要沉积类型为近岸水下分流河道和河口坝，测试产量为 7~10t；Ⅲ类储层核磁自由流体孔隙度中低，主要沉积类型为平原分流河道和

河口坝，产量为5~7t；四类储层核磁自由流体孔隙度低，主要沉积类型为平原分流河道和河口坝，产量小于5t。

表 7-4 玛北地区储层分类表（储层参数）

储层类型	典型岩性	碎屑组分（%）		填隙物组分（%）		结构特征			主要碎屑粒径区间（mm）
		砾石	砂质	泥质	方解石	分选性	磨圆度	支撑类型	
Ⅰ类	灰色砾岩	>50	25~50	<2	<2	较好	次圆状	砂质支撑	0.25~4
	含砾粗砂岩	10~25	>75	<2	<2	较好	次圆状	砂质支撑	0.25~3
Ⅱ类	灰色砾岩	>90	<10	<2	<2	中等	次圆状	砂质支撑	2~4
	灰色砂质砾岩	>75	10~25	<2	<2	中等	次圆状	砂质支撑	0.25~4
Ⅲ类	灰绿色砾岩	>50	25~50	2~5	<5	较差	次圆状	泥质支撑	0.25~4
	钙质砾岩	>50	25~50	<2	>5	中等	次圆状	砂质支撑	0.25~4
	灰色中、粗砾岩	>90	<10	2~5	<5	差	次圆状	砂质支撑	>4
Ⅳ类	杂色、褐色砾岩	>50	25~50	>5	<5	差	次棱角—次圆	泥质支撑	<6.4
	褐色砾岩	>85	<10	>5	<5	差	次棱角—次圆	泥质支撑	>2

2. 基于核磁共振测井孔隙结构特征的储层分类

1）核磁测井评价孔隙结构方法

传统的孔隙结构研究主要通过在实验室开展压汞法或铸体薄片法对有限的地层取心进行孔径分布的测量以达到对地下储层孔隙结构的离散、近似评价。然而实验方法成本高、操作复杂且受岩心数量的限制，很难对全井段进行连续分析评价，难以全面反映地层孔隙结构特征。常规测井方法可以获取储层孔隙度、渗透率等宏观物性参数，但难以精细刻画和评价储层的孔隙结构。核磁共振测井具有较高的分辨率，能够获得常规测井所不能得到的地层信息，尤其是回波信号经过反演后得到的 T_2 谱包含了地层孔隙结构信息，这使得利用核磁共振测井对储层孔隙结构进行连续定量评价成为可能。

核磁共振测井提供的按孔隙度刻度的 ϕ_i~T_{2i} 分布曲线，反映了孔隙大小分布特征。大孔隙组分对应较大的 T_2 值，小孔隙组分对应较小的 T_2 值。显然，核磁共振 T_2 分布反映了岩石孔隙结构。如果将岩心孔隙空间被水完全饱和，则 T_2 谱特征能有效反映出岩石孔隙大小及其分布。

（1）利用核磁共振 T_2 谱研究孔隙结构的理论基础。

在孔隙地层中，孔隙流体可分为两部分组成：孔隙界面流体和孔隙内自由流体，流体分子在孔隙空间内不停地运动和扩散[19]。孔隙流体中氢核的弛豫方式有三种：颗粒表面弛豫、梯度场中分子扩散引起的弛豫和体积流动引起的弛豫，据此，观测到的横向弛豫时间 T_2 可以描述如下：

表 7-5 玛北地区储层分类表（测井曲线）

储层类型	岩性	测井响应	典型测井曲线	代表井	产能趋势	试油产能描述
Ⅰ类	含砾粗砂岩	R_t：25~40Ω·m； DEN：2.35~2.475g/cm³； 核磁总孔隙度：11%~17%		玛15井		自喷，获工业油流油 8.07t/d 气 14700m³/d
Ⅰ类	灰色砾岩砂质胶结远物源分选好	R_t：30~100Ω·m； DEN：2.45~2.55g/cm³； 核磁总孔隙度：11%~14%		玛134井		自喷，获工业油流油 7.76t/d 气 6800m³/d
Ⅱ类	灰色砾岩砂质胶结远物源分选差	R_t：30~100Ω·m； DEN：2.45~2.55g/cm³； 核磁总孔隙度：7%~11%		玛16井		抽汲，获工业油流油 8.73t/d；
Ⅲ类	灰色砾岩砂质胶结近物源分选差	R_t：30~100Ω·m； DEN：2.45~2.55g/cm³； 核磁总孔隙度：7%~11%		夏94井		抽汲，低产工业油流油 4.36t/d 气 8300m³/d
Ⅲ类	灰色砾岩钙质胶结	R_t：大于200Ω·m； DEN：2.45~2.55g/cm³； 核磁总孔隙度：7%~9%		玛152井		抽汲，低产工业油流油 3.65t/d；
Ⅳ类	灰色砾岩钙质胶结	R_t：大于200Ω·m； DEN：2.55~2.56g/cm³； 核磁总孔隙度：小于4%		夏721井		无产能
Ⅳ类	褐色砾岩	R_t：小于25Ω·m； DEN：2.55~2.60g/cm³； 核磁总孔隙度：小于7%		玛133井		无产能或产水

$$\frac{1}{T_2} = \frac{1}{T_{2B}} + \rho_2 \left(\frac{S}{V}\right) + \frac{D(\gamma G T_E)^2}{12} \qquad (7-9)$$

式中　T_2——孔隙流体横向弛豫时间，ms；

　　　T_{2B}——流体体积弛豫时间，ms；

　　　ρ_2——岩石颗粒表面横向弛豫强度，μm/ms；

　　　S——孔隙表面积，cm²；

V——孔隙体积，m^3；
D——流体扩散系数，cm^2/s；
γ——旋磁比，$rad/(S \cdot T)$；
T_E——回波间隔，ms；
G——磁场梯度强度，mT/m。

对于单相流体，其 T_{2B} 为常数；在水润湿岩石中，对于饱和水孔隙而言，T_{2B} 的数值通常在2~3s，要比 T_2 大得多，即 $T_{2B} \gg T_2$；因此式（7-9）中右边的第一项可忽略。对于单相流体，固定回波间隔 T_E 其扩散项 $[D(rGT_E)^2/12]$ 亦基本上为常数，当磁场很均匀时（对应 G 很小），或者 GT_E 足够小时，式（7-9）中右边的第三项也可忽略。在这种情况下，横向弛豫时间与孔隙的比表面 S/V 直接相关，那么式（7-9）可以表示为

$$\frac{1}{T_2} = \rho_2 \left(\frac{S}{V}\right) \qquad (7-10)$$

式中，$1/T_2$ 与 $\rho_2(S/V)$ 成正比，即孔径越大其 T_2 谱衰减越慢，孔径越小，T_2 衰减越快，由式（7-10）可以看出，弛豫时间 T_2 和孔隙空间大小及形状有关。对相同孔隙空间，孔隙结构越复杂，比表面越大，表面相互作用的影响越强烈，T_2 时间就越短。比表面与孔隙结构有关，对于可以简化成球状孔隙、柱状管道的孔隙结构，其比表面与孔径呈线性关系。而实际地层中孔隙结构很复杂，比表面与孔径呈非线性关系，可以表示为

$$\frac{1}{T_2} = \frac{\rho_2}{f(r_c)} \qquad (7-11)$$

由式（7-11）可以看出观测的弛豫时间 T_2 和平均孔径 r_c 是一一对应的。因此，可利用 T_2 分布来评价孔隙大小及孔径分布。

（2）基于核磁实验的孔隙结构评价参数。

由于核磁共振横向弛豫时间 T_2 和孔径大小之间存在密切联系，T_2 值越大，孔径越大[20]。利用核磁 T_2 谱可将岩石的孔隙表征为三种类型，即黏土束缚水孔隙、毛细管束缚水孔隙和自由流体孔隙[21]。通过对上述孔隙分量的分析可以反映储层的孔隙结构。

核磁 T_2 几何均值（T_{2lm}）能够反映 T_2 谱形态，是研究孔隙结构的重要参数之一。相关分析表明，核磁 T_2 几何均值与渗透率具有较好的相关性（图7-10）。因此，可以利用 T_2 几何均值作为核磁定量表征储层孔隙结构参数，公式如下：

$$T_{2lm} = 10^{\left[\left(\frac{1}{\phi}\right)\sum_i (T_{2i}) \lg(T_{2i})\right]} \qquad (7-12)$$

喉道的大小通过控制孔隙流体的状态，直接影响岩石的渗透性。即大喉道孔隙中的流体主要表现为自由流体状态，而小喉道孔隙中的流体主要表现为束缚流体状态。饱和水与驱替后岩心核磁谱进一步证实，渗透率与自由流体饱和度具有较好的正相关关系（图7-11），渗透性相对较好的岩心表现为自由流体孔隙占总孔隙的比例相对更大，即自由流体饱和度相对较高。

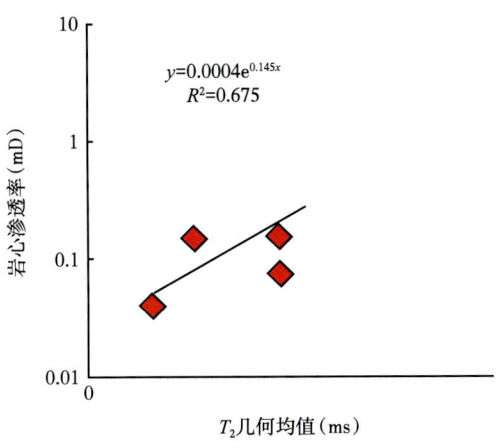
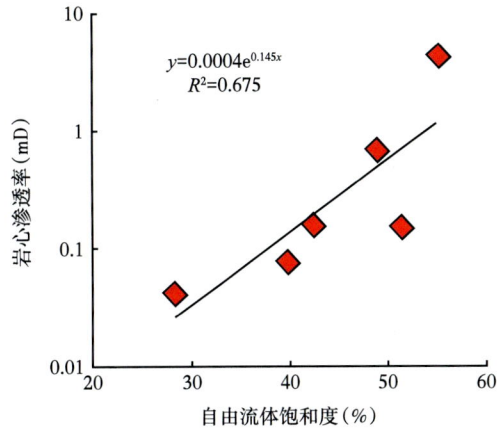

图 7-10 核磁 T_2 几何均值与渗透率交会图　　图 7-11 核磁自由流体饱和度与渗透率交会图

将玛北地区 20 个样品中 $T_2 > 10$ms 与 $T_2 > 100$ms 的孔隙累计分量分别与薄片面孔率作散点交会图（图 7-12）。$T_2 > 100$ms 的累计分量与面孔率的相关性比 $T_2 > 10$ms 的累计分量的相关性更好。因此，$T_2 > 100$ms 的孔隙谱（自由流体孔）能更好地反映储岩的孔隙结构特征。

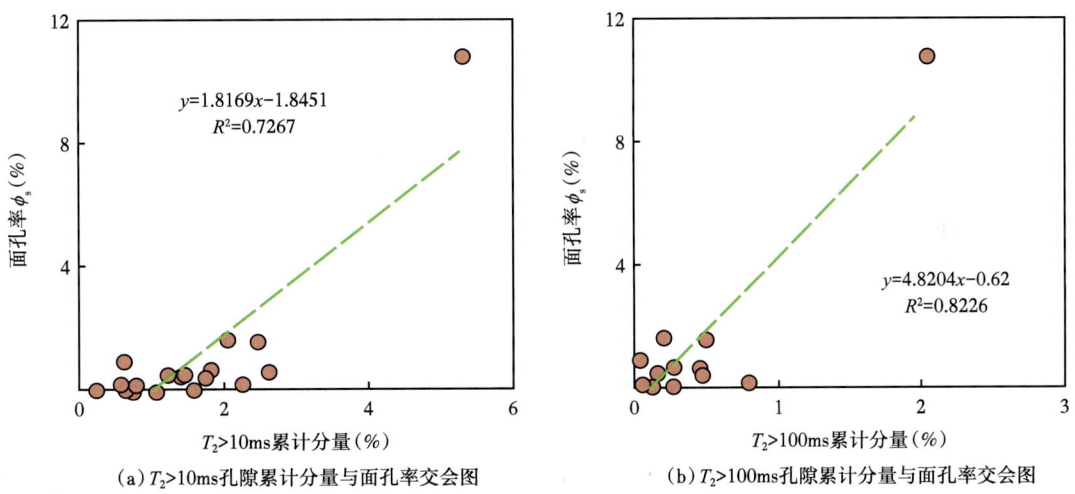

(a) $T_2 > 10$ms 孔隙累计分量与面孔率交会图　　(b) $T_2 > 100$ms 孔隙累计分量与面孔率交会图

图 7-12 长弛豫孔隙分量与面孔率交会图

基于上述分析，构建 $T_2 > 100$ms 的大孔比率（自由流体饱和度），作为核磁定量表征储层孔隙结构参数 [式（7-13）]。用 $T_2 > 100$ms 的孔隙谱比率表征大孔所占比值，在一定程度上反映了自由流体所占比例，其计算原理如图 7-13 所示。

$T_2 > 100$ms 的大孔比率：
$$PT_2 = \frac{MBP_7}{\sum_{i=1}^{7} MBP_i} \tag{7-13}$$

式中　PT_2——大孔比率，%；
　　　MBP_7——大孔隙谱面积；
　　　MBP_i——T_2谱总面积，$i=1\sim8$。

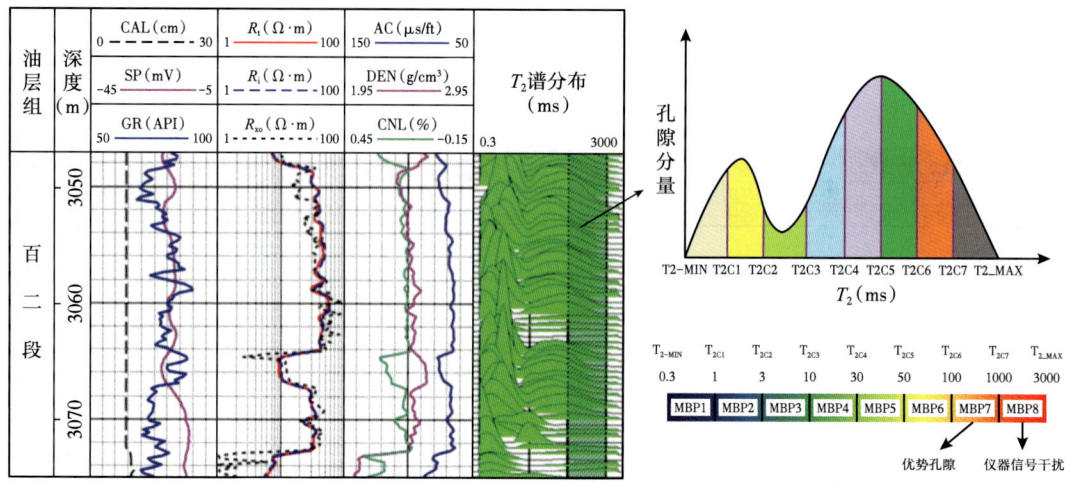

图 7-13　大孔比率原理示意图（玛 15 井）

2）基于孔隙结构的储层分类

综合前述核磁共振 T_2 谱和高压压汞曲线形态特征，提取表征孔隙结构敏感参数：大孔比率（PT_2）、T_2 几何均值（T_{2LM}）、排驱压力值（p_d）、均值（S_d）、分选系数（S_p）和变异系数（C_s），建立基于孔隙结构特征的储层分类标准（表 7-6）。

分类结果表明，Ⅰ类至Ⅳ类储层，物性条件逐渐变差，大孔（$T_2>100\text{ms}$）所占比例及对应的核磁共振 T_2 谱幅度持续降低；对应的薄片资料显示其孔隙类型中原生粒间孔所占比例持续下降（Ⅰ类原生粒间孔含量 5.23%，Ⅱ类 1.0%，Ⅲ类 0.15%，Ⅳ类原生孔不发育）。

表 7-6　基于核磁与压汞曲线的孔隙结构分类标准

孔隙结构分类	$T_2>100\text{ms}$ 比例	T_{2LM}（ms）	排驱压力值（MPa）	孔隙半径均值（μm）	分选系数	变异系数	平均孔隙度（%）	平均渗透率（mD）
Ⅰ类	0.178	1.672	0.374	11.39	2.65	0.195	11.560	0.512
Ⅱ类	0.117	1.260	0.767	12.15	2.50	0.175	9.423	0.227
Ⅲ类	0.077	0.627	0.813	12.85	2.32	0.143	7.930	0.117
Ⅳ类	0.059	0.496	5.509	13.18	1.50	0.201	3.990	0.009

四、基于储层品质因子的储层分类方法

储层品质是表征储层生产能力的关键参数，是岩性、物性、含油性的综合体现，受特殊沉积、成岩、构造等因素的综合影响[22]。对储层品质的评价，主要从储层的孔隙性（孔

隙度大小、孔隙结构）、渗透性（渗透率）、含油气性（含油饱和度）等多角度出发，建立反映储层好坏的指标——储层品质因子（Q），并与储层产出能力建立联系[23]。

储层产出能力是储层地质品质和工程措施的综合反映，本文采用储层比采液指数作为衡量储层产出能力的指标。比采液指数是指单位储层厚度的采液指数。相比于普遍采用的试油日产量，比采液指数考虑了生产压差对产出的影响，同时排除了储层厚度差异对采液指数的影响，更客观地反映储层的真实生产能力。由于比采液指数除了受储层品质的影响外，还受压裂措施及工程工艺的影响，本文只是利用比产液指数与储层静态特征参数（孔隙度、渗透率、孔隙结构因子等）进行相关性分析，提取储层品质因子敏感参数。比采液指数并不作为目标函数参与构建储层品质因子。因此，所构建的储层品质因子综合反映储层静态地质特征，不受工程作业方式及效果的影响。

1. 常规测井构建储层品质因子

1）常规测井储层品质因子敏感参数提取

交会图分析显示，孔隙度、孔隙结构指数、渗透率、含油饱和度等储层参数与比采液指数之间均具有较好的正相关性（图7-14），上述因素是控制储层产出能力的重要指标。因此，将孔隙度、孔隙结构指数、渗透率、含油饱和度等参数作为构建储层品质因子的常规测井敏感参数。

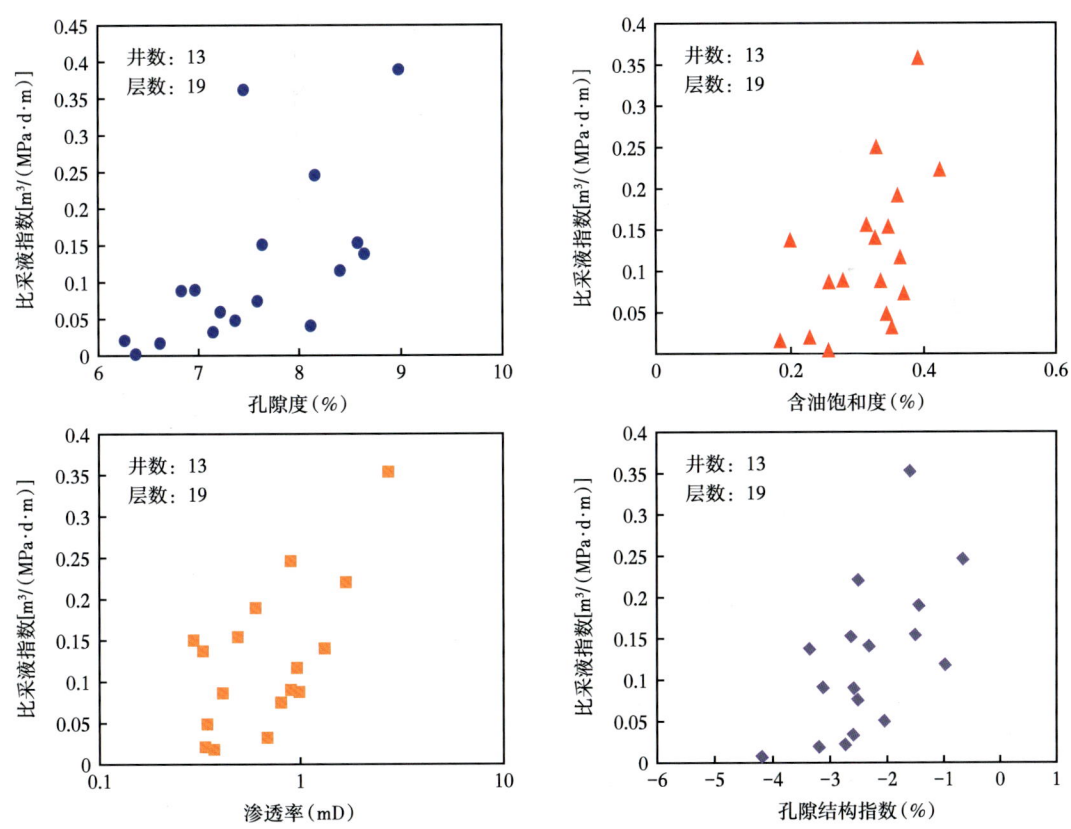

图7-14 孔隙度、含油饱和度、渗透率及孔隙结构指数与比采液指数交会图（玛北地区）

2）常规测井储层品质因子构建

在确定了储层品质因子常规测井敏感参数的基础上，构建了常规测井储层品质因子（ZHB）：

$$ZHB = \phi \cdot P_{zg} \cdot K \cdot S_o \tag{7-14}$$

式中　ϕ——孔隙度，%；
　　　K——渗透率，mD；
　　　S_o——含油饱和度，%；
　　　P_{zg}——归一化的孔隙结构指数（P_z），小数，其计算公式为

$$P_{zg} = \frac{P_z - P_{zmin}}{P_{zmax} - P_{zmin}} \tag{7-15}$$

式中　P_{zmin}、P_{zmax}——分别为某地区孔隙结构指数（P_z）的最小值与最大值。

前期研究结果表明，玛北地区 P_{zmax} 为 1.5，P_{zmin} 为 -4.5；风南井区 P_{zmax} 为 3.3，P_{zmin} 为 -3.6；艾湖井区 P_{zmax} 为 4.5，P_{zmin} 为 -1。

13 口井 19 层比采液指数与计算的储层品质因子之间的相关性分析结果显示，二者具有较好的正相关性（图 7-15），即随着储层品质因子值越大，储层产出能力越强，建立的储层品质因子能有效反映储层产出能力。

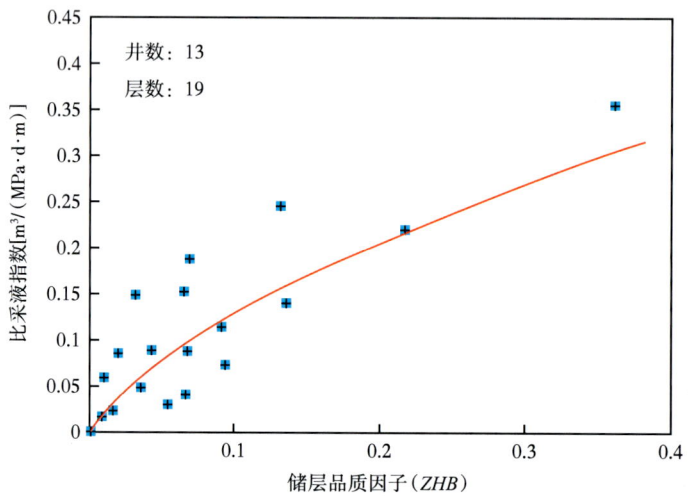

图 7-15　常规测井储层品质因子与比采液指数交会图（玛北地区）

2. 核磁测井构建储层品质因子

1）核磁共振储层品质因子敏感参数提取

与常规测井品质因子类似，分别建立比采液指数与核磁可动流体饱和度（ST_2）、含油饱和度（S_o）、核磁计算渗透率（K_N）、T_2 几何均值（T_{2lm}）等核磁共振测井参数的相关性图版（图 7-16）。交会图分析表明，可动流体饱和度、含油饱和度、$K_N \times ST_2$ 与比采液指数相关性较好，确定上述三个参数作为构建储层品质因子的核磁共振敏感参数。

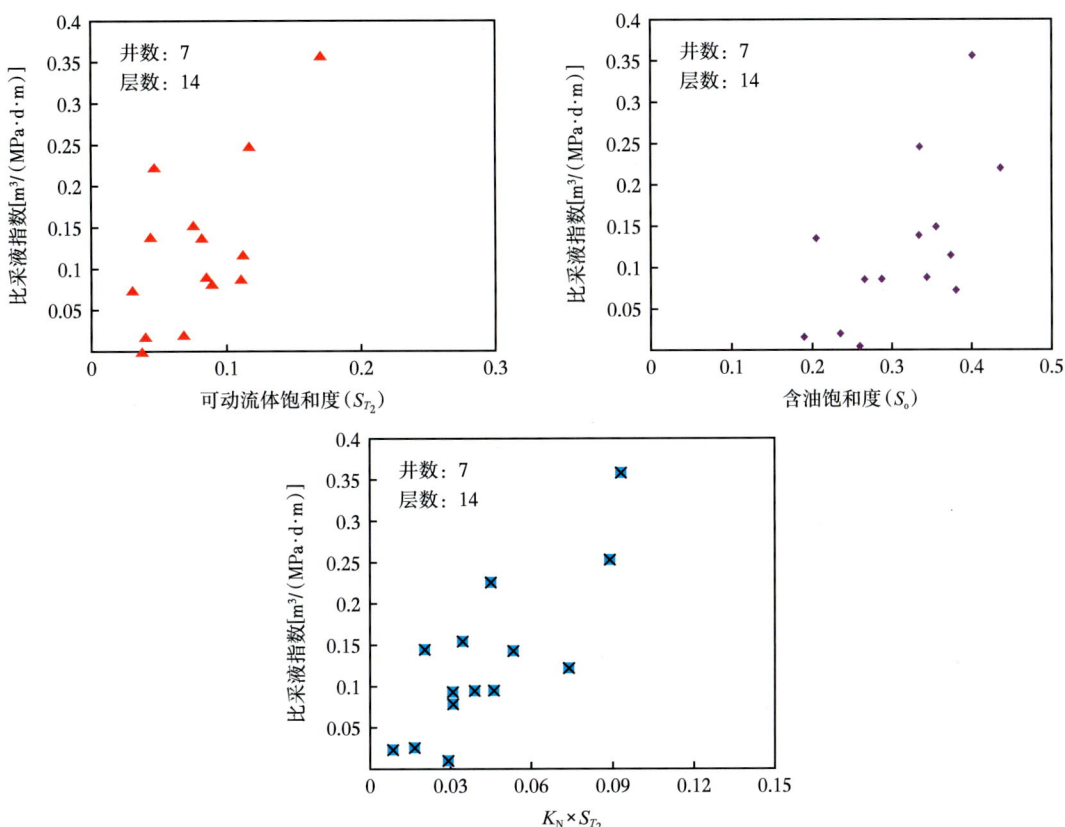

图 7-16　可动流体饱和度、含油饱和度、$K_N \times S_{T_2}$ 与比采液指数交会图（玛北地区）

2）核磁共振储层品质因子构建

在核磁共振储层敏感参数提取的基础上，构建了核磁测井储层品质因子（ZHN）：

$$ZHN = K_N \times S_{T_2} \times S_o \tag{7-16}$$

式中　K_N——核磁计算渗透率，mD；

S_{T_2}——核磁测井中 $T_2 > 100\text{ms}$ 时 T_2 谱面积占谱总面积比值，小数；

S_o——含油饱和度，%。

图 7-17 为计算的核磁共振储层品质因子与比采液指数之间的相互关系。比采液指数随储层品质因子值的增大而增大，表明储层品质因子值越大，储层产出能力越强。

3. 基于品质因子的储层分类标准

基于常规和核磁共振测井储层品质因子值的大小，建立了玛北地区储层分类标准（表 7-7）：

Ⅰ类储层：岩性主要为粗砂岩、细砾岩；孔隙类型以原生粒间孔为主；储层储性及渗流性均较好，孔隙度一般＞10%，渗透率一般＞5mD；黏土含量较低，一般小于4%；常规测井方法计算的储层品质值大于2.8，核磁计算储层品质因子值大于0.3。

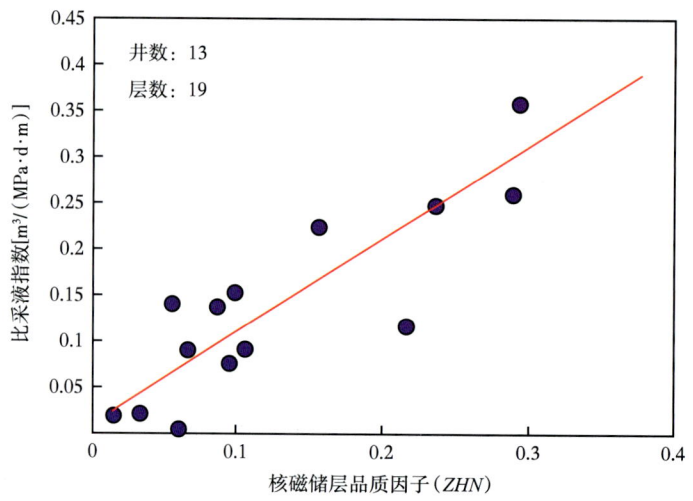

图 7-17 核磁储层品质因子与比采液指数交会图（玛北地区）

表 7-7 基于储层品质因子的玛北井区储层分类评价标准

储层分类	岩性		孔隙类型	物性特征		储层品质因子	
	岩石粒度	黏土含量（%）		孔隙度（%）	渗透率（mD）	常规测井	核磁测井
Ⅰ类	粗砂岩 细砾岩	<4	原生粒间孔	>10.0	>5	>2.8	>0.3
Ⅱ类	细砾岩 小中砾岩	4~7	粒间溶孔、剩余粒间孔	8.5~10.0	1~5	0.2~2.8	0.04~0.3
Ⅲ类	小中砾岩 大中砾岩	7~10	连通性较差的粒内溶孔	7~8.5	0.11~1	<0.2	<0.04

Ⅱ类储层：岩性为部分细砾岩、小中砾岩；孔隙类型以粒内溶孔及剩余粒间孔为主，其中溶蚀孔隙大多彼此孤立。孔隙度主要分布在8.5%~10%，渗透率分布在1~5mD；黏土含量主要分布于4%~7%；常规测井方法计算的储层品质因子值各断块存在差异，常规测井方法计算的储层品质值介于0.2~2.8，核磁计算储层品质因子值介于0.04~0.3。

Ⅲ类储层：岩性以小中砾岩为主，含有部分大中砾岩；孔隙类型以连通性较差粒内溶孔为主；孔隙度主要分布在7.0%~8.5%，渗透率分布在0.11~1mD；黏土含量主要分布于7%~10%；常规测井方法计算的储层品质因子值各断块存在差异，常规测井方法计算的储层品质值小于0.2，核磁计算储层品质因子值小于0.04。

参 考 文 献

[1] 郭睿.储层物性下限值确定方法及其补充 [J].石油勘探与开发，2004，31（5）：140-144.
[2] 付金华，罗安湘，张妮妮，等.鄂尔多斯盆地长7油层组有效储层物性下限的确定 [J].中国石油勘探，2014，19（6）：82-88.

[3] 李潮流，李长喜，侯雨庭，等.鄂尔多斯盆地延长组长7段致密储层测井评价[J].石油勘探与开发，2015，42（5）：608-614.

[4] 林发武，周凤鸣，刘得芳，等.基于产能刻度测井碳酸盐岩储层品质评价方法[J].特种油气藏，2015，22（2）：63-66.

[5] 赖锦，王贵文，陈敏，等.基于岩石物理相的储层孔隙结构分类评价——以鄂尔多斯盆地姬源地区长8油层组为例[J].石油勘探与开发，2013，40（5）：566-573.

[6] 张龙海，周灿灿，刘国强，等.孔隙结构对低孔低渗储层电性及测井解释评价的影响[J].石油勘探与开发，2006，33（6）：671-676.

[7] 刘之的，石玉江，周金昱，等.有效储层物性下限确定方法综述及适用性分析[J].地球物理学进展，2018，33（3）：1102-1109.

[8] 刘毛利，冯志鹏，蔡永良，等.有效储层物性下限方法的研究现状和发展方向[J].四川地质学报，2014，34（1）：9-13.

[9] 杨通佑，范尚炯，陈元千，等.石油及天然气储量计算方法[M].2版.北京：石油工业出版社，1998.

[10] 柳锦云.低渗透油藏有效厚度下限标准研究[J].海洋石油，2008，28（3）：70-73.

[11] 丛琳，刘洋，马世忠，等.动静态资料在致密砂岩有效储层物性下限确定中的应用[J].当代化工，2014，43（8）：1599-1601+1619.

[12] 王渝民，庞颜民，杨树锋，等.基于启动压力梯度的低渗透砂岩储层分类研究[J].高校地质学报，2005，11（4）：617-621.

[13] Purcell W R.Capillary pressures-their measurement using mercury and the calculation of permeability therefrom[J].Journal of Petroleum Technology，1949，1（2）：39-48.

[14] 吴胜和.储层表征与建模[M].北京：石油工业出版社，2010.

[15] Wall C C.Permeability：pore size distribution correlations[J].Inst Petrol，1965，51：498.

[16] 赖锦，王贵文，柴毓，等.致密砂岩储层孔隙结构成因机理分析及定量评价——以鄂尔多斯盆地姬源地区长8油层组为例[J].地质学报，2014，88（11）：2119-2130.

[17] 徐祖新，张义杰，王居峰，等.渤海湾盆地沧东凹陷孔二段致密储层孔隙结构定量表征[J].天然气地球科学，2016，27（1）：102-110.

[18] 王飞，刘致水，包乾宗，等.岩石物理学基础[M].北京：中国地质大学出版社，2022.

[19] 肖立志.井下环境核磁共振科学仪器[M].北京：科学出版社，2015.

[20] 卢振东，刘成林，臧起彪，等.高压压汞与核磁共振技术在致密储层孔隙结构分析中的应用：以鄂尔多斯盆地合水地区为例[J].地质科技通报，2022，41（3）：300-310.

[21] 孟昆，王胜建，薛宗安，等.利用核磁共振资料定量评价页岩孔隙结构[J].波谱学杂志，2021，38（2）：215-226.

[22] 吴松涛，朱如凯，罗忠，等.中国中西部盆地典型陆相页岩纹层结构与储层品质评价[J].中国石油勘探，2022，27（5）：62-72.

[23] 钟光海，陈丽清，廖茂杰，等.页岩气储层品质测井综合评价[J].天然气工业，2020，40（2）：54-60.

第八章　砾岩储层测井评价应用实例

第一节　含沥青砾岩储层测井评价

世界许多沉积盆地的含油气储层中均广泛分布着固体沥青[1-2]，我国四川盆地震旦系—侏罗系、塔里木盆地奥陶系和志留系及准噶尔盆地石炭系—侏罗系均发现了大量固体沥青的存在[3-5]。固体沥青包含了油气形成和演化等重要信息，最早被用来作为寻找油气藏的重要标志[6]。随着实验分析技术的进步，对固体沥青H/C原子比、碳同位素、反射率、生物标志化合物及光学特性的研究，逐渐成为重建含油气盆地热史、分析烃源岩演化史、辨明油气来源及解决成藏期次等常见地质问题的有利证据，对油气勘探与开发有重要的指导作用[7]。

随着勘探与开发的深入，准噶尔盆地玛湖凹陷二叠系和三叠系多个层位的致密砾岩储层中常伴有条状、团块状和浸染状等多种形态沥青赋存于微裂缝、溶孔、晶间孔及颗粒间。固体沥青的存在，不仅对储层物性造成严重影响，更重要的是沥青与油气特征相似，利用常规测井手段极易把沥青误认为油（气）层，严重影响测试选层，制约勘探开发效率。

通过对环玛湖凹陷及其周缘超过600口井的录井描述、岩心扫描及岩石薄片观察等统计发现，共计122口井钻遇了固体沥青。固体沥青平面上主要分布在克百断裂带、玛湖凹陷、乌夏断裂带及中拐凸起等地方，层位上石炭系—侏罗系均有所分布[8]。储层中的固体沥青类似于充填在储层孔隙及裂缝中的胶结物及自生黏土一样，导致储层孔隙度和渗透率降低，严重影响储层物性，特别对致密储层影响更大。此外，固体沥青充填于储层孔隙中，导致储层非均质性增强，对后期油气运移与成藏也具有重要的影响[9]。

固体沥青与油气的常规测井响应特征非常相似，表现为声波、电阻率增大，测井解释时易将占据孔隙空间的固体沥青误当成油气，使得解释出的孔隙度、渗透率偏大，导致有效试油（气）层选择出现偏差[10-11]。此外，由于孔隙结构的差异，固体沥青在储层中的分布状态与形态也有所差异，不同分布状态的固体沥青对储层声波时差和电阻率影响程度也会有一定的差异。因此，明确固体沥青对储层物性、测井参数的影响，建立固体沥青测井识别方法，对砾岩储层有效性评价、油气地质储量计算及有效试油（气）层的选择具有重要的指导作用。

一、沥青对储层物性和测井响应的影响

1. 沥青对储层物性的影响

实验分析表明，砾岩储层沥青溶解前后气测孔隙度和渗透率变化较大。沥青溶解前气测孔隙度分布范围为3.66%~7.36%，平均为5.16%；溶解后气测孔隙度分布范围为5.39%~10.97%，平均为8.87%，溶解后孔隙度平均增加3.71%（图8-1）。沥青溶解前气

测渗透率分布范围为 0.006~0.79mD，平均值为 0.17mD；溶解后气测渗透率分布范围为 0.95~35.44mD，平均值为 14.6mD，溶解后渗透率平均增加 85 倍（图 8-1）。上述变化表明沥青对砾岩储层物性具有显著的影响。进一步分析气测孔隙度和渗透率变化量与沥青溶解量的关系，沥青溶解量越多，样品气测孔隙度和渗透率增加越大，即沥青溶解量与气测孔隙度和渗透率呈现正相关（图 8-2）。依据沥青溶解量与孔隙度和渗透率拟合关系式可以推算出：每溶解 1% 沥青，气测孔隙度增加 0.702%，渗透率增加 6.113mD，溶解后储层物性远优于溶解前储层物性。

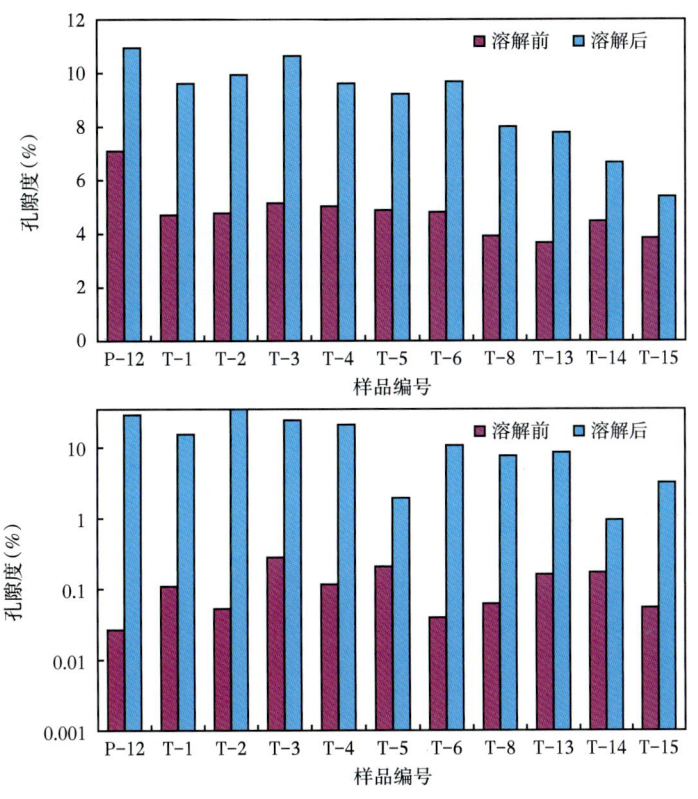

图 8-1　沥青溶解前后样品气测孔隙度和气测渗透率分布图

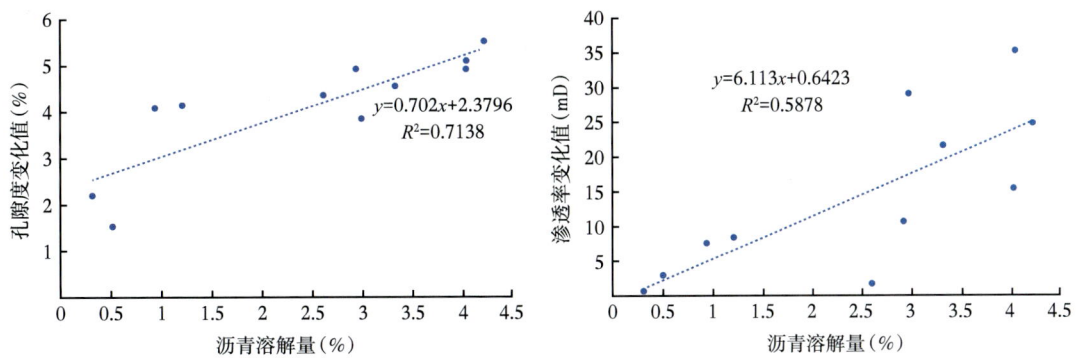

图 8-2　沥青溶解量与气测孔隙度变化值和气测渗透率变化值关系图

2. 沥青对测井响应的影响

1）沥青对密度的影响

研究区含沥青砾岩储层样品溶解前后密度分析测试结果表明（图8-3），沥青溶解后岩样密度显著减小。11个样品沥青溶解前，岩样密度分布在2.61~2.86g/cm³，平均2.74g/cm³。沥青溶解后岩样密度分布为2.25~2.45g/cm³，平均为2.36g/cm³。平均减小0.029g/cm³，沥青溶解越多，样品密度越小。进一步分析沥青量溶解量与岩样密度变化值呈正相关（图8-4）根据二者变化关系可以推算出每溶解1%体积的沥青，样品密度减少0.0115g/cm³。

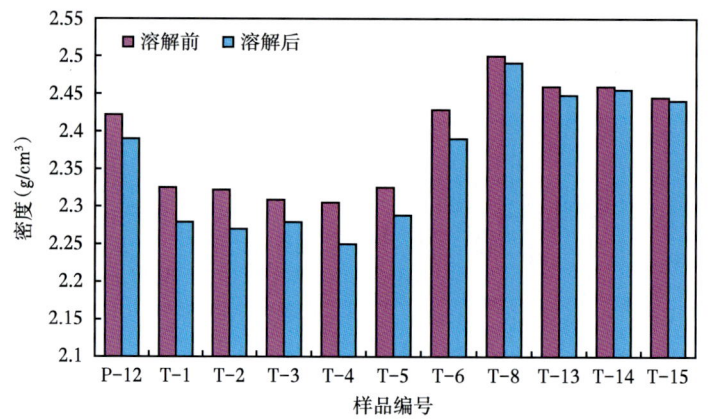

图8-3 沥青溶解前后密度分布图

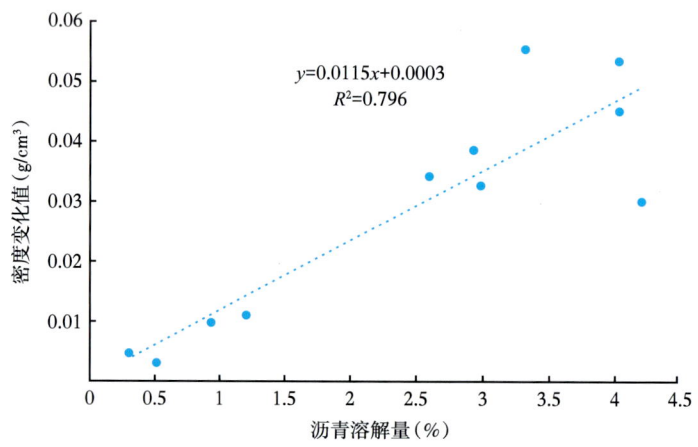

图8-4 沥青溶解量与密度变化值定量关系图

2）沥青对声波时差的影响

声波时差反映了储层总孔隙度的变化，除了受沉积地层的岩性、物性及孔隙中的流体性质等因素综合影响，固体沥青充填在岩石孔隙中也会影响声波的传播速度。固体沥青的密度（$\rho \approx 1.12$g/cm³）大于水，声波在沥青中的传播速度比在水中传播快，所以沥青溶解量越多会导致声波时差增大。由于横波不能在液体中传播[12]，沥青溶解后孔隙中的液体体积增加，造成横波比纵波时差变化更为明显。

分析研究地区含沥青砾岩样品沥青溶解前后纵（v_p）、横波速度（v_s）变化情况，沥青溶解前纵波和横波时差分布范围分别为 67.13~81.21μs/ft 和 107.02~129.26μs/ft，纵波、横波时差平均值分别为 74.034μs/ft 和 117.53μs/ft。溶解后纵波和横波时差分布范围分别为 72.86~91.45μs/ft 和 118.57~154.50μs/ft，沥青溶解后纵波时差平均增加 7.89μs/ft，横波时差平均增加 18.60μs/ft（图 8-5），同时，沥青溶解量与纵波时差和横波时差变化值之间正相关关系（图 8-6）。根据沥青溶解量与声波时差变化值拟合关系可以计算出每溶解 1% 沥青，纵波时差平均增加 2.01μs/ft，横波时差增加 4.5487μs/ft，即沥青充填孔隙对横波产生的效果更加明显。

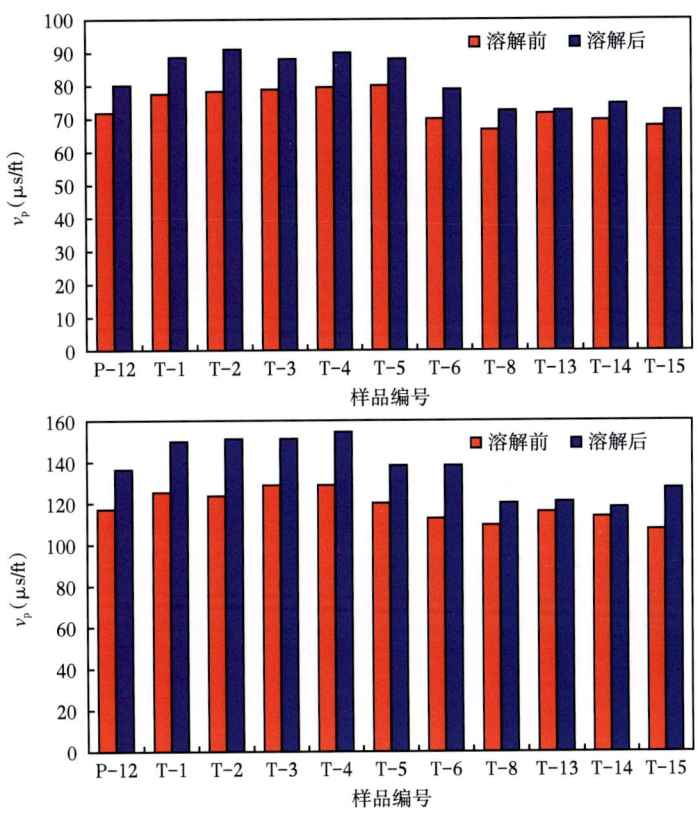

图 8-5　沥青溶解前后纵波时差、横波时差分布图

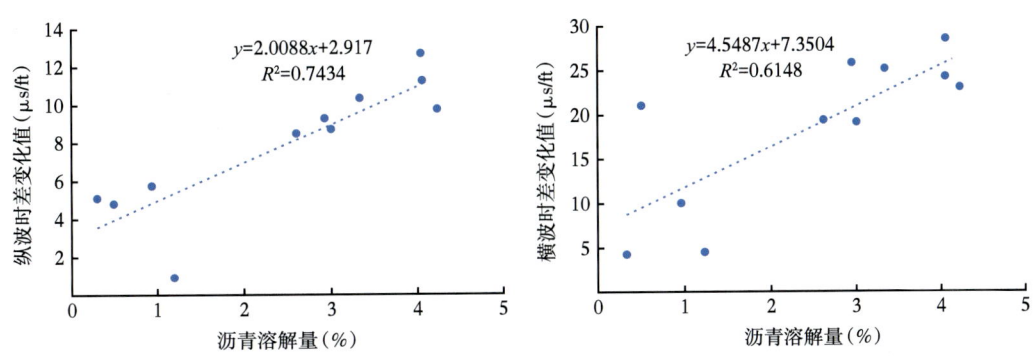

图 8-6　沥青溶解量与纵波时差变化、横波时差关系图

3）沥青对电阻率的影响

电阻率测井是评价储层含油性的主要工具。沥青属于不导电的碳氢化合物，当储层孔隙空间中充填沥青，会导致电阻率测井值异常增大，基于电法测井资料定量评价含沥青储层含油（气）饱和度会严重偏大，从而影响有效油气层的判断。

对 11 块样品沥青溶解前后饱含水电阻率测量分析，溶解前电阻率分布范围为 14.29~169.35Ω·m，平均值为 64.41Ω·m；溶解后分布范围为 5.45~32.24Ω·m，平均值为 21.30Ω·m。沥青溶解后，电阻率值显著降低，岩样电阻率平均减小 47.27Ω·m，且沥青溶解量与电阻率变化值呈指数相关。上述分析表明，沥青的存在对砾岩储层电阻率造成较大影响，随着沥青含量增多，电阻率呈指数增长（图 8-7）。

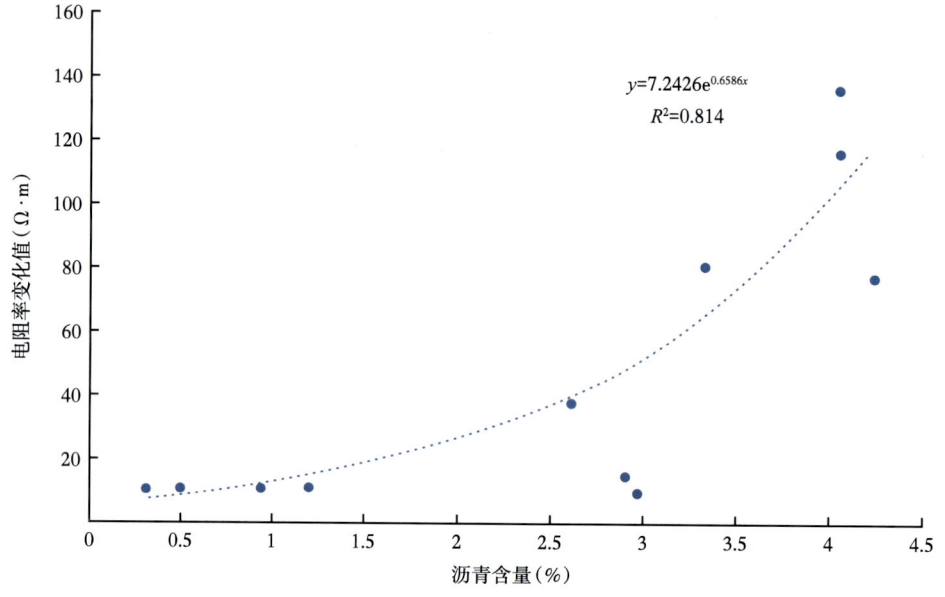

图 8-7　沥青含量与电阻率变化值关系图

二、含沥青砾岩储层测井评价

1. 含沥青砾岩储层测井定性识别

对于含沥青砾岩储层，沥青的溶解会引起气测孔隙度、渗透率的增加，岩样密度减小，纵横波时差不同程度增加，同时电阻率降低。对于相同沥青含量，不同储层而言，沥青对岩样密度、气测孔隙度影响程度差异不大，对气测渗透率和声波时差影响较大，但对电阻率影响相差甚远（图 8-8）。

根据岩石物理实验分析结果，确定了含沥青砾岩储层测井定性识别敏感参数，即电阻率（R_t）、纵波时差 AC、密度（DEN），并构建了 R_t/CNL 和 AC/DEN 测井定性识别图版（图 8-9）。沥青将导致砾岩储层 AC 减小，DEN 增大，R_t 增大，CNL 减小。因此，AC/DEN 将减小，RT/CNL 增大。同时，与不含沥青储层相比，含沥青储层斜率更大，利用这一关系可以对含沥青砾岩储层进行定性识别。

第八章 砾岩储层测井评价应用实例

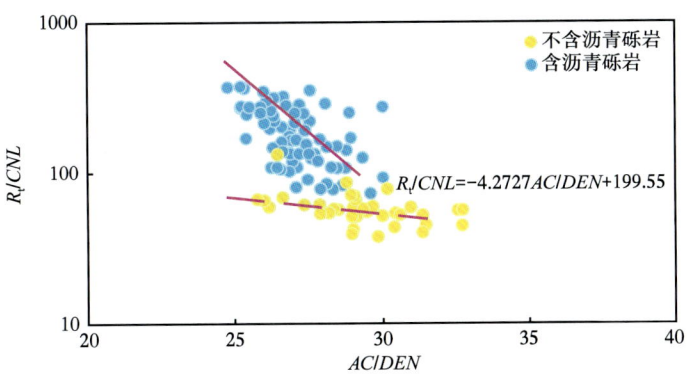

图 8-8 含沥青砾岩储层测井定性识别图版

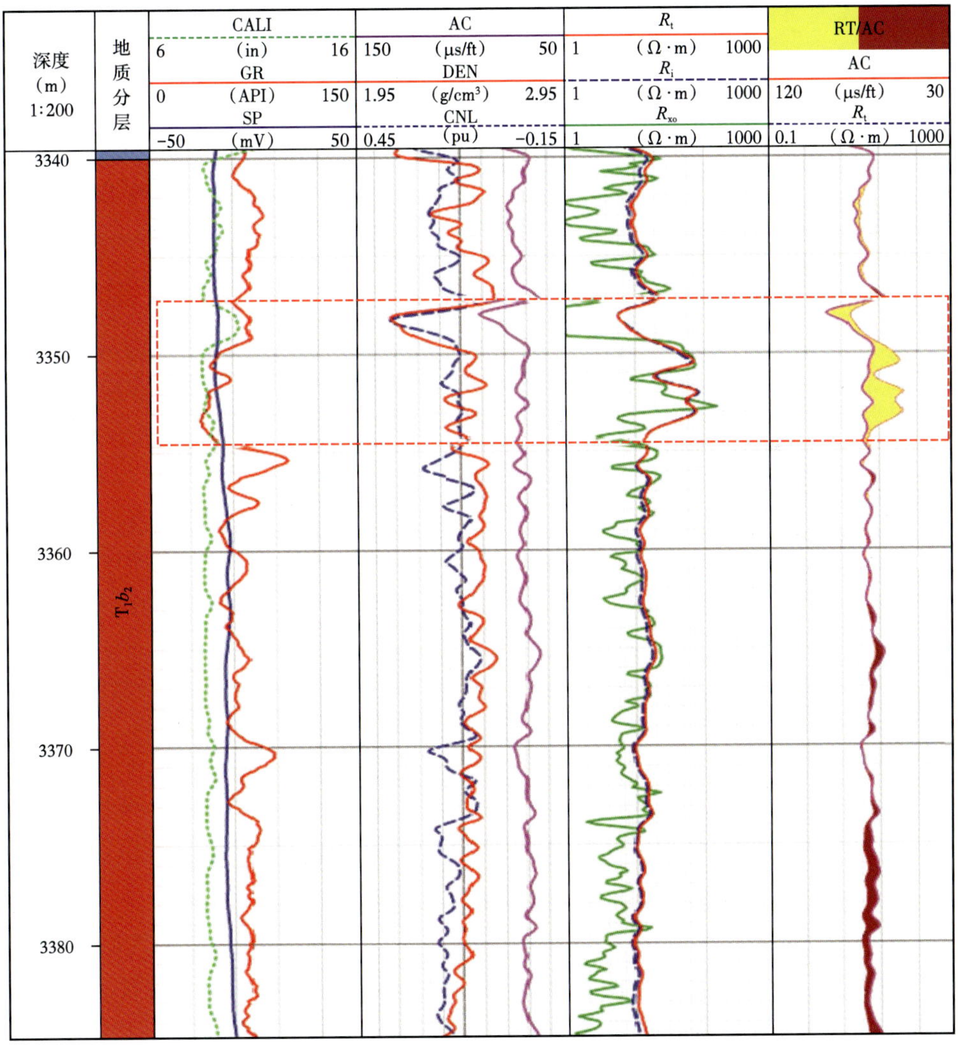

图 8-9 AC 与 R_t 包络法识别含沥青砾岩储层段（玛湖 025 井）

2. 砾岩储层沥青含量测井定量计算

在定性识别含沥青砾岩储层的基础上，构建沥青含量计算方法。测井曲线的响应特征表明，沥青对电阻率（R_t）和纵波时差（AC）的影响较明显，可以选取上述测井曲线为沥青敏感曲线。设置合适的刻度范围，使不含沥青段的 AC 与 R_t 曲线重合。在含沥青层段，AC 时差减小，而 R_t 会显著增大，从而形成明显的 AC 和 R_t 曲线包络现象（图 8-9）。基于这一变化特征，建立了视沥青含量（$\Delta \lg R$）的计算方法：

$$\Delta \lg R = \lg\left(\frac{R_t}{R_0}\right) + K\left(\Delta t - \Delta t_0\right) \tag{8-1}$$

式中　$\Delta \lg R$——视沥青含量，%；

R_t——储层段电阻率，$\Omega \cdot m$；

R_0——不含沥青段储层电阻率，$\Omega \cdot m$；

Δt——储层段声波时差，$\mu s/ft$；

Δt_0——不含沥青段储层声波时差，$\mu s/ft$；

K——比例系数，无量纲。

对比岩石物理实验分析获得的沥青含量与对应层段视沥青含量测井计算结果，平均相对误差为 7.6%，二者具有较高的指数相关性（图 8-10），图 8-11 为玛湖 025 井三叠系百口泉组沥青评价综合图。

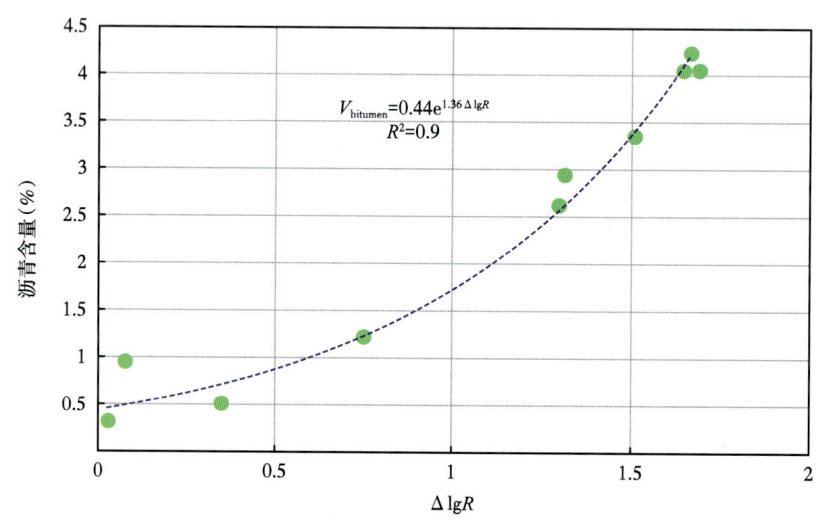

图 8-10　玛湖凹陷含沥青砾岩储层测井定量计算方法

3. 含沥青砾岩储层测井曲线校正方法研究

以含沥青砾岩储层岩石物理实验数据为基础，分别建立含沥青砾岩储层纵波时差、密度、电阻率曲线校正图版，如图 8-12、图 8-13 所示。密度和声波时差受沥青含量影响相对较小，其校正函数为线性校正函数，电阻率受沥青影响最大，其校正函数呈指数变化。

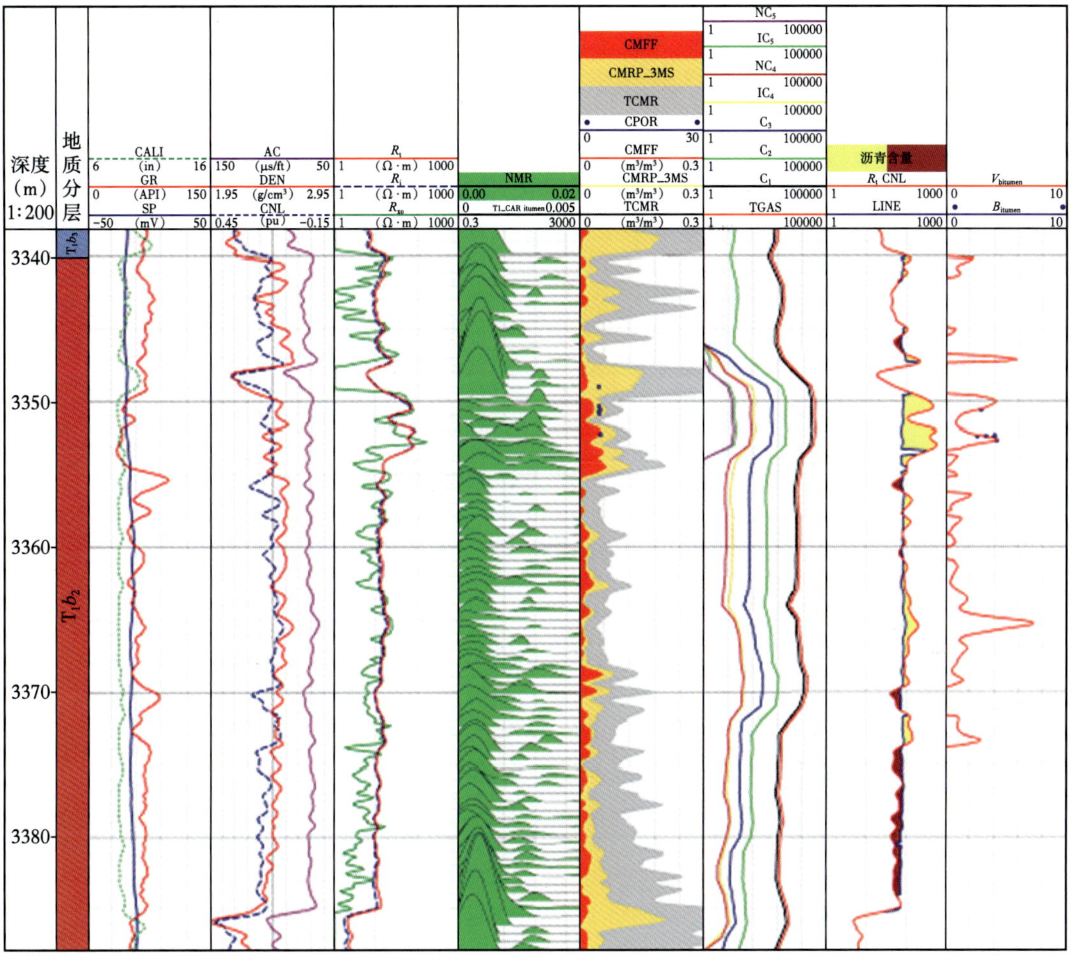

第八章 砾岩储层测井评价应用实例

图 8-11 玛湖 025 井三叠系百口泉组沥青评价图

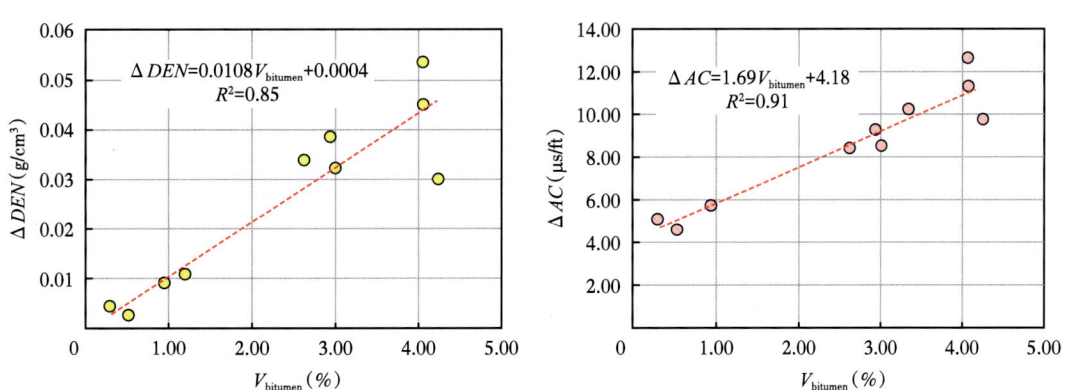

图 8-12 含沥青砾岩储层密度、纵波时差测井校正图版

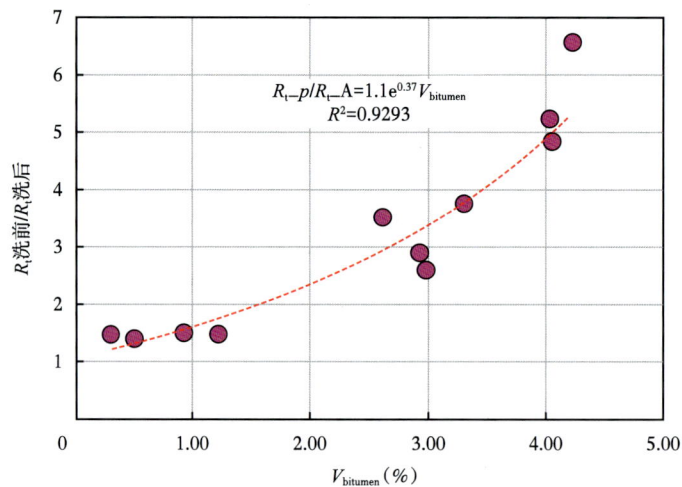

图 8-13 含沥青砾岩储层电阻率测井校正图版

含沥青砾岩储层密度、声波时差和电阻率测井校正函数：

$$DEN_c = DEN - (0.0108 \times V_{bitumen} + 0.004) \quad (8-2)$$

$$AC_c = AC + (1.69 \times V_{bitumen} + 4.18) \quad (8-3)$$

$$R_{tc} = \frac{R_t}{1.1 \times e^{0.37 V_{bitumen}}} \quad (8-4)$$

式中 DEN_c——校正密度，g/cm³；

AC_c——校正声波时差，μs/ft；

R_{tc}——校正电阻率，Ω·m；

DEN——原始密度，g/cm³；

AC——原始声波时差，μs/ft；

R_t——原始电阻率，Ω·m；

$V_{bitumen}$——沥青含量。

4. 三步法"识别含沥青砾岩储层流体性质

由于有沥青胶结的原因，含有沥青的储层岩电参数与不含沥青的储层差异巨大，如不含沥青砾岩储层胶结指数 $m=1.914$［图 8-14（a）］，而含沥青储层的 m 则接近 2.9［图 8-14（b）］，导致了利用阿尔奇公式计算含油饱和度的不适应性。

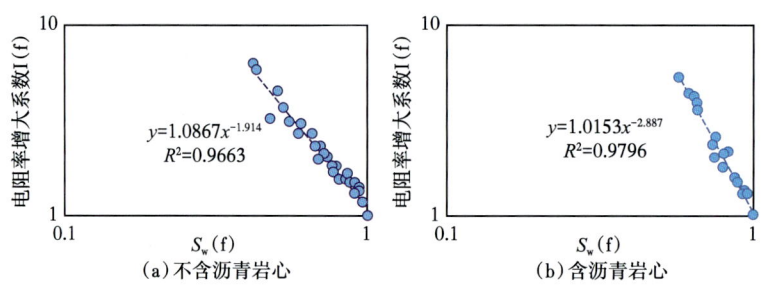

图 8-14 不含沥青与含沥青砾岩岩心含水饱和度和电阻率增大系数交会图

以克016井为例（图8-15），该井3087~3096m储层段试油结果为日产油33.9t，日产水27.57m³，试油结论是油水同层，原油性质为稀油，原油密度为0.8786g/cm³，黏度

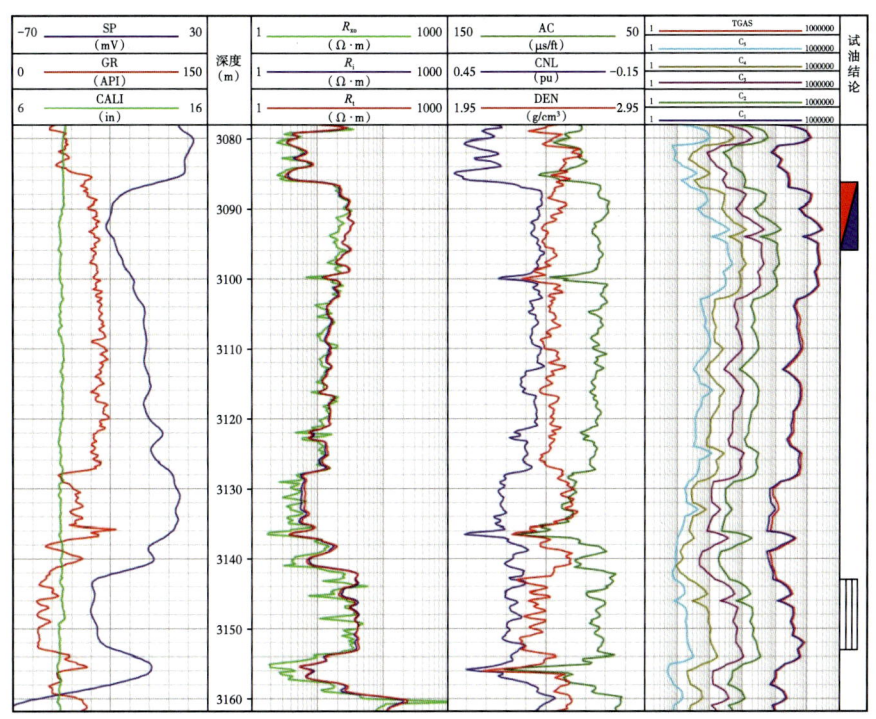

图8-15　克16井二叠系上乌尔禾组测井曲线图

为31.85mPa·s；3140~3153m储层段试油结果为日产油0.001t，试油结论为干层，原油性质为沥青，其密度为0.9196g/cm³，黏度为230.11mPa·s。沥青比稀油的密度和黏度上都大，虽然二者在物理性质上有较为明显的差异，但当沥青存在于地层中时，其测井响应却与油层十分类似。利用常规测井解释理论，如果3087~3096m储层段解释为油水同层，3140~3153m储层段物性更好、电阻率平均值为60Ω·m，应至少解释为油水同层，但试油结果恰恰相反。沥青充填于岩石的孔隙中，不像稀油属于流体，干沥青属于固体，因此在岩石体积物理模型里可以认为沥青属于骨架的一部分。当沥青发育的储层段，由于沥青的密度远小于岩石的密度，这就使得储层的密度降低、声波时差降低、中子降低、电阻率升高，进而形成了物性变好、电阻率在全井段最大、含油性变好的储层段假象。

根据多期充注、调整的油藏特点及储层沥青、稠油、稀油、天然气共存的特性，建立了"三步法"进行含沥青砾岩储层油气识别方法，具体步骤如下：

1）利用常规测井手段识别含烃类储层

如上文所述，含有沥青及稠油的储层，电阻率具有普遍升高的特点，利用孔隙度与电阻率交会图技术（图8-16）只能确保不漏失含烃类储层，并不能完全判断储层的流体性质，因此该方法进行流体性质识别准确率仅为52.5%，远不能达到测井解释的要求。

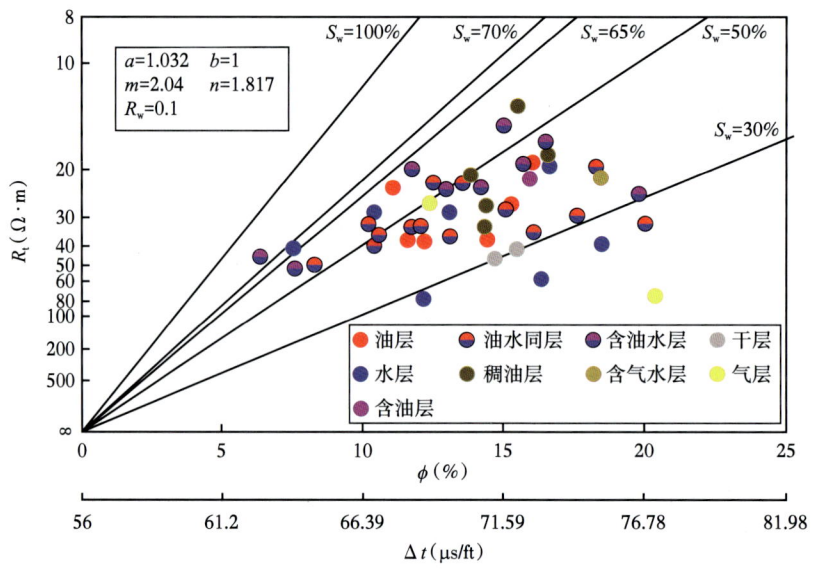

图 8-16　中拐凸起及东缘上乌尔禾组孔隙度与电阻率交会图

2）应用两种图版剔除沥青层及不含轻烃类的储层

薄片观察表明，沥青在砾岩储层中填充孔隙，同时还存在浸染泥质的情况。受声波时差小、密度数值低的沥青影响，上述两种不同分布状态沥青的岩石的密度、声波都比岩石骨架、泥岩的物理参数要低，且由于浸染泥质的沥青主要存在于泥质中，所以其声波时差略大于充填在孔隙空间中的干沥青（图 8-17）。

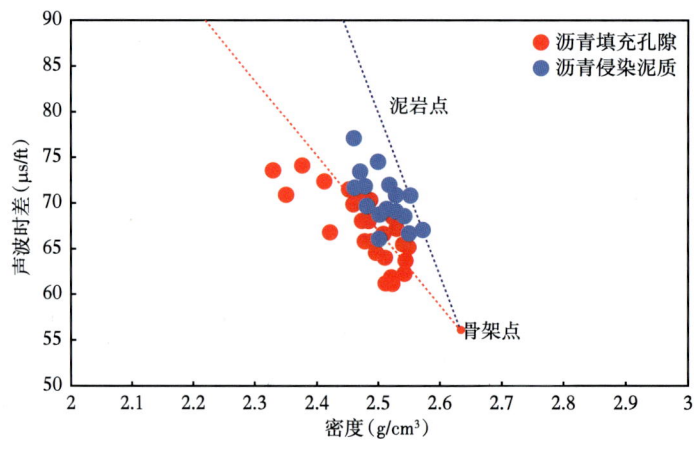

图 8-17　中拐凸起及东缘上乌尔禾组沥青分布形式识别图版

由于水、油、干沥青的核磁体积弛豫时间不同（图 8-18），它们的核磁 T_2 谱形态也呈现显著的差异。轻质油的核磁弛豫时间在 100~3000ms（主峰在 400ms 附近），重质油在 10~400ms（主峰在 60ms 附近），而沥青在 0.3~100ms，因此可以用 T_2=100ms 处是否有独立的谱峰作为轻质油存在的证据。由于核磁探测地层时往往在 1000ms 后会有不反应地层信息的噪声信号，因此，选取 100~1000ms 的核磁孔隙度与 T_2 几何平均值交会制作核磁流体性质识别图版（图 8-19）。可以看出，100ms 后的 T_2 几何平均值是核磁图版上轻质油的发育区。经过第二步剔除后的孔隙度—电阻率交会图（图 8-20），含有沥青、稠油和不含轻质油的储层被大大削减，此时的测井解释符合率已到达 65%。

3）剔除冲刷砾岩形成的长 T_2，消除貌似含有轻质油的储层

致密砾岩储层与冲刷砾岩储层的最大区别在于，前者的厚度一般较厚，由于岩石致密导致储层物性差，T_2 谱响应时间一般结束于 100ms 之前；而后者一般厚度极小，物性极好，导致了 T_2 谱结束时间在 1000ms 之前。因此，结合电成像图像，通过观察 T_2 谱的长短可以判断是否发育冲刷砾岩（图 8-21）。

冲刷砾岩厚度极小，平面展布很小，而致密砾岩厚度大，平面展布就大，冲刷砾岩类似于透镜体被"包裹"在致密砾岩储层中。因此，冲刷砾岩的 T_2 谱虽然长，但仅仅代表物性好的大孔径信息，而并不代表含有油气。同时，冲刷砾岩层由于渗透率高，侵入较深，现有的测井技术无法直接探测该类储层的流体性质，需要用与其直接接触的储层间接地判断流体性质。所以，冲刷砾岩发育的储层段的流体性质，是由包裹于上下的致密储层决定的。综上，需要剔除由冲刷砾岩造成的长 T_2 层段。

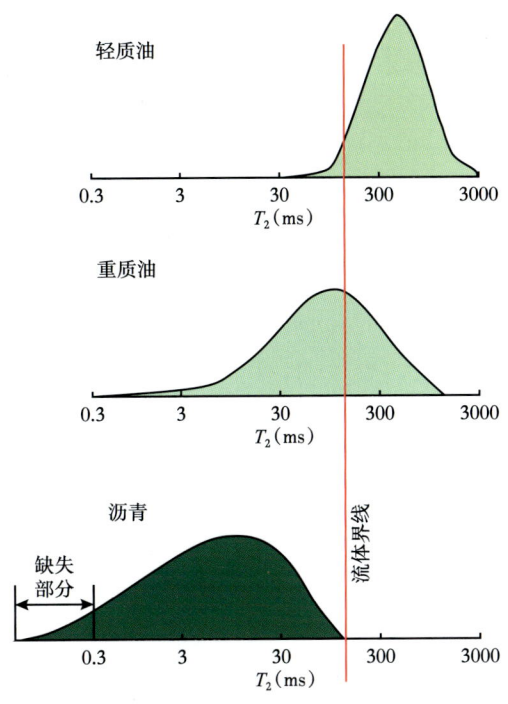

图 8-18 轻质油、重质油、沥青核磁共振 T_2 谱图

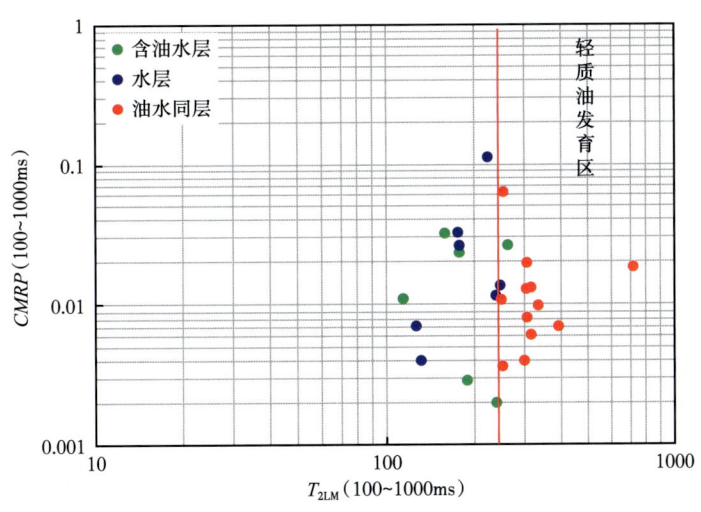

图 8-19 中拐凸起上乌尔禾组核磁流体性质识别图版

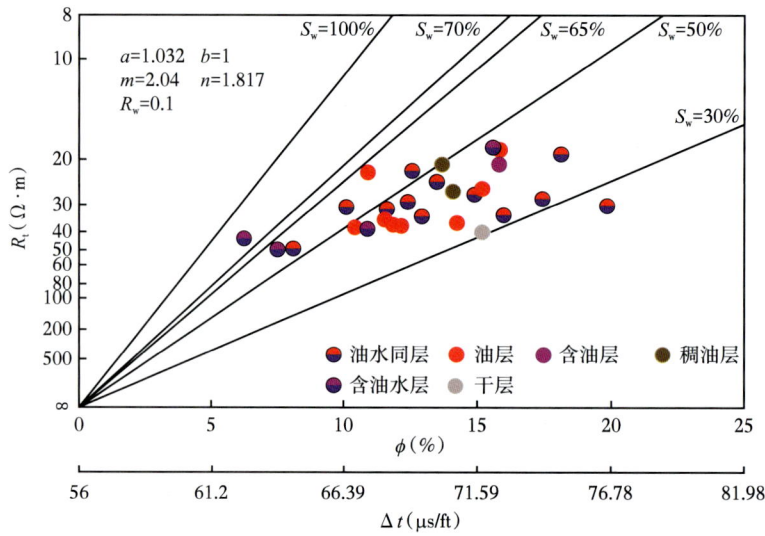

图 8-20 经过第二步剔除后的孔隙度—电阻率交会图

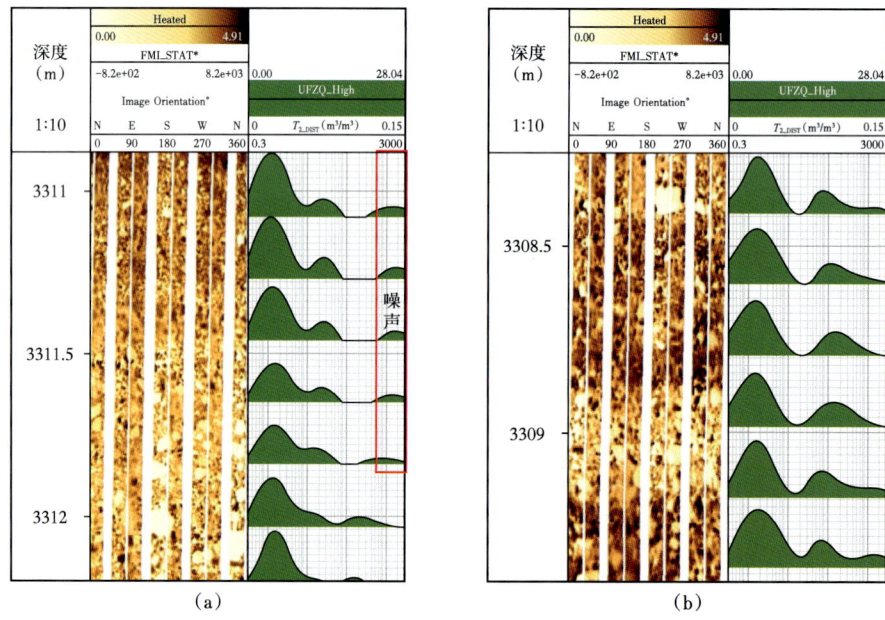

图 8-21 金龙 47 井上乌尔禾组致密砾岩（a）、冲刷砾岩储层（b）的 FMI、核磁特征

金龙 42 井储层段核磁"拖尾"说明此处可能含有油气，电成像测井图像显示，3177.5m 处砾岩为大颗粒砾石堆叠而成，属于冲刷砾岩的特征，而 3177.5m 上下储层的粒径变小，没有冲刷砾岩的特征，因此可以判断此处应为油层，且高产油（图 8-22）。试油结果显示 3175~3223m 试油层段日产油 33.75t，日产气 $1.694×10^4m^3$，为高产油气流。

经过第三步剔除后的孔隙度—电阻率交会图（图 8-23），含有沥青、稠油和不含轻质油的储层被大大削减，此时的测井解释符合率可达到 85%。

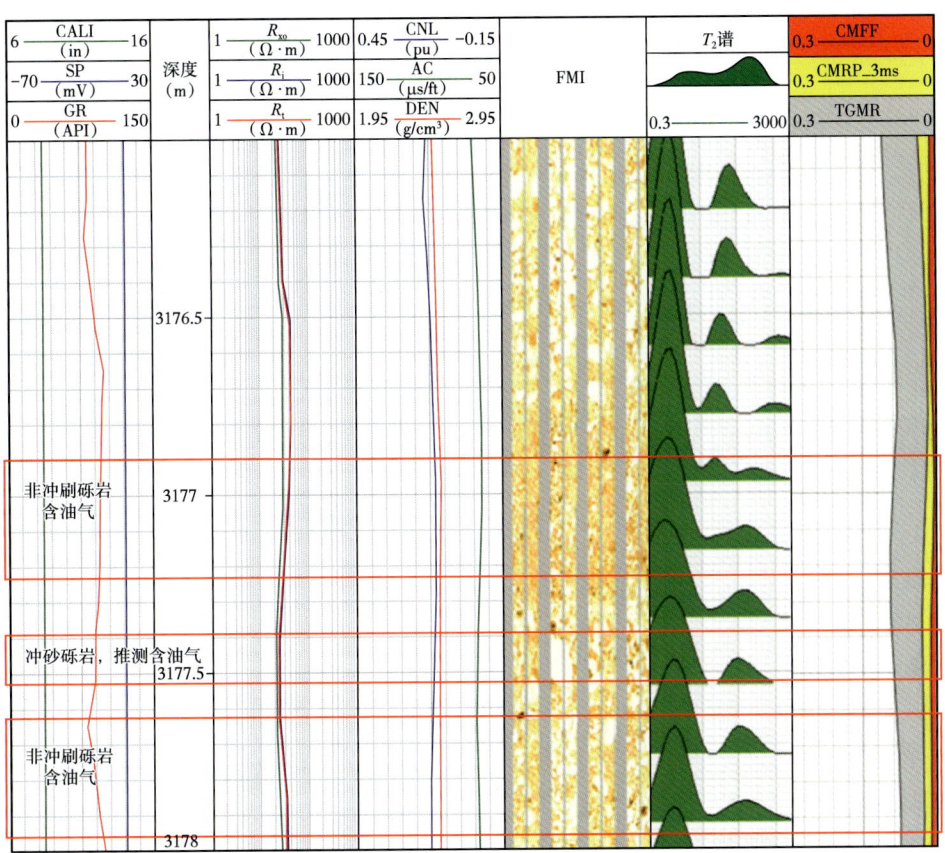

图 8-22　金龙 42 井上乌尔禾组冲刷砾岩解释成果图

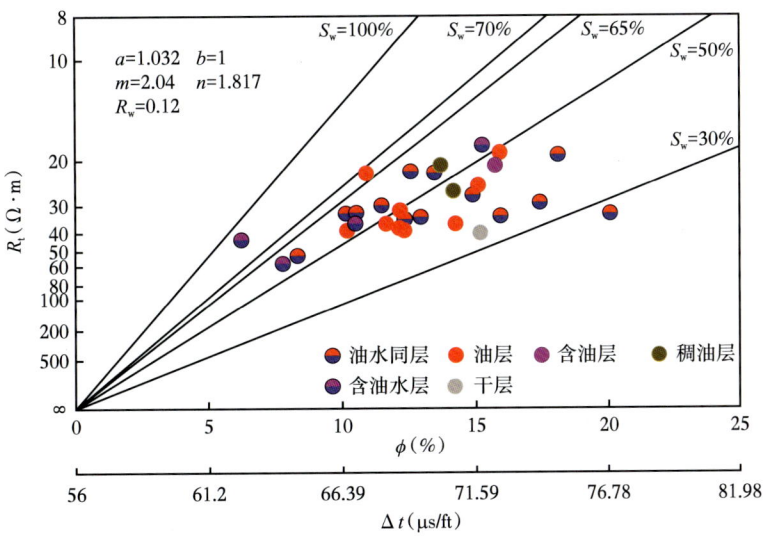

图 8-23　经过第三步剔除后的孔隙度—电阻率交会图

第二节　含浊沸石砾岩储层测井评价

准噶尔盆地二叠系乌尔禾组砾岩储层厚度大、分布广，岩性主要以大套的褐灰色含浊沸石砾岩及中粗砂岩出现。前期勘探实践证实，该套地层具有良好勘探前景[13-14]。含沸石砾岩层虽然在盆地其他地区或层位曾经有过钻遇，但缺乏系统性研究，从测井评价的角度，属于一个新的勘探对象。特别是在砾岩储层强非均质性背景下，浊沸石的存在使得测井响应机理趋于复杂，含浊沸石砾岩储层的解释符合率不高，主要呈现以下问题：第一，浊沸石发育层段高阻、低密度的测井响应特征与优质砾岩油层特征极为相似，亟须建立浊沸石测井识别方法；第二，浊沸石发育的砾岩储层电性相似，但产能却差异明显，含浊沸石砾岩储层分类标准尚不明确；第三，含浊沸石砾岩储层孔隙度、渗透率、饱和度评价结果难以满足储量计算精度要求。因此，分析浊沸石测井响应机理，开展储层测井评价，对于全面认识复杂砾岩储层具有重要的意义[15-16]为此，本节以浊沸石相对发育的盐北4井区二叠系乌尔禾组为例，系统阐述含浊沸石砾岩储层测井响应机理和测井评价方法。

一、地质概况

2015年，位于玛东斜坡区上的盐北4井在二叠系下乌尔禾组3904.0~3917.0m含浊沸石砾岩层段试油取得突破，日产28.56t工业油流，是玛湖凹陷东斜坡二叠系乌尔禾组首口获得高产工业油流的探井。后续勘探实践证实，玛湖凹陷东斜坡二叠系下乌尔禾组具有良好勘探前景。

对比试油结果，由于储层电阻率普遍较高且变化范围大，流体判别及产能预测难度大，导致玛东斜坡区二叠系下乌尔禾组含浊沸石砂砾岩储层的解释符合率不高。含沸石砾岩层虽然在盆地其他地区或层位曾经有过钻遇，但尚未开展针对性和系统性研究工作，从测井评价的角度，属于新的勘探对象，给测井评价工作提出了新的需求。

1. 构造特征

盐北4井区位于准噶尔盆地陆梁隆起三个泉凸起与英西凹陷的西部，西侧靠近玛湖凹陷。玛湖凹陷东斜坡及陆梁隆起经历了海西、印支、燕山和喜马拉雅等多期构造运动改造。早中二叠世，陆梁隆起相对抬升，西部的玛湖凹陷二叠系发育齐全，而在陆梁隆起高部位没有沉积二叠系佳木河组、风城组和夏子街组，仅在隆起边缘有较薄的沉积。晚二叠世，陆梁隆起进一步抬升，下二叠统乌尔禾组向隆起方向下部逐层上超，上部削蚀尖灭。印支期相对稳定，三叠系广泛沉积，厚度变化不大，其中百口泉组向隆起方向逐层超覆。燕山早期相对稳定，形成了三角洲相和湖相砂泥岩建造。燕山中晚期活动加剧，表现在中侏罗统以上地层，尤其是头屯河组明显向高部位被削蚀减薄，与上覆白垩系呈角度不整合接触。燕山晚期和喜马拉雅期构造运动对白垩系影响不大，但喜马拉雅期区域性的向南掀斜使本地区侏罗系以上地层形成向北西方向抬升的单斜构造特征（图8-24）。

第八章 砾岩储层测井评价应用实例

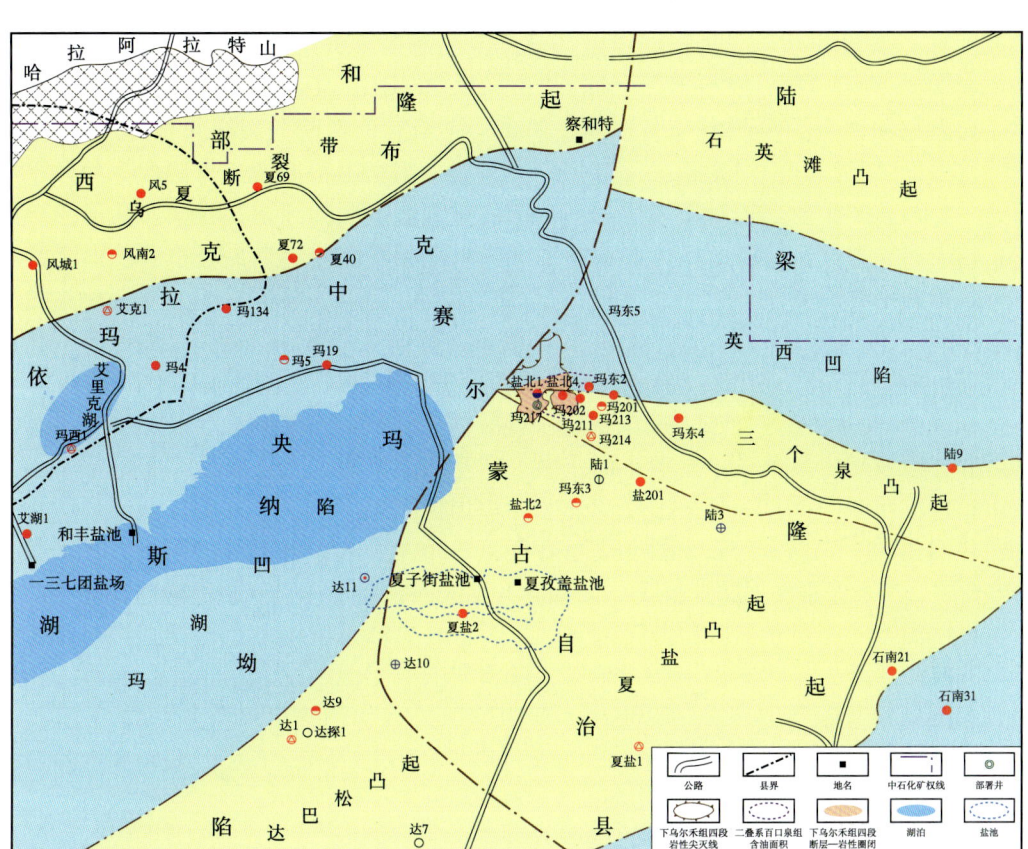

图 8-24 盐北 4 井区油藏构造位置图

2. 地层特征

该区地层在石炭系基底之上自下而上发育的地层有二叠系夏子街组、下乌尔禾组；三叠系百口泉组、克拉玛依组、白碱滩组；侏罗系八道湾组、三工河组、西山窑组、头屯河组；白垩系；古近系；新近系；第四系。其中二叠系与三叠系、三叠系与侏罗系、侏罗系与白垩系之间均为区域性不整合接触关系。二叠系超覆、削截现象明显，沿着三个泉凸起二叠系各组地层尖灭线呈不规则的弧形分布（图 8-25）。

依据岩性和电性特征，研究目的层位二叠系下乌尔禾组共分四段，自下而上为下乌尔禾组一段（P_2w_1）至下乌尔禾组四段（P_2w_4），以下分别简称为乌一段、乌二段、乌三段、乌四段。目前钻井主要揭示的层位包括乌四段和乌三段。乌四段沉积中心位于夏盐 2 井以南地区，地层整体以剥蚀为主，顶部为不整合面风化壳形成的深灰色泥岩、砂质泥岩，中下部为灰色、灰褐色砾岩，下乌尔禾组三段岩性主要为浅棕色、灰色砾岩、不等粒砂岩与粉砂质泥岩、泥岩的互层。电性特征显示双侧向电阻率主要为高阻块状、局部呈高阻指状特征，自然电位曲线在储层、非储层段具有一定异常幅度。盐北 4 井区块乌四段油藏油层分布在乌四段中下部，玛东斜坡区乌四段分布较稳定，厚度 0~250m，向玛湖凹陷中心延伸，乌四段具有增厚趋势[17]。

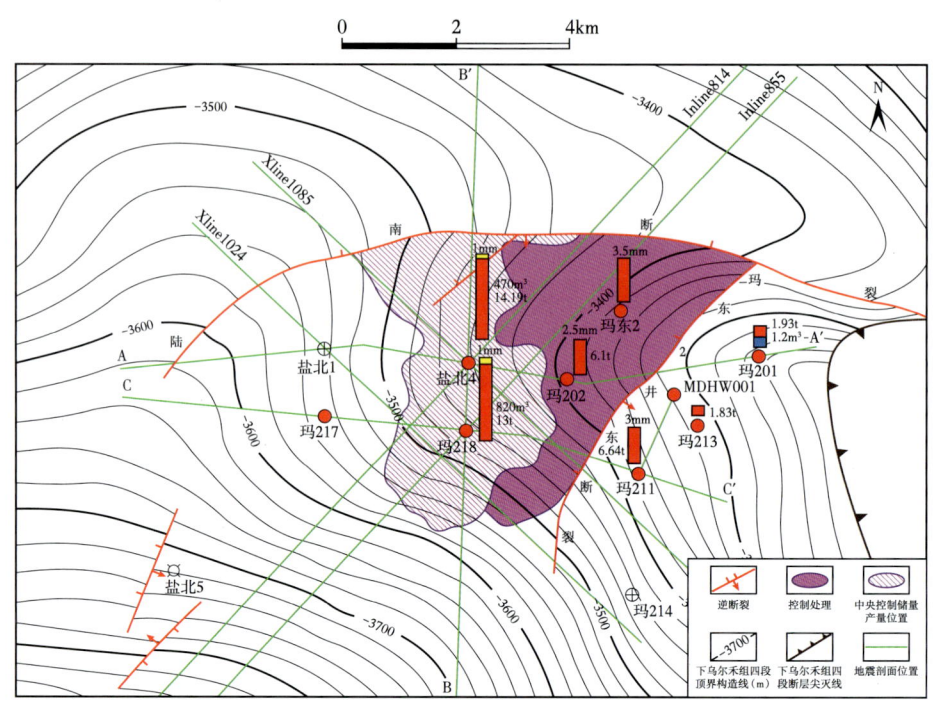

图 8-25 盐北 4 井区二叠系下乌尔禾组四段勘探成果图

3. 沉积特征

盐北 4 井区二叠系下乌尔禾组四段主要发育扇三角洲前缘亚相的砾岩沉积[18]。从盐北 4 井单井相分析来看，乌四段岩性主要为灰色、褐色砾岩、泥质含砾细砂岩以及泥岩等，有一套砂体厚度较大，达到 12m，其他砂体均较薄，整体上砂地比值较低。盐北 4 在乌四段岩性主要为灰色砾岩。沉积构造主要有冲刷结构、小型交错层理，表明为水下牵引流沉积，因此认为盐北 4 井乌四段下部为扇三角洲前缘水下分流河道和分流间湾沉积微相，上部为湖泊相。

4. 油藏特征

盐北 4 井区块二叠系下乌尔禾组油藏主要发育在乌四段中下部，具有层状分布特征，北侧受陆南断裂遮挡，其他方向受岩性尖灭控制。综合分析认为盐北 4 井区块二叠系下乌尔禾组油藏为受断层遮挡和岩性尖灭共同控制的断层—岩性型油藏，目前该油藏未见地层水。油藏顶部埋深 3820m，油藏高度 330m，油藏中部埋深 3985m（海拔为 -3685m）。

5. 储层特征

1）岩石学特征

研究区二叠系下乌尔禾组四段主要发育扇三角洲前缘亚相的砾岩沉积[19]。岩性主要为灰色、褐灰色砾岩，其次为砂质小砾岩（图 8-26）。其中砂质成分中，石英平均含量 4.8%，长石平均含量 2.2%，凝灰岩岩屑平均含量 82.1%，安山岩岩屑平均含量 6.9%，霏细流纹岩岩屑平均含量 2.4%，花岗岩岩屑平均含量 1.6%；砾石成分以凝灰岩为主（平均含量 91.4%），其次为安山岩岩屑及变质岩岩屑（平均含量分别为 4% 和 4.6%），砾石砾径在 2~40mm 不等，多为次圆状，分选差。储层填隙物主要为泥质（占填隙物的 80%），另有少量沸石（占填隙物的 20%），作为杂基的泥质部分发生次生变化，具水、黑云母化。胶结物以黏土质为主，少量方解石和沸石，中等胶结。盐北 4 井区下乌尔禾组储层黏土矿物以不规则伊/蒙混层为主（平均 47.21%），伊/蒙混层中以伊利石为主，混层比平均 48.48%，其次为绿泥石（平均 35.55%），少量高岭石（平均 8.91%）和伊利石（平均 8.33%），因储层绿泥石含量较高，储层具有潜在的酸敏性。

盐北4井 P_2w_4 3913.35~3913.61m 灰色砂砾岩，油斑

盐北4井 P_2w_4 3913.61~3913.73m 灰色砂砾岩，油斑

玛218井 P_2w_4 3940.6~3940.74m 灰色细中砾岩，油斑

玛218井 P_2w_4 3942.95~3943.1m 灰色砂中细砾岩，油斑

图 8-26　盐北 4 井区二叠系下乌尔禾组岩心照片

2）物性特征

盐北 4 井区二叠系乌尔禾组岩石柱塞样常规物性分析表明，乌四段储层孔隙度范围在 2.7%~19.1%，平均 8.5%；渗透率范围在 0.012~8.06mD，平均 0.051mD。乌二段储层孔隙度范围在 7.5%~19.1%，平均 11.38%；渗透率范围在 0.036~8.06mD，平均 1.3mD，属于低孔、特低渗储层（图 8-27）。

3）储层孔隙结构特征

二叠系下乌尔禾组储层孔隙类型以次生孔隙为主，包括剩余粒间孔、浊沸石溶孔和岩屑粒内溶孔，其次为微裂缝和收缩孔（图 8-28），荧光薄片反映油气主要赋存于沸石溶孔、岩屑粒内溶孔、微裂缝、收缩孔（图 8-29），压汞资料显示（图 8-30），下乌尔禾组储层毛细管压力曲线主要为中等歪度，排驱压力较大，孔隙分选性中等，最大孔喉半径为 0.65~4.99μm，平均 2.55μm；排驱压力为 0.15~0.71MPa，平均 0.44MPa；饱和中值压力为 7.69~16.53MPa，平均 10.73MPa；饱和中值半径为 0.04~0.1μm，平均 0.07μm；非饱和孔隙体积为 29.09%~47.6%，平均 39.15%，退汞效率 22.49%~33.75%，平均 28.91%。

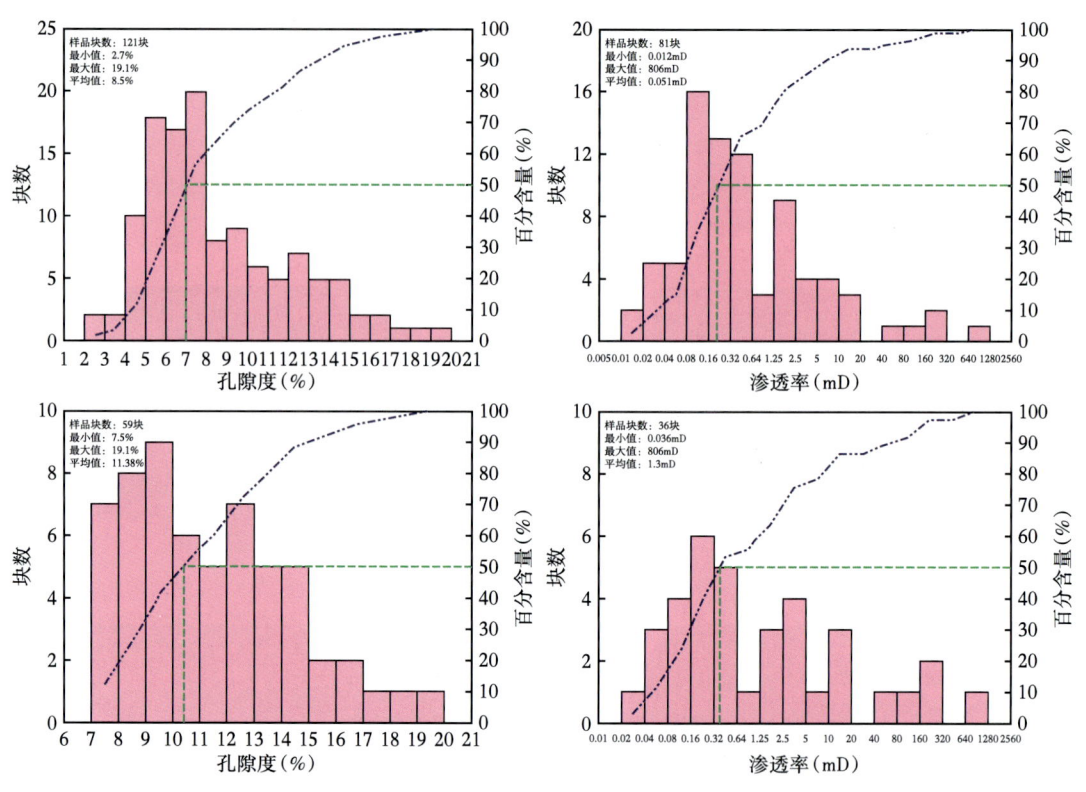

图 8-27　玛东斜坡区含浊沸石砾岩乌四段和乌二段油层物性分析统计图

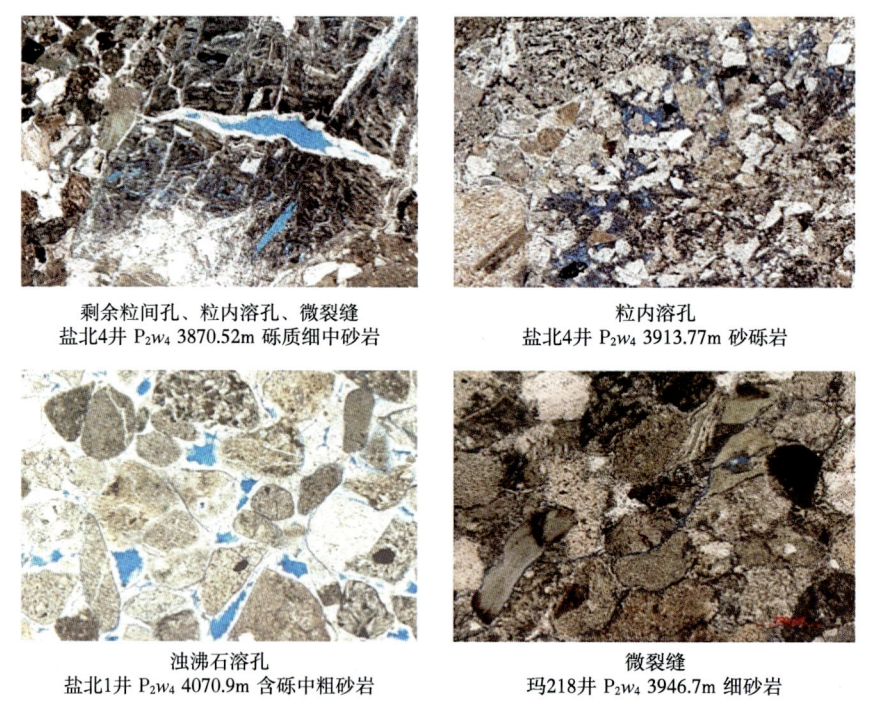

剩余粒间孔、粒内溶孔、微裂缝
盐北4井 P_2w_4 3870.52m 砾质细中砂岩

粒内溶孔
盐北4井 P_2w_4 3913.77m 砂砾岩

浊沸石溶孔
盐北1井 P_2w_4 4070.9m 含砾中粗砂岩

微裂缝
玛218井 P_2w_4 3946.7m 细砂岩

图 8-28　盐北 4 井区二叠系下乌尔禾组储层孔隙类型铸体薄片

第八章 砾岩储层测井评价应用实例

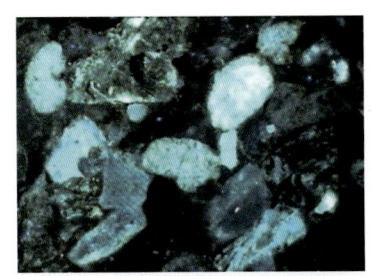
盐北4井 P_2w_4 3870.37m 灰色油浸含砾中砂岩

盐北4井 P_2w_4 3915.31m 灰色油斑砂砾岩

玛218井 P_2w_4 3930.13m 砾质不等粒砂岩

玛217井 P_2w_4 4000.71m 灰色砾岩

图 8-29　盐北 4 井区二叠系下乌尔禾组储层荧光照片

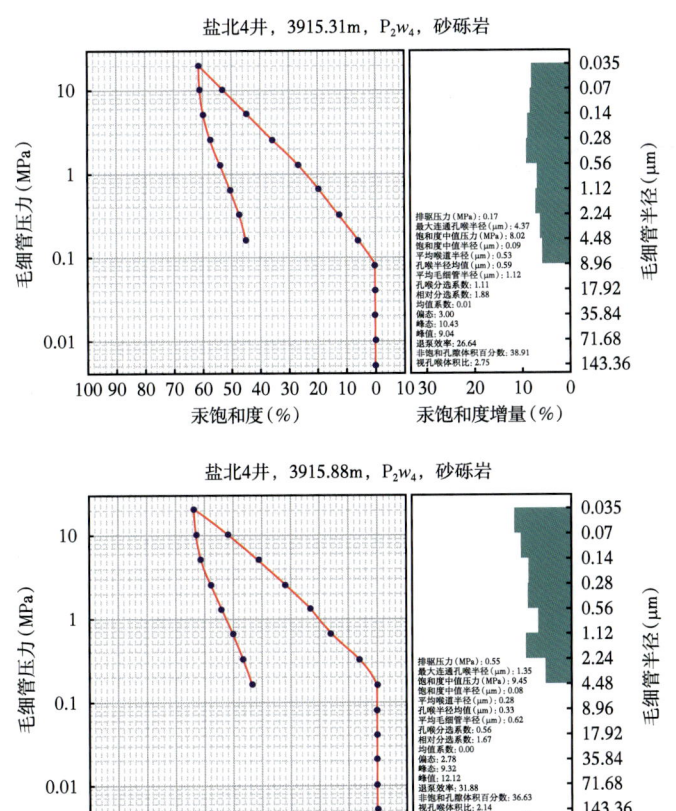

图 8-30　盐北 4 井区二叠系下乌尔禾组四段典型毛细管压力曲线

二、含浊沸石砾岩储层测井响应特征

浊沸石对储层矿物组分、岩石导电、物性等都有不同程度的影响,需要在地球物理测井理论的指导下,做好储层录井岩性、岩心分析矿物组分、物性及各种测井曲线等参数之间的相关性分析,厘清含有浊沸石与不含浊沸石的储层测井特征,为浊沸石储层测井评价奠定基础。

1. 含浊沸石储层岩石矿物类型

根据研究区岩心全岩矿物分析结果,组成岩石的主要矿物包括石英、斜长石、钾长石、浊沸石、方解石等,黏土矿物有蒙脱石、伊蒙混层、绿泥石等,各矿物测井响应值如表 8-1 所示。

表 8-1 研究区主要岩石矿物测井响应值

矿物	GR (API)	RHOB (g/cm³)	CNL (%)	Pe	U	DTC (μs/ft)	DTS (μs/ft)
石英	<5	2.64	0~2.1	1.81	4.78	50.4	74
正长石	235~275	2.54	-1~-1.1	2.33~2.82	7.29	53.2~53.9	92~93
钠长石	3.6~56.8	2.57~2.61 (2.58)	-1.2~-1.3	1.68~1.84 (1.76)	4.4~4.8 (4.4)	47.2~55.1 (47.9)	84.9~97.7 (90.4)
方沸石	10~60	2.18~2.26 (2.25)	15.6~19.3 (16.6)	1.53~1.88 (1.88)	3.6~4.23 (3.48)	—	—
片沸石	30	2.08~2.21 (1.99)	28.3	1.99	4.8~5.0 (4.23)	—	—
浊沸石	5	2.19~2.34 (2.26)	31.5~35.3	2.34	5.19~5.56 (5.35)	—	—
绿泥石	50	2.65~3.3 (2.95)	34.7~50.0 (50)	1.38~11.37	3.68~36.97	—	—
蒙脱石	45~356	2.06~2.25 (2.18)	13.1~50 (42.8)	1.63~3.68	3.54~6.68	—	—
方解石	0~10	2.69~2.74 (2.71)	0	5.08	13.77	45~49 (47.5)	88~93 (88.7)
铁白云石	0~8.4	2.91~3.08	4.9~5.7	8.44	25.8	—	—

根据斯伦贝谢岩石矿物手册,浊沸石是一种低密度、低伽马、高中子测井响应的矿物(图 8-31),电阻率、声波时差响应特征未知[20]。其密度测井值与蒙脱石黏土矿物平均值(2.2g/cm³)接近,中子测井值低于蒙脱石平均值(43%)。

第八章 砾岩储层测井评价应用实例

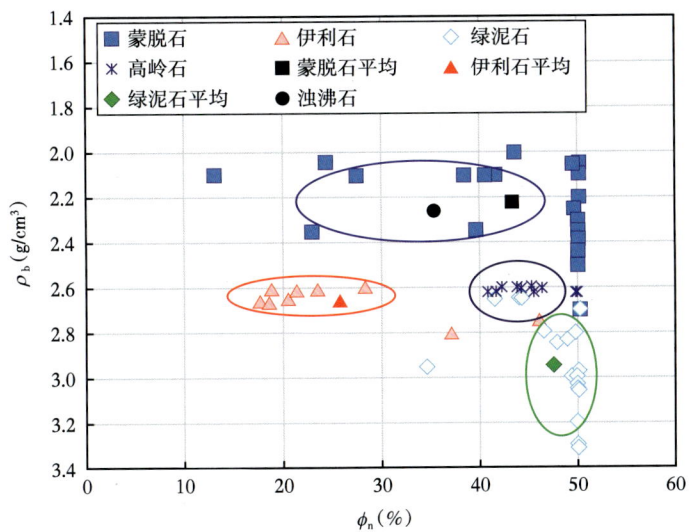

图 8-31 黏土矿物和沸石中子—密度交会图

2. 含浊沸石储层测井响应特征

1）密度测井

相对于不含浊沸石矿物的岩心（图 8-32），含有浊沸石矿物的岩心明显具有更低的岩石骨架密度（2.556g/cm³），表明岩石组分中含有低骨架密度矿物，根据对应井段岩矿组分分析可知，低骨架密度矿物是浊沸石。

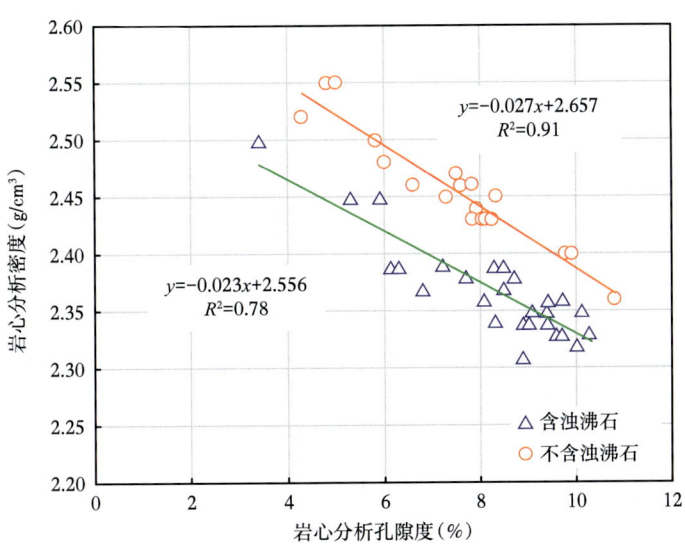

图 8-32 含浊沸石与不含浊沸石岩心骨架密度对比

浊沸石的分子式为：$CaAl_2Si_4O_{12} \cdot 4H_2O$。沸石骨架结构中的基本单元是由四个氧原子和一个硅（铝）原子堆砌而成的硅（铝）氧四面体。硅氧四面体和铝氧四面体再逐级组成单元环、双元环、笼（结晶多面体），构成三维空间的架状结构沸石晶体。作为次级单位的各种环联合起来即形成各种沸石的空洞和孔道（或称孔穴和通道）。沸石这种独特的晶体结构使其具有大量均匀的微孔，孔径大多在 1nm 以下。微孔结构在存在决定了沸石矿物与同类型架状硅酸盐矿物（例如石英、长石）相比，具有较低的密度。

2）中子测井

根据盐北 4 井、盐北 1 井、玛 607、玛 201 井 4 口井含浊沸石层段与不含浊沸石层段的测井数据，分析自然伽马、深电阻率、中子、声波时差的直方图和交会图，比较两者之间测井值分布范围，分析含浊沸石储层在各测井曲线的特征。

在分析含浊沸石和不含浊沸石储层中子测井值差异之前，先对中子测井值进行泥质和孔隙度校正，再统计分析两者的中子测井值分布范围（图 8-33）。结果表明，不含浊沸石储层校正后的中子测井值主要在 6%~10%，平均值为 8.8%，含浊沸石储层的中子测井值在 11%~19%，平均值 14.6%，含浊沸石地层中子测井值明显高，具有高中子测井响应特征。

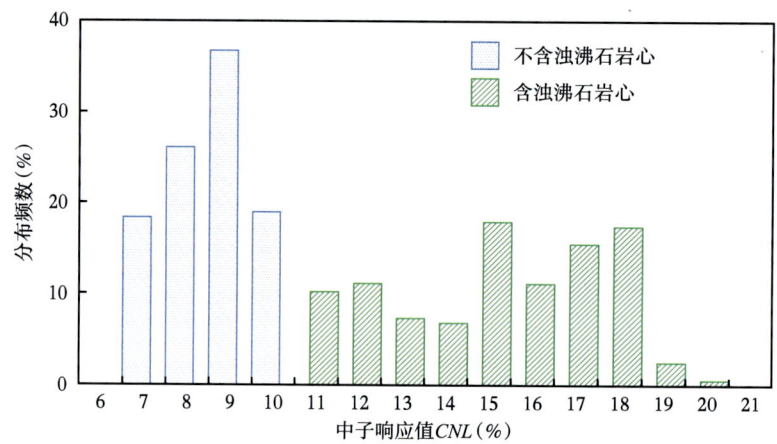

图 8-33　含浊沸石与不含浊沸石岩石骨架中子响应值对比

沸石是一种含水架状结构的多孔硅铝酸盐矿物质。它们含水量的多少随外界温度和湿度的变化而变化，其化学通式可表示为

$$(Na,K)_x \cdot (Ca,Sr,Ba,Mg)_y \cdot [Al_{x+2y}Si_{n-(x+2y)}O_{2n}] \cdot mH_2O \quad (8-5)$$

式中　x——碱金属离子个数；

　　　y——碱土金属离子个数；

　　　n——硅铝离子个数之和；

　　　m——水分子数。

因此，浊沸石矿物中大量结晶水的存在，必然对中子测井所测量的氢核产生贡献，导致含浊沸石岩石地层中子测井响应值比不含沸石的岩石中子值显著增大。

3）声波测井

类似地，在对声波时差测井值进行泥质校正和孔隙度校正的基础上，对含浊沸石与不含浊沸石层段的声波时差测井值进行统计分析，如图 8-34 所示，含浊沸石储层声波时差值范围在 52~56μs/ft，平均值在 54.1μs/ft，不含浊沸石储层声波时差值范围在 52~54μs/ft，平均值在 52.3μs/ft。两者之间在声波时差测井值仅相差 2μs/ft，初步认为浊沸石矿物时差值与岩石骨架矿物中石英、长石相近。

沸石具有空旷的晶体骨架结构，结构中具有大量均匀的微孔，孔径大多在 1nm 以下，晶穴体积约为总体积的 40%~50%。这种微孔结构是否对声波时差具有影响，到目前为止未见相关研究报道。

浊沸石按晶体结构类型分类，属于架状结构的硅酸盐矿物，其结构类型与石英、长石类矿物相似，而与层状硅酸盐矿物黏土具有明显不同。根据声波传播沿传播时间最短的路径传播原理，由于沸石体是架状结构的整体，声波在沸石类矿物中传播时，沿晶体骨架而不通过晶体空穴，黏土矿物的层状结构使得声波必然通过组成黏土薄片之间的水分子，减缓了声波传播速度，增加传播时间，即声波时差增大。

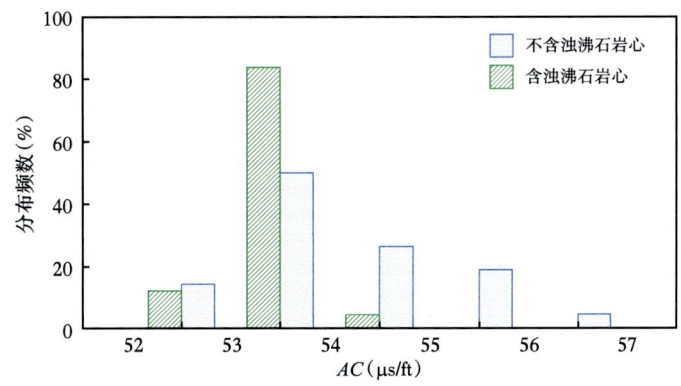

图 8-34　含浊沸石与不含浊沸石地层声波时差值对比

4）电阻率测井

分析具有相似条件的含浊沸石与不含浊沸石砾岩层段深电阻率值分布范围发现（图 8-35），含浊沸石储层电阻率值范围在 30~90Ω·m，算术平均值在 47.8Ω·m，不含浊沸石储层电阻率值范围在 5~20Ω·m，平均值在 12.5Ω·m。含浊沸石储层电阻率明显高于不含浊沸石地层，具有高阻特征。

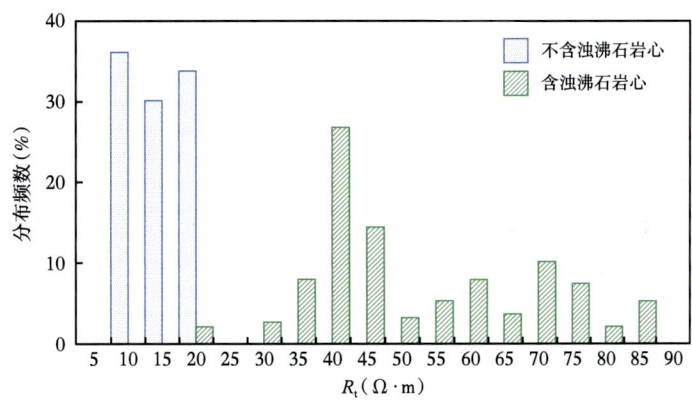

图 8-35　含浊沸石与不含浊沸石地层电阻率

对含浊沸石储层高电阻率特征，还需要考虑含油性的影响。因此选择不含油储层段分析含沸石与不含沸石储层电阻率差异，以盐北 2 井（图 8-36）为例，在 4601~4603m 井段，岩石薄片鉴定证实储层含沸石，电阻率值 79Ω·m。4627~4630m 井段储层不含沸石，电阻率值 21Ω·m，对比两者差异显示含沸石储层具有更高电阻率。

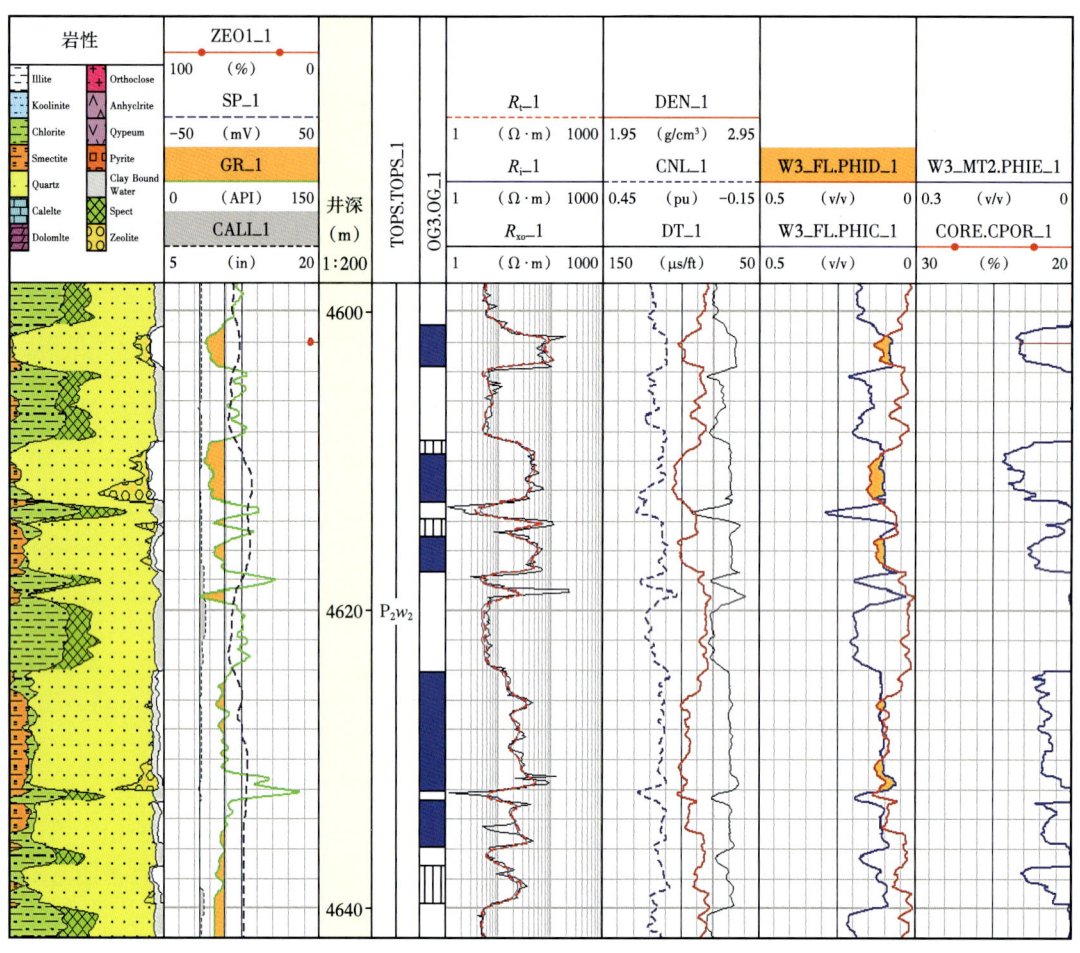

图 8-36　含浊沸石与不含浊沸石地层电阻率差异（盐北 2 井）

构成沸石骨架的最基本结构是硅氧（SiO_4）四面体和铝氧（AlO_4）四面体。在这种四面体中，中心是硅（或铝）原子，每个硅（或铝）原子的周围有 4 个氧原子，各个硅氧四面体通过处于四面体顶点的氧原子互相连接起来，形成所谓的巨大分子。其中在铝氧四面体中由于一个氧原子的价电子没有得到中和，使得整个铝氧四面体带有一负电荷，为保持电中性，附近必须有一个带正电荷的金属阳离子 M+ 来抵消（通常是碱金属或碱土金属离子），这些阳离子和铝硅酸盐结合相当弱，具有很大的流动性，极易和周围水溶液中的阳离子发生交换作用，交换后的沸石结构不被破坏。沸石的这种结构一方面具有非常高的阳离子交换量，另一方面，有别于层状结构黏土矿物的平衡阳离子。架状（笼状）结构限制了沸石骨架中的平衡阳离子在电场作用下的移动，而不具有导电性。

国内大庆油田对含浊沸石岩心岩电实验证实含浊沸石岩石与不含浊沸石岩石导电特征基本相同，支持沸石中的阳离子不具（弱）导电性的结论。另外，浊沸石晶体由于成岩后生作用在孔隙内生成，堵塞了孔隙，导致电阻率升高，在盆地内可在电镜照片下见到孔隙被浊沸石充填证据。

5）自然伽马测井

根据含浊沸石储层与不含浊沸石层段自然伽马测井曲线的响应特征（图8-37），含浊沸石储层自然伽马值主要范围在44~52API，频率峰值对应的 GR 值为46API，不含浊沸石储层自然伽马值范围在48~60API，频率峰值对应的 GR 值为56API，显示含浊沸石储层具有相对 GR 低值特征。

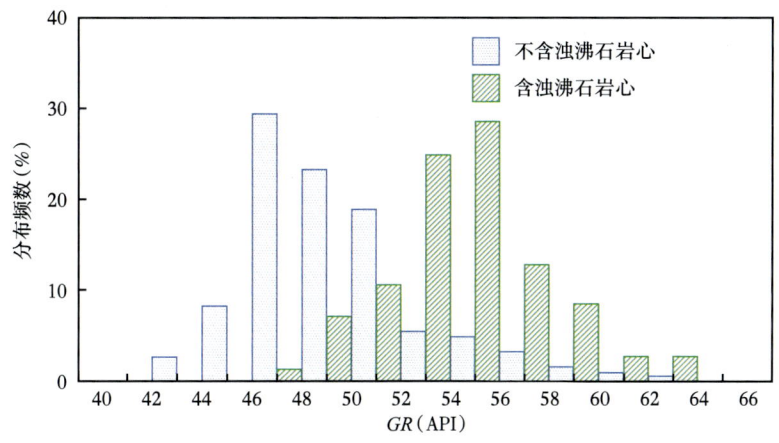

图8-37 含浊沸石与不含浊沸石地层自然伽马（GR）特征

天然沸石是由中酸性火山玻璃物质在碱性水介质的作用下经过水化、水解、反应和结晶成岩生成的，其成矿模式为

火山玻璃 + 水介质—蒙脱石 + 沸石 + 二氧化硅 + 金属离子（溶液）

火山玻璃物质蚀变为沸石，化学成分虽然从组分上没有大的变化，但其含量上的变化还是很明显的。表现在沸石岩中的 SiO_2、Na_2O 和 K_2O 的含量比原岩明显地减少，而 CaO、MgO、Al_2O_3 和 H_2O 明显地增加。研究区沸石以不含钾离子的浊沸石为主（$CaAl_2Si_4O_{12} \cdot 4H_2O$）。随着钾离子等放射矿物的减少，地层的自然伽马（$GR$）亦随之降低。统计分析研究区的含沸石矿物与不含沸石矿物地层的自然伽马（GR）测井特征，可以看到：含浊沸石地层自然伽马值明显较低，比不含浊沸石矿物的地层自然伽马值低10API左右。表明在风化、水解作用下，沸石矿物中 K^+ 等其他具有放射性成分被交代、流失，没有放射性的 Na^+、Ca^{2+} 等沉淀下来，降低了地层 GR 值。

6）核磁共振测井

对比含浊沸石储层与不含浊沸石层段上的核磁 T_2 谱分布特征（图8-38），核磁 T_2 谱短弛豫部分（小于3ms），在含浊沸石层段［图8-38(b)］比相邻上部不含沸石段［图8-38(c)］分布要略宽的特征，推测这部分信号可能来自沸石微孔结构中的水信号，但需要进一步实验证实。对于不含沸石的地层，T_2 谱上小于3ms 的短弛豫部分较窄。

浊沸石独特的晶体结构使其具有大量均匀的微孔，孔径大多在1nm以下。其均匀的微孔与一般物质的分子大小相当。如果微孔中含水，根据水分子的核磁共振弛豫特征，孔径越小，则核磁T_2时间越短，因此浊沸石纳米微孔中水分子对应的核磁共振T_2应该比较短，其响应在T_2分布上处于短弛豫部分。

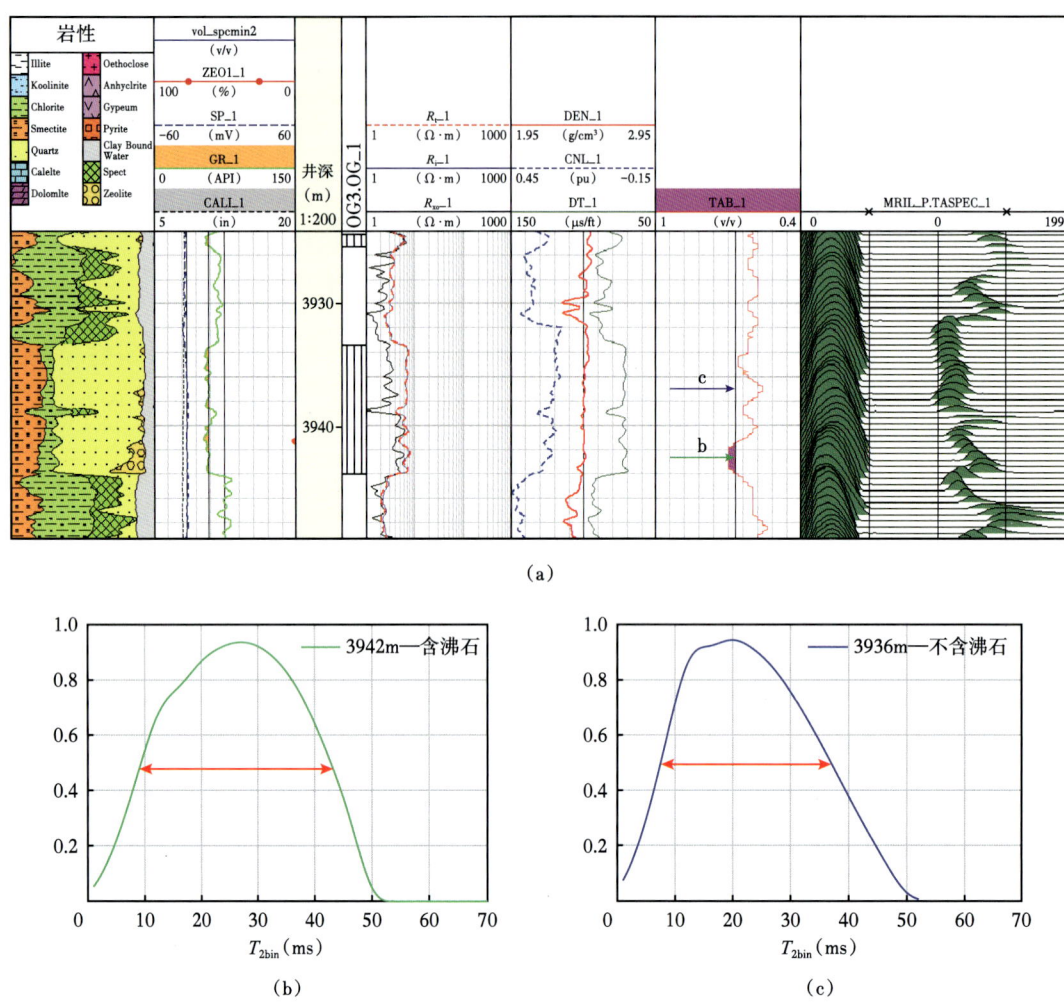

图 8-38 含浊沸石与不含浊沸石核磁共振T_2分布特征（盐北4井）

综合以上分析，盐北4井区含浊沸石地层在常规测井曲线上具有低自然伽马、低密度、高中子孔隙度、高电阻率"两低两高"的测井特征；在核磁测井T_2谱分布上，含浊沸石储层具有短T_2谱弛豫特征。

三、含浊沸石砾岩储层测井识别

根据含浊沸石矿物地层测井响应特征分析结果，利用密度、中子孔隙度及核磁共振等测井曲线及参数之间进行交会分析，总结得出"两低两高"测井曲线组合定性识别法、密度—声波视孔隙度重叠（交会）法、密度视孔隙度—核磁有效孔隙度交会（重叠）法、核

磁 T_2 特征谱法、多参数神经网络模式识别法等5种含浊沸石储层测井识别方法[22]。

1. 测井曲线特征综合分析

如前所述，含浊沸石地层具有"两低两高"的测井响应特征（低自然伽马、低密度、高中子孔隙度、高电阻率）。利用上述特征，在常规测井资料定性判别地层中是否含有浊沸石矿物时，综合不同测井响应特征对地层含浊沸石矿物进行定性识别[23]。

Da13井（4555~4561m）层段具有低伽马（44API）、低声波时差（70μs/ft）、低密度（2.39g/cm³）、高中子（26.7%）和高电阻率（36.2Ω·m）特征。测井曲线形态组合特征上声波时差表现平直无变化，密度、中子曲线向左偏，表示在孔隙度基本不变情况下，密度的降低、中子孔隙度的增加是由岩石骨架矿物导致的，同时电阻率高、GR值低，综合判别为含浊沸石（图8-39）储层。邻近的下部地层三孔隙度都向右偏，表现出良好的一致性，为致密砂岩特征，不含浊沸石。

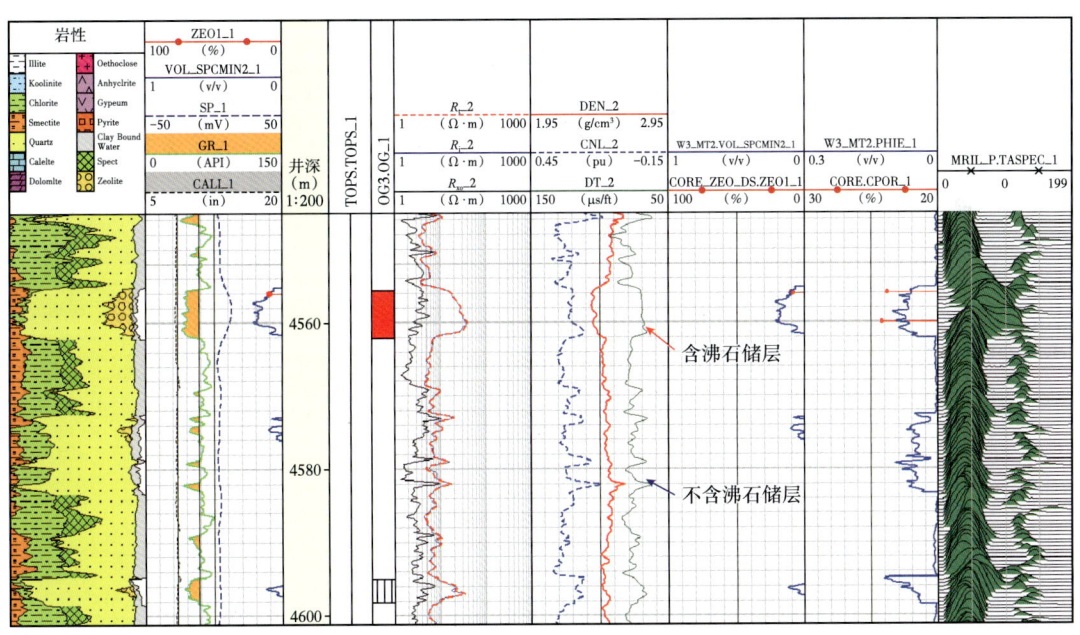

图8-39 Da13井测井曲线组合定性识别含沸石层

盐北1井（4069~4072m）层段具有低伽马46API，低声波时差72.9μs/ft，低密度2.392g/cm³，高中子0.264，高电阻率70.3Ω·m，组合特征上声波时差表现为与下部地层基本一致，密度值明显降低，中子值较高，同时电阻率很高、GR值低，综合判别为含浊沸石（图8-40）。邻近的下部地层，三孔隙度曲线中密度、中子均向右偏，声波时差基本没有降低，三条孔隙度曲线变化趋势表现良好的一致性，为不含浊沸石砂岩层特征。

2. 核磁 T_2 谱特征法

浊沸石具有微孔结构的特点，当微孔中含水，则核磁 T_2 谱弛豫时间比较短，因此在岩心分析证实的浊沸石矿物含量标定的情况下，分析比较含浊沸石与不含浊沸石的砂岩段 T_2 谱上小于3ms的短弛豫部分，结果表明：核磁 T_2 分布上短弛豫部分（小于3ms），在含浊沸石层段比相邻上部不含沸石段分布要略宽的特征，推测这部分信号来自沸石微孔结构中的水信号（需要岩心核磁实验证实）。对于不含沸石的地层，T_2 谱上小于 3ms 的短弛豫部分较窄。对于泥岩层，核磁 T_2 谱分布基本都小于 3ms，且分布范围窄，峰值相对较高。

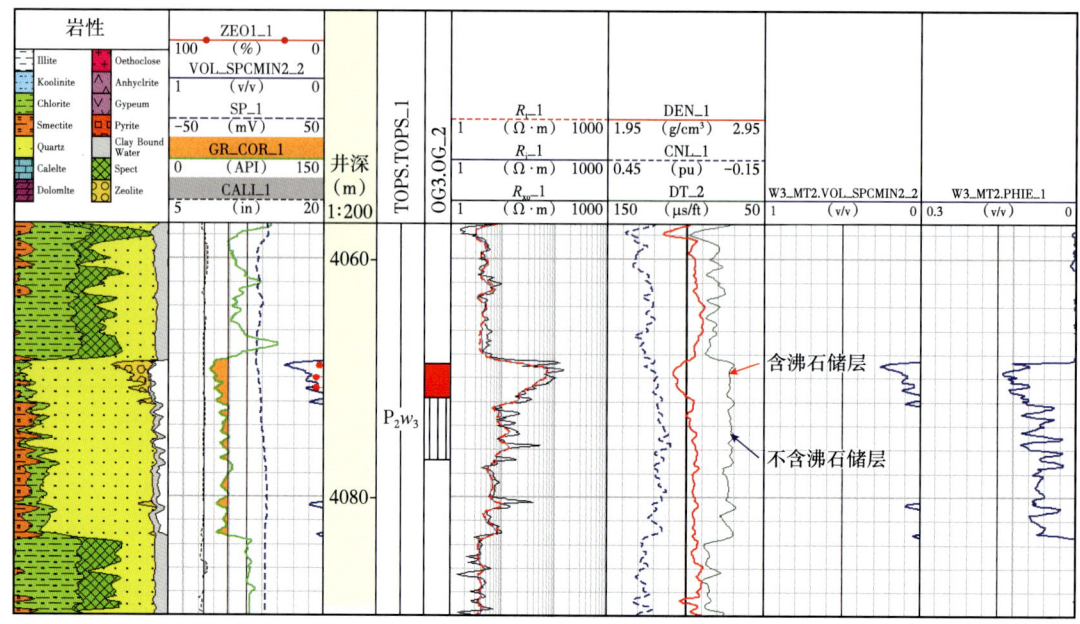

图 8-40　盐北 1 井测井曲线组合定性识别含沸石层

利用核磁共振 T_2 分布短弛豫分量上含浊沸石层段比相邻不含沸石地层要略宽的特征可以定性判别地层是否包含浊沸石（图 8-41）。根据 T_2 分布的刻度特点，定义 T_2 短弛豫分量宽度（T_{2ab}）为

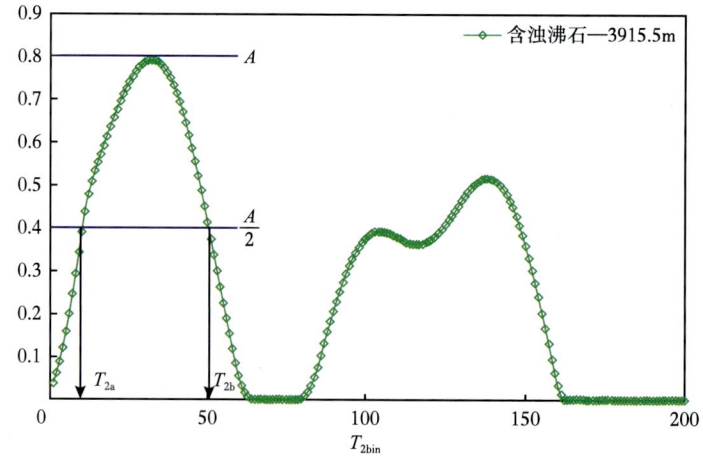

图 8-41　核磁短弛豫 T_2 分布宽度（半幅点宽度）确定方法

$$T_{2ab} = \lg(T_{2a}) - \lg(T_{2b})\tag{8-6}$$

式中 T_{2a}——短弛豫分量峰左半幅点对应的 T_2；
T_{2b}——短弛豫分量峰右半幅点对应的 T_2；
T_{2ab}——表示短弛豫分布半幅点的宽度；
T_{2bin}——MRIL-P 型核磁仪器解谱得到的 T_2 分布点数。

统计分析含沸石储层与不含沸石层的 T_{2ab} 值（图 8-42），地层含沸石与不含沸石的界限在 0.67。

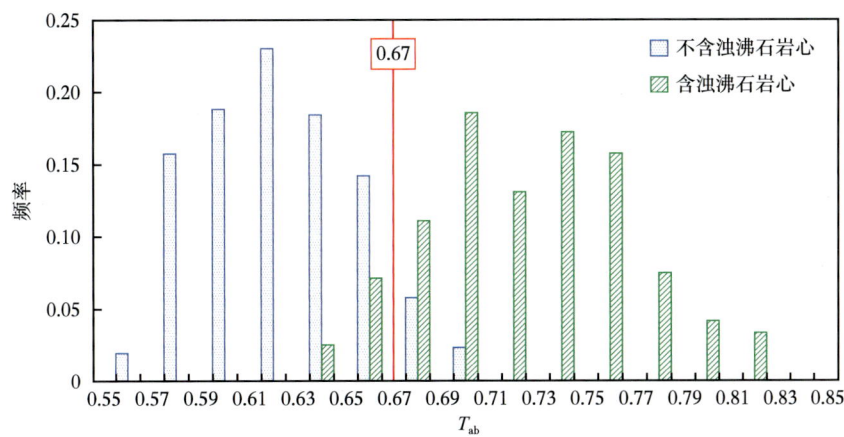

图 8-42　含沸石层与不含沸石层的核磁 T_2 分布上短弛豫部分宽度频率图

3. 交会图版法

1）密度—声波视孔隙度交会法

利用含浊沸石储层具有低密度，声波时差略低于不含沸石储层的特点。在相近声波时差情况下，地层中不含泥质或含少量泥质时，密度测井值越小，则储层中含浊沸石的可能性越大。为了将声波时差与密度放在同一量纲下比较分析，引入密度视孔隙度、声波视孔隙度两个参数，如式（8-7）、式（8-8）所示，定义如下：

$$PHID = \frac{DEN - 2.65}{1.0 - 2.65} \quad (8\text{-}7)$$

$$PHIC = \frac{DT - 55}{189 - 55} \quad (8\text{-}8)$$

式中 $PHID$——密度视孔隙度，小数；
DEN——密度测井曲线值，g/cm³；
$PHIC$——声波视孔隙度，小数；
DT——声波时差测井曲线，μs/ft；
1.0、2.65——纯砂岩地层水密度、岩石骨架密度，g/cm³；
189、55——纯砂岩地层水声波时差、岩石骨架声波时差，μs/ft。

实际应用时，以小层为单位，按照式（8-7）和式（8-8）分别计算其密度视孔隙度、声波视孔隙度，然后作交会分析，如图 8-43 所示。含沸石地层（储层），$PHID \geqslant PHIC$，数据点位于对角线以下。反之，当数据点位于对角线附近，即 $PHID \approx PHIC$，代表地层（储层）不含沸石矿物。当数据点位于对角线之上且远离对角线（$PHID \ll PHIC$），表示地层泥质含量高。

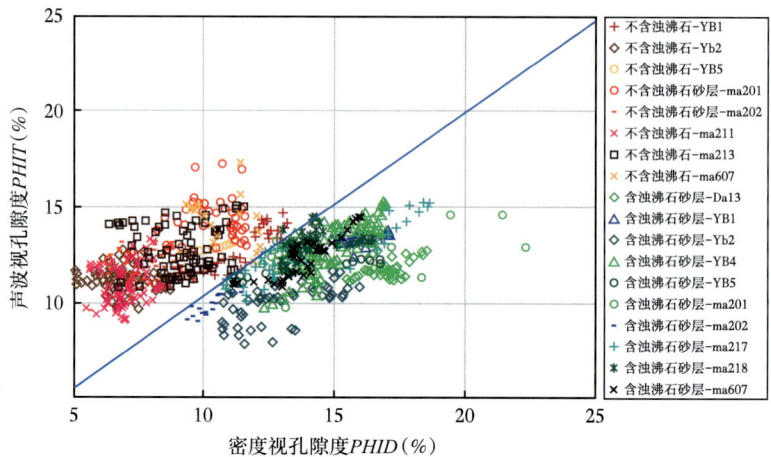

图 8-43　密度—声波视孔隙度交会图

将上述参数计算结果采用曲线重叠（或充填），进行直观判别分析，如图 8-44 所示。盐北 4 井（3872~3874m）密度视孔隙度（第 8 道红色曲线）大于或接近声波视孔隙度（第 8 道蓝色曲线），岩心分析证实地层中含沸石矿物。（3890~3892m）密度视孔隙度（$PHID$）小于声波视孔隙度（$PHIC$），相应深电阻率曲线值降低，中子孔隙度与邻近层相比减小，表现不含沸石特征。

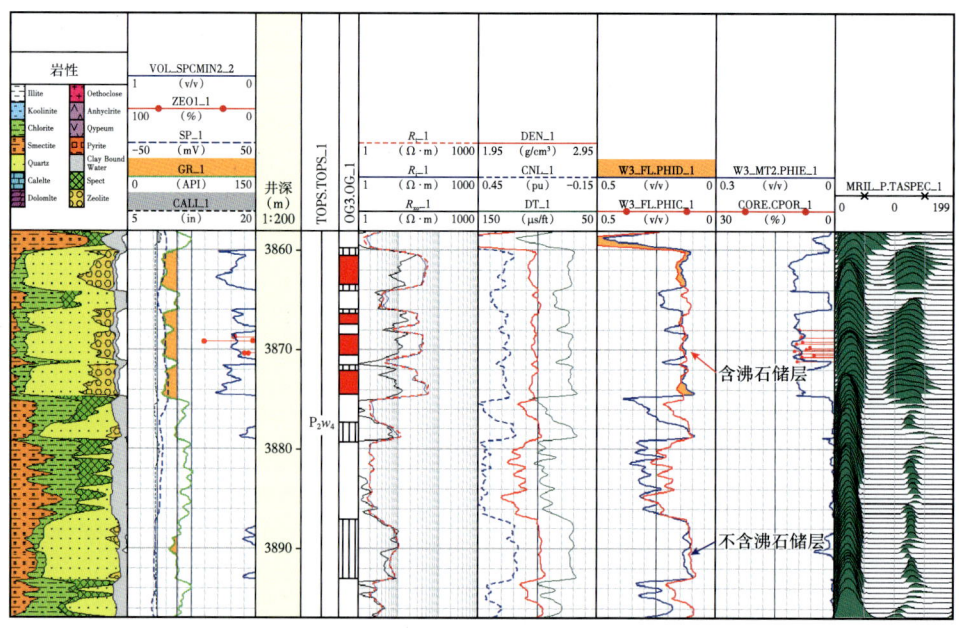

图 8-44　盐北 4 井密度—声波视孔隙度重叠法判别含浊沸石地层

2）密度视孔隙度与核磁有效孔隙度交会法

根据浊沸石矿物元素组成、晶体结构以及测井响应特征，对于核磁测井，砂层中含浊沸石不会增加地层有效孔隙度，但是由于浊沸石矿物密度低，地层含浊沸石密度测井值会降低，因此当地层中含有浊沸石时，密度视孔隙度大于核磁有效孔隙度；不含浊沸石，无泥质或泥质含量很低时，密度视孔隙度与核磁有效孔隙度则比较接近[24]。

根据含浊沸石储层测井特征分析结果（图8-45），在含浊沸石层段密度视孔隙度大于核磁有效孔隙度ϕ_{eNMR}；在不含浊沸石层段，密度视孔隙度等于核磁有效孔隙度。当地层含泥质或泥质含量较高时，密度视孔隙度大于核磁有效孔隙度，但核磁有效孔隙度在比较低孔隙度值范围（核磁有效孔隙度<8%）。密度—核磁孔隙度交会判别法为

含沸石地层：$PHID > \phi_{eNMR}$

不含沸石地层：$PHID \leqslant \phi_{eNMR}$

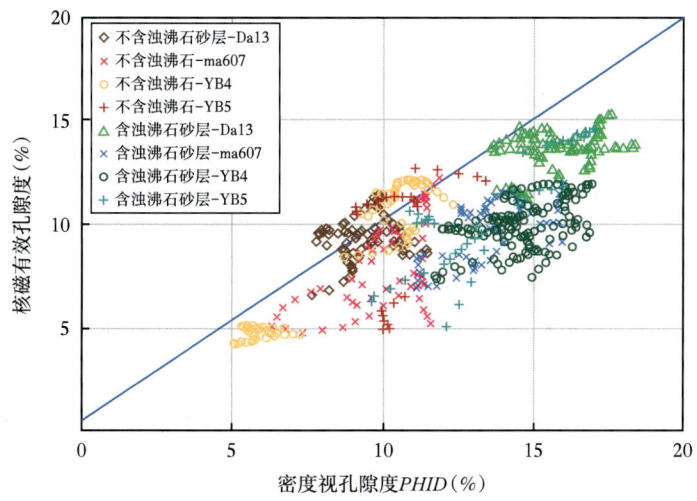

图8-45 密度视孔隙度—核磁有效孔隙度交会图

图8-46是应用密度视孔隙度与核磁有效孔隙度交会法识别含浊沸石层实例。盐北5井（4243~4246m）密度视孔隙度（第8道红色曲线）大于核磁有效孔隙度（第8道蓝色线），根据判别图版地层中含沸石，同时，GR、R_t测井曲线显示出低伽马、高电阻率、高中子（与邻近层比）特征；3967~3990m井段密度视孔隙度约等于核磁有效孔隙度，图版判别地层中不含沸石，对应深电阻率曲线值降低，中子孔隙度与邻近层相比减小，表现不含沸石特征。

4. 多参数神经网络模式识别法

研究区地层主要矿物石英、斜长石、钾长石、浊沸石、黏土矿物之间测井响应交叉重叠，仅靠两条测井曲线交会很难准确分辨复杂的储层岩性，要综合考虑多条测井曲线所包含的矿物组分信息综合判别。人工神经网络提供了一种可以处理各种模糊的、非线性模式识别问题的方法。

1）神经网络模式识别原理

神经网络是多层次结构网络，输入层对应测井曲线，输出层对应储层分类，而中间

层是隐含层，一般一个中间层就可以实现任意判决分类问题。神经网络的训练是针对已知的输入向量和目标向量而进行的，当网络学习成功后，网络的各种参数已经确定，不能改变。

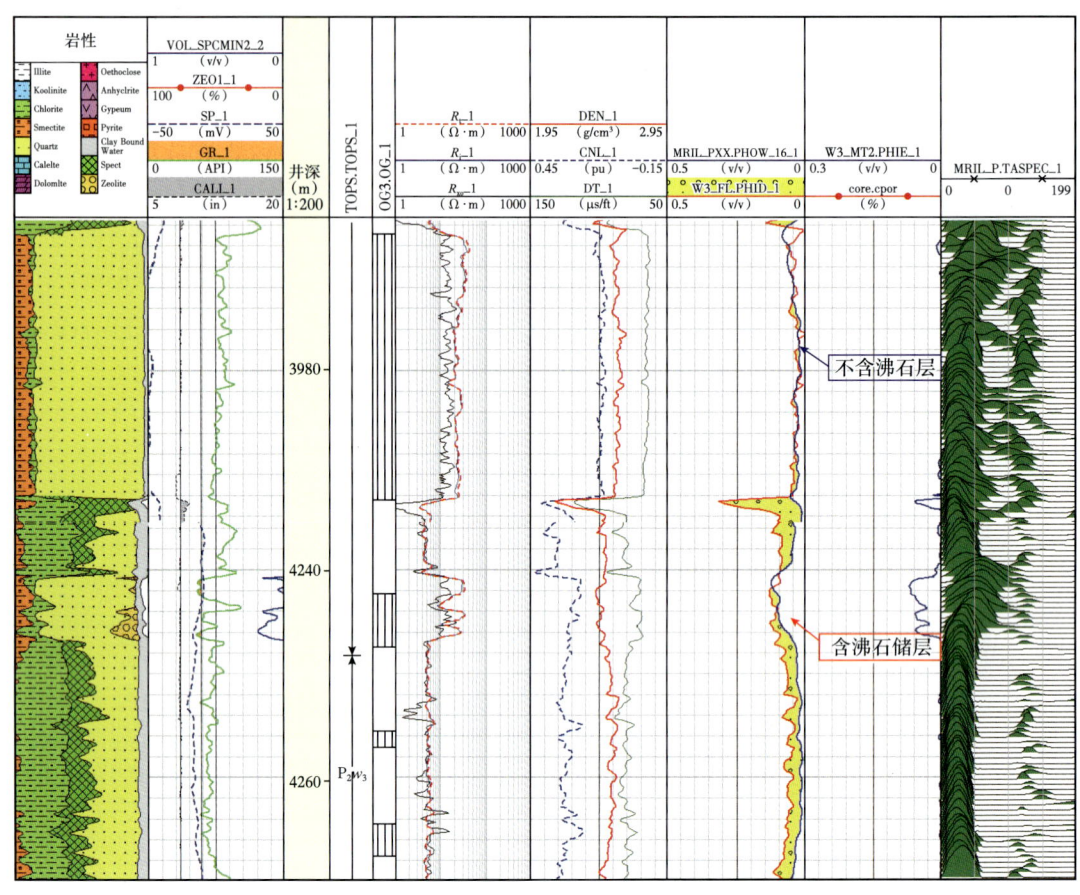

图 8-46　盐北 5 井密度视孔隙度—核磁有效孔隙度重叠法识别含沸石层

神经网络的输入层节点数等于输入向量的分向量数（即参数项数目），如果使用 5 条测井曲线作为输入参数，那么输入层的节点数就为 5；输出层节点数等于输出向量的分量数（即输出项数目），隐含层的节点数可以任意选定，一般根据实际情况动态化一边训练一边修改。

识别储层是否含浊沸石的多层神经网络模型如图 8-47 所示，该网络体系结构由 3 层组成。第一层为输入层，由与含浊沸石储层识别有关的自然伽马相对值 dGR、电阻率相对值 dR_t 等神经元组成。第二层为隐层，其神经元与外界没有直接关系，但其状态的改变能影响输入与输出之间的关系。第三层为输出层，该层由含沸石层、不含沸石层、泥岩层 3 个神经元组成。

神经网络识别储层的过程就是根据样本训练好的网络，然后加入新的输入向量，就可正确地回忆出相应的输出（即处理实际测井资料）。

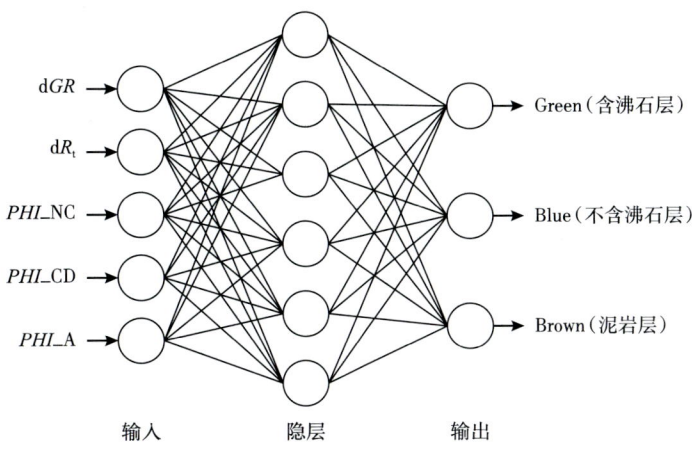

图 8-47　多测井参数神经网络模式识别含沸石层原理图

神经网络模式识别过程如下：

①建立待训练的样本集，其组成为两个部分，一部分为输入向量 X_i（$i=1,2,\cdots,n$，其中 n 为输入层节点数）；另一部分为期望输出向量 Y_k（$k=1,2,\cdots,m$，其中 m 为输出节点数）。

②构建人工神经网络，即确定网络的层数和各层的节点数。

③保存权重集。

④加入新的未知输入向量，利用已经训练好的神经网络模型（保存的权重集）对新的输入判别，最后输出识别结果。

运用神经网络的关键在于选择好用于训练的标准样本集，一方面要有代表性，即能代表某范围内的各待测样品的特性；另一方面包含的范围又要广，即所要预测的样品尽量包含在训练样品的范围内。

2）多参数神经网络模式识别法判别含浊沸石储层

根据含沸石储层在测井上的响应特征，选取了 5 条曲线作为识别含浊沸石储层的输入，输出端分为含浊沸石砾岩、不含浊沸石砾岩与泥岩，建立了识别含浊沸石储层的神经网络模型。优选的输入曲线包括 dGR、dlgR_t、PHI_NC、PHI_CD、PHI_A，各条曲线的意义如下：

$$GR = \frac{GR - GR_{\min}}{GR_{\max} - GR_{\min}} \tag{8-9}$$

$$dR_t = \frac{\lg R_t - \lg 1}{\lg 100 - \lg 1} = \frac{\lg R_t}{2} \tag{8-10}$$

$$PHI\_NC = PHIN - PHIC \tag{8-11}$$

$$PHI\_CD = PHIC - PHID \tag{8-12}$$

$$PHI\_A = \frac{PHIC + PHID + PHIN}{3} \tag{8-13}$$

式中 dGR——自然伽马相对值，小数；

GR——自然伽马测井值，API；

GR_{min}、GR_{max}——GR最小值、最大值，API；

dR_t——深电阻率对数相对值，小数；

R_t——深电阻率测井值，Ω·m；

1、100——深电阻率左右刻度值，Ω·m；

PNI_NC——中子—声波视孔隙度差，小数；

$PHIN$——中子测井（视）孔隙度，小数；

PHI_CD——声波—密度视孔隙度差，小数；

PHI_A——三种视孔隙度平均值，小数。

选取有岩心标定的井段和地层特性明确的层作为输入样本，经过神经网络学习，建立起5种测井参数与输出的3种地层之间的判别关系，推广应用到其他井未被选为样本的层段，对目标井进行含浊沸石地层识别。

盐北4井3857~3880m井段，第9道为多参数神经网络模式识别含沸石层结果，与岩心分析和最优化模型解释的含沸石层结果基本一致（图8-48）。

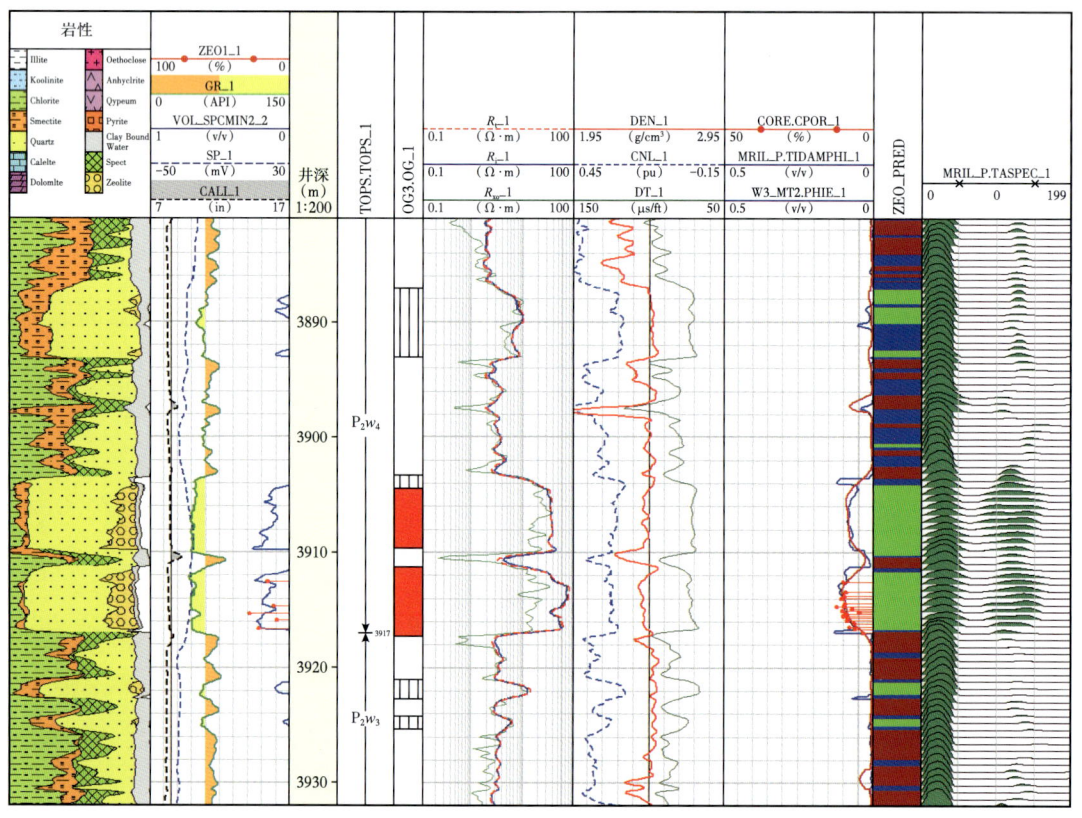

图8-48 盐北4井多参数神经网络模式识别含沸石层

5. 应用效果分析

实际处理结果表明，岩心分析证实的含浊沸石样品所在的层段测井曲线特征比较明显，因此依据测井曲线"两低两高"判别准确率较高，密度—声波视孔隙度重叠法除了能识别"两低两高"特征含沸石层外，对电阻率不是很高的含沸石也能够识别。

密度视孔隙度—核磁有效孔隙度交会法对判别无泥质或低泥质含量的地层是否含浊沸石准确性较高。核磁 T_2 特征谱法在玛 217 和盐北 4 井对含浊沸石于不含浊沸石层有较好区分，但在其他井含浊沸石层具有 T_{2ab} 大于 0.67 的特征，但是对不含浊沸石的地层同样具有这样的特征。

多参数神经模式识别法准确性最高，实际资料处理中对含浊沸石和不含浊沸石地层均能很好地进行判别。

核磁 T_2 特征谱法符合率受核磁测井资料品质及是否测量核磁资料限制，可作为辅助手段。

实际应用中，可以采取以下步骤进行含浊沸石层识别：

①在测量核磁测井资料的情况下，利用密度视孔隙度与核磁有效孔隙度交会法可以在低泥质含量地层准确的识别出含浊沸储层；

②再采用密度—声波视孔隙度重叠法识别含浊沸石层，并结合"两低两高的"曲线组合特征综合分析；

③最后采用神经网络模式识别法对测井资料进行处理，判别"两低两高"特征不明显的层。

应用前述 5 种方法对实际测井资料进行了处理，对照有岩心全岩矿物分析资料和岩石薄片分析资料证实含浊沸石的层段（7 口井共 15 层），各种方法符合率比较，多参数神经网络模式识别法符合率最高，14 层符合，符合率 93.3%，测井曲线响应特征综合判别法、密度视孔隙度与核磁有效孔隙度交会法符合率较差（表 8-2）。

表 8-2 五种方法判别含浊沸石储层成果表

井名	起始深度（m）	终止深度（m）	岩心分析结果	曲线综合判别	PHID-PHIC 重叠	PHIE_NMR-PHID 交会	T_2 谱特征	多参数神经网络判别
da13	4555.9	4560.8	含沸石	√	√	√	√	√
da13	4618.7	4623.1	含沸石	√	√	√	√	√
ma211	3758.5	3767.3	含沸石	×	×	—	—	×
ma217	3998.8	4000.8	含沸石	√	√	√	√	√
ma217	4001.9	4006.2	含沸石	√	√	√	√	√
ma217	4007.2	4009.7	含沸石	×	×	√	√	√
ma607	4104.7	4111.7	含沸石	√	√	√	√	√
YB1	4030.5	4036.7	含沸石	×	√	√	×	√

续表

井名	起始深度（m）	终止深度（m）	岩心分析结果	曲线综合判别	PHID-PHIC重叠	PHIE_NMR-PHID交会	T_2谱特征	多参数神经网络判别
YB1	4049.4	4051.3	含沸石	×	×	×	×	√
YB1	4068.9	4071.0	含沸石	√	√	√	√	√
YB2	4467.3	4469.2	含沸石	√	√	—	—	√
YB2	4601.6	4603.6	含沸石	√	√	—	—	√
YB4	3868.3	3870.8	含沸石	√	√	√	√	√
YB4	3912.1	3916.4	含沸石	√	√	√	√	√
YB4	3934.8	3938.9	不含沸石	√	√	×	√	√
判别准确率				73.3%	80.0%	75.0%	83.3%	93.3%

四、浊沸石含量计算

通过 X 衍射全岩矿物分析（XRD）可以获得可靠的浊沸石含量。但研究区砾岩储层中浊沸石离散分布，采集的岩心比较松散、破碎，岩心样品分析时，样品不能完全代表整个地层真实情况。例如，从岩心碎块选取一块有浊沸石的样品进行全岩矿物分析，碎块相邻样品中可能并未含有相同含量的浊沸石或不含浊沸石，这样导致实验测量得到浊沸石含量与地层真实情况相比偏高，反之偏低。同时，受限于时间和经济成本，实验手段只能获取储层少量、离散点位的浊沸石含量。

结合岩心全岩矿物分析数据与测井曲线，分析浊沸石含量与密度、中子、声波测井及核磁共振 T_2 谱等测井曲线之间关系，建立了密度—核磁测井组合法、视孔隙度差值法、最优化多矿物模型法等 3 种浊沸石含量计算方法。

1. 密度—核磁测井组合法

选择密度曲线与核磁有效孔隙度曲线作为敏感参数建立浊沸石含量计算模型。假设完全含水的含浊沸石地层的视骨架密度为 ρ_{ma}，有效孔隙度为 ϕ_e，则根据测井岩石物理体积模型，有以下关系：

$$\rho_b = \rho_{ma}(1-\phi_e) + \rho_f \phi_e \quad (8\text{-}14)$$

上式变形可得视骨架密度为

$$\rho_{ma} = \frac{\rho_b - \rho_f \phi_e}{1-\varphi_e} \quad (8\text{-}15)$$

式中 $\rho_f=1$，故 $\rho_{ma} = \dfrac{\rho_b - \phi_e}{1-\phi_e}$

视骨架密度表征的是地层中除流体之外的岩石的综合密度响应，所以利用式（8-15）的形式，可以将骨架密度分解为

$$\rho_{ma} = \rho_z(1-V_{zfs}) + \rho_{zfs}V_{zfs} \qquad (8-16)$$

式中 ρ_z——除去浊沸石的综合密度响应值，g/cm^3；

ρ_{zfs}——为浊沸石的密度，g/cm^3；

V_{zfs}——为地层中浊沸石的含量，小数。

将上式变形可得浊沸石含量：

$$V_{zfs} = \dfrac{\rho_z - \rho_{ma}}{\rho_z - \rho_{zfs}} \qquad (8-17)$$

由于二叠系内主要造岩矿物为石英和长石，所以上式中 ρ_z 的取值可以利用全岩矿物分析的石英、长石含量做加权平均求得，即：

$$\rho_z = a \cdot \rho_{quartz} + b \cdot \rho_{feldspar} \qquad (8-18)$$

式中 ρ_{quartz}——石英的密度，g/cm^3；

$\rho_{feldspar}$——长石的密度，g/cm^3；

a、b——分别为石英、长石体积百分数计算的权值。

由研究区内多口井样品全岩矿物分析可以获取 ρ_z 的密度值平均为 $2.623g/cm^3$；浊沸石密度值为 $2.260g/cm^3$，因此式（8-17）可以改写得到地层中的浊沸石含量计算公式为

$$V_{zfs} = \dfrac{2.623 - \rho_{ma}}{2.623 - 2.26} \qquad (8-19)$$

将浊沸石测井识别及含量计算方法应用于车排 24 井和沙探 001 井这两口井中，浊沸石含量计算与岩心分析结果相对误差分别为 8.2% 和 3.2%（图 8-49），应用效果良好。

2. 多矿物模型最优化方法

最优化测井解释是根据地球物理学广义反演理论，以环境影响校正后的、较为真实地反映地层特征的实际测井值为基础，根据适当的解释模型和测井响应方程，通过合理选择区域性解释参数与储层参数初始值，反算出相应的理论测井值 $\hat{a}i(x, a)$，并与实际测井值作比较，按非线性加权最小二乘原理建立目标函数[25]。用最优化技术不断调整未知储层参数值 x，使目标函数达到极小值。一旦两者充分逼近了，则此时计算理论测井值所采用的未知量 x 就是充分反映实际储层参数值，即最优化测井解释结果 x'。

与传统测井解释方法相反，最优化测井解释是将所有测井信息、误差及某些地区地质经验综合成一个多维信息复合体。运用数学上的最优化数学方法，综合地进行多维处理，寻求复合体的最优解[26]，从所有可能的解释结果中得到最佳的解释结果（图 8-50）。

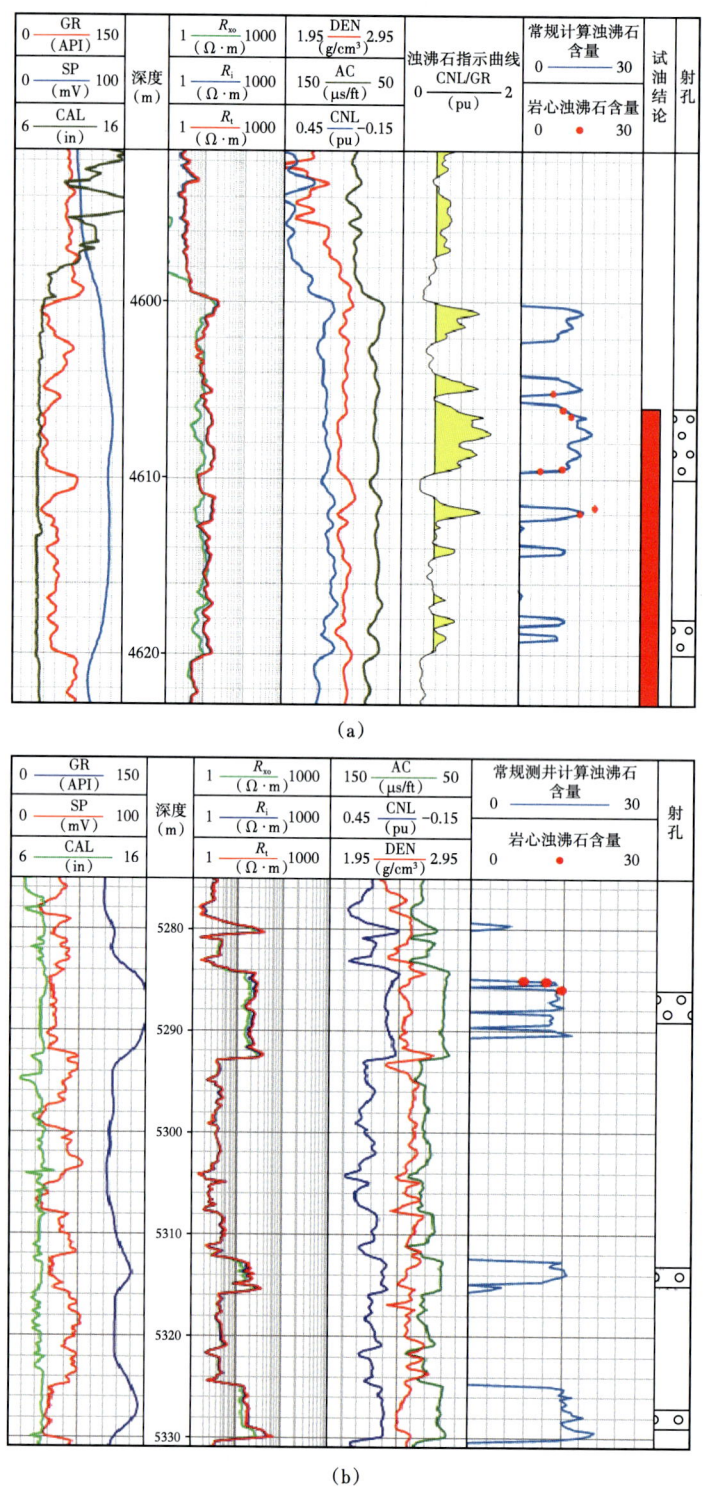

图 8-49　车排 24 井佳木河组（a）、沙探 001 井上乌尔禾组（b）浊沸石含量计算

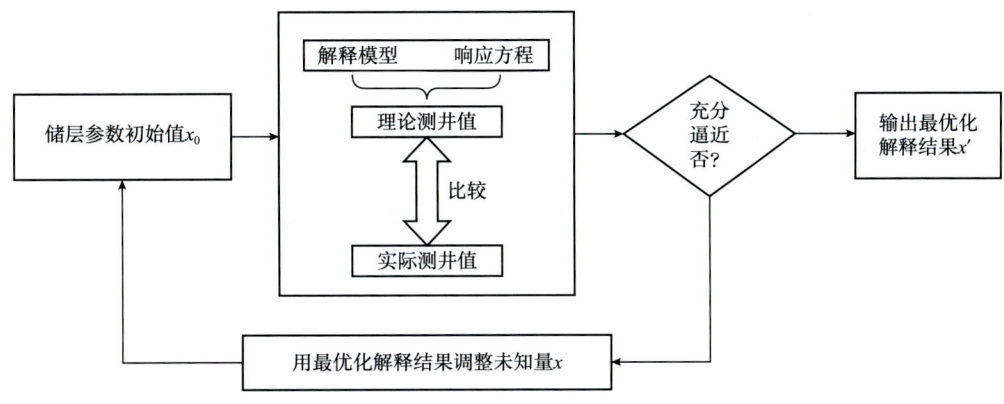

图 8-50 最优化测井解释原理

多参数多矿物模型最优化方法测井处理需要做好输入曲线优选、矿物组合选择以及参数优化。

1）输入曲线优选

输入曲线的选择需要优选对沸石敏感的测井曲线作为输入曲线，根据测井响应特征分析结果，输入曲线包括：中子、密度、声波、自然伽马、深浅电阻率、核磁有效孔隙度等。

2）矿物组合

根据不同岩性层段的测井曲线特征，在砾岩段与泥岩段分别选取不同矿物组合。

砾岩段矿物组分模型：石英、长石、浊沸石、蒙脱石。

泥岩段矿物组分模型：石英、绿泥石、蒙脱石、特殊矿物。

3）矿物测井响应参数优化

选择关键井，首先填入各矿物测井响应特征参数（表8-3、表8-4），计算处理测井曲线，根据处理结果，对照岩心分析数据，优化矿物响应参数，最终达到处理结果与实际储层情况相一致，确定下来各矿物在本地区响应特征参数，应用处理其他井。

表 8-3 砾岩段矿物组分与测井响应参数表

砾岩段	石英	长石	蒙脱石	浊沸石	X oil	X bnd w	X Free w	单位
RHO_COR	2.71	2.95	2.2	2.26	0.6608	0.9884	0.9884	g/cm^3
$TNPH\_COR$	0.1	0.48	0.43	0.353	0.9925	0.9813	0.9813	v/v
DT	52	82	82	52	189	189	189	μs/ft
GR	45	100	80	50	0	0	0	API

表 8-4 泥岩段矿物组分与测井响应参数表

泥岩段	石英	绿泥石	蒙脱石	特殊矿物	X oil	X bnd w	X Free w	单位
RHO_COR	2.71	2.95	2.2	2.13	0.6608	0.9884	0.9884	g/cm^3
$TNPH\_COR$	0.1	0.48	0.43	0.02	0.9925	0.9813	0.9813	v/v
DT	52	82	82	90	189	189	189	μs/ft
GR	45	100	80	50	0	0	0	API

图 8-51 为盐北 4 井利用最优化方法处理结果。第 8、9 道蓝色实线分别为最优化法计算的沸石含量、有效孔隙度。图中上部一套储层的沸石含量及有效孔隙度计算结果与岩心分析数据（杆状图形式表示）基本吻合。下部一套储层（3933~3944m）泥质含量高，计算得到的沸石含量很低，与岩心分析结果吻合；但孔隙度计算结果与岩心分析结果差别较大，分析原因是泥质组分引起的岩心分析数据偏高。

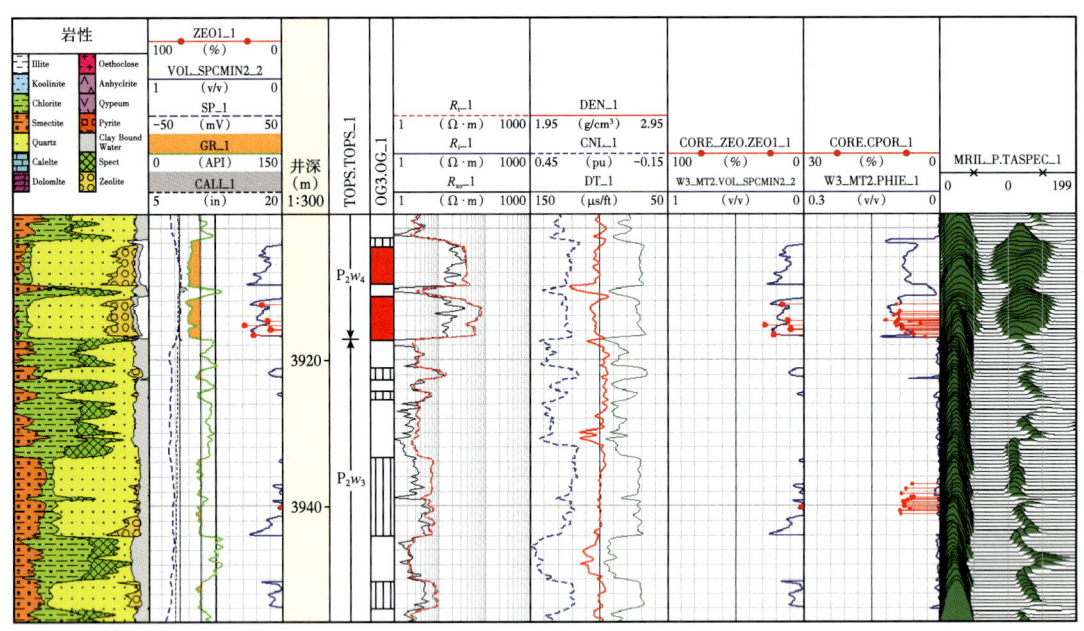

图 8-51　盐北 4 井最优化多矿物模型计算的浊沸石含量与岩心对比

图 8-52 是多矿物模型最优化方法计算浊沸石含量与岩心分析数据对比结果，其中红色实心圆点是两者吻合比较好的数据点，蓝色空心方框是所有岩心分析数据及与之对应的最优化计算浊沸石含量数据点。对于图中斜线上方偏左侧数据点，实际资料分析发现一般都是一套含沸石储层中分析浊沸石含量较低的样品数据点；而对于斜线右侧浊沸石含量高达 30%~50% 的数据点，实际现场岩心观察发现，这样的浊沸石含量数据是明显偏高的，现场岩心中未观察到这样的岩心。

3. 视孔隙度差值法

根据浊沸石测井响应特征，含沸石层具有低密度、高中子、声波时差与不含沸石层基本一致等特征，通过建立中子—声波视孔隙度差值及密度—声波视孔隙度差值与浊沸石含量的关系，构建浊沸石含量测井计算模型。

依据岩心全岩矿物分析的浊沸石含量与两个视孔隙度差值之间相关性分析结果，建立了中子—声波视孔隙度差值、声波—密度视孔隙度差值计算浊沸石含量的模型：

$$V_{zeo} = -0.063 + 1.047 \cdot PHIN\_C - 1.813 \cdot PHIC\_D \quad (8-20)$$

式中　$PHIN\_C$——中子—声波视孔隙度差值，小数；
　　　$PHIC\_D$——声波—密度视孔隙度差值，小数。

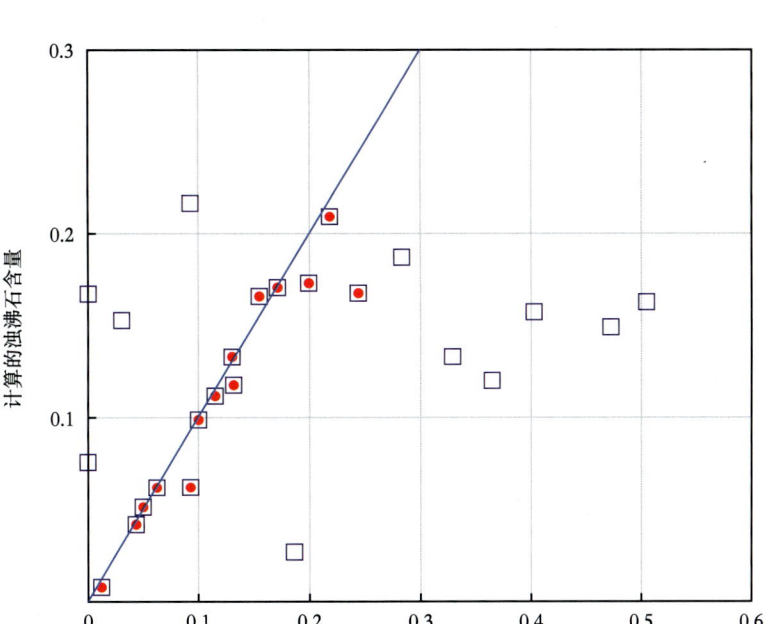

图 8-52　最优化多矿物模型计算的浊沸石含量与岩心对比

玛 217 井 3998~4012m 井段（图 8-53），第 8 道为视孔隙度差值法计算浊沸石含量与岩心分析浊沸石含量对比，该模型计算结果与岩心分析结果吻合较好，与最优化模型计算结果一致性好。

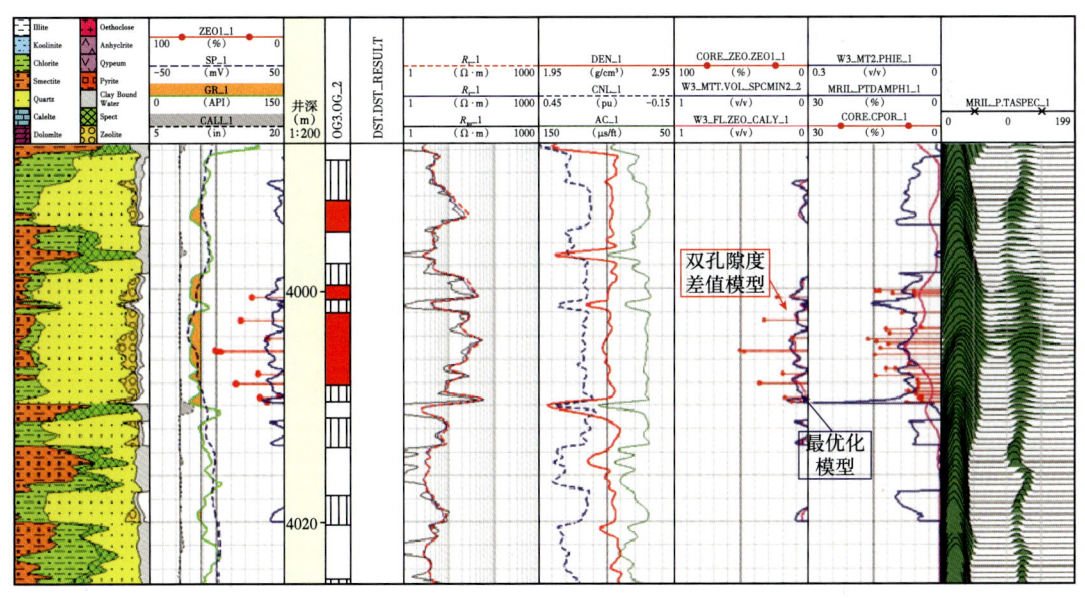

图 8-53　玛 217 井视孔隙度差值法计算沸石含量结果与岩心对比

应用上述三种计算浊沸石含量的方法对研究区内 14 口井测井资料进行了处理，总体上，模型计算值与岩心分析结果相对误差小于 15%，多矿物模型最优化方法计算结果与岩心分析数据吻合最好，视孔隙度差法与最优化模型计算结果基本一致，密度—核磁测井组合法计算结果受地层含泥质影响较大，对于含泥质地层计算浊沸石含量偏高，在无泥质或泥质含量低的地层计算结果与岩心分析结果吻合较好。

五、基于成岩作用表征的含浊沸石砾岩储层分类

1. 成岩作用对含浊沸石砾岩储层的控制作用

含浊沸石砾岩储层主要发育在扇三角洲沉积前缘，砂砾沉积后在早成岩阶段具有较大的粒间孔隙度（图 8-54）。随着上覆沉积物快速增厚，在持续的压实作用下，砾岩的粒间孔隙快速减少，成岩环境逐渐封闭，同时，早期易溶火山碎屑物质大量溶蚀，钾、钠、钙、镁等碱金属离子局部富集，形成封闭性碱性成岩环境。随着埋藏深度的增加及地温梯度的逐渐升高，碎屑物中火山玻璃质等易溶碎屑进一步释放大量碱金属离子，导致沸石类矿物在封闭型碱性成岩环境中大量析出胶结原生孔隙。晚三叠世末至早侏罗世，风城组烃源岩发育较广泛的油气充注过程，浊沸石胶结砾岩在有机酸作用下，发生溶蚀增孔现象，形成大量易溶碎屑颗粒及胶结物次生孔隙。由于储层自身较致密的特点，有机酸溶蚀却不易排出的特点，碱金属离子原地富集，碱性成岩作用恢复增强，形成沸石类及绿泥石等自生黏土矿物的原地充填胶结。综上，成岩作用对含浊沸石砾岩储层的控制作用可以简要表述为：压实作用减孔，浊沸石、泥质胶结减孔，浊沸石溶蚀增孔的过程。

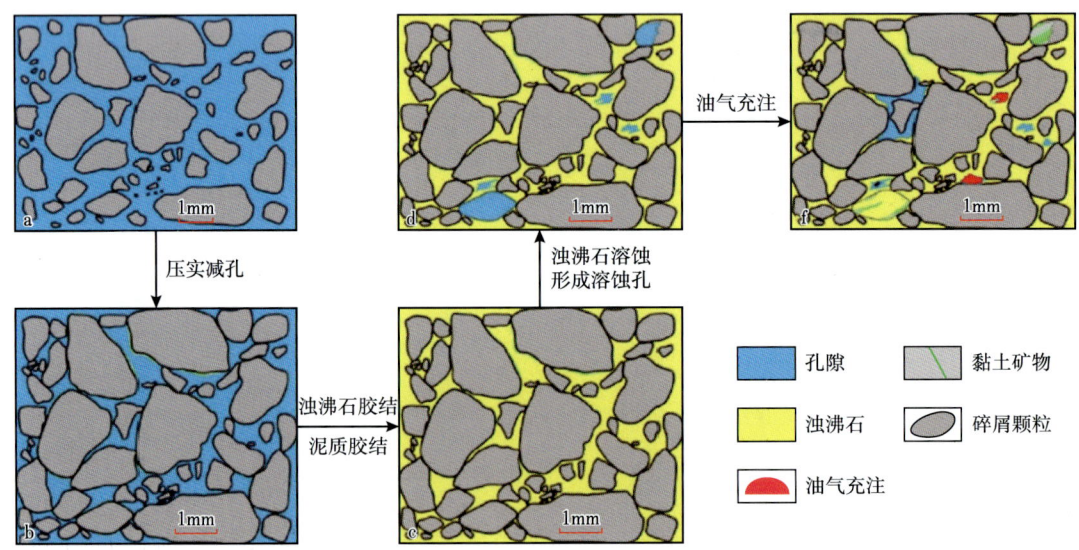

图 8-54 成岩作用对含浊沸石储层物性的控制作用示意图

如前所述，压实、胶结作用控制浊沸石含量、黏土含量，溶蚀作用控制溶蚀孔发育进而控制有效孔隙度，浊沸石含量、黏土含量控制物性进而控制产能。因此，需要对压实作用、胶结作用、溶蚀作用进行测井表征，在此基础上，才能对含浊沸石砾岩储层开展分类研究。

（1）压实作用：压实作用可以导致砾岩原生孔隙中的水被挤压出来，从而导致原生孔隙大量损失。理论认为，地层压实作用越强烈时，声波时差值会呈现逐渐减小的趋势；同时，声波测井在计算地层孔隙度时，需要进行压实程度校正，因此可以用岩心孔隙度刻度声波孔隙度，进而反算出压实校正系数。其具体方法如下，由声波测井计算地层孔隙度：

$$\phi = \frac{\Delta t_{\mathrm{ma}} - \Delta t}{\Delta t_{\mathrm{ma}} - \Delta t_{\mathrm{f}}} \cdot \frac{1}{C_{\mathrm{p}}} \tag{8-21}$$

式中 Δt_{ma}——岩石骨架的声波时差，μs/ft；

Δt——声波测井测量时差，μs/ft；

Δt_{f}——流体的声波时差，μs/ft；

C_{p}——压实校正系数。

当地层压实作用越强烈，C_{p} 就越大，反之就越小。合适的压实校正系数可以使声波孔隙度被校正到与岩心孔隙度相等。因此，可以利用岩心孔隙度或者核磁有效孔隙度作为式（8-21）中的 ϕ，反算得到压实校正系数：

$$C_{\mathrm{p}} = \frac{\Delta t_{\mathrm{ma}} - \Delta t}{\Delta t_{\mathrm{ma}} - \Delta t_{\mathrm{f}}} \cdot \frac{1}{\phi} \tag{8-22}$$

（2）胶结作用：通过岩石薄片观察发现，黏土矿物和浊沸石作为胶结物普遍充填在砾岩岩石颗粒之间，胶结作用虽然保留原生粒间孔隙，但胶结物占据了孔隙空间，同时岩石也变得更加致密。因此胶结作用强弱就需要用浊沸石含量及黏土矿物含量来评价。浊沸石含量计算模型前文中阐述，此处不再赘述。

（3）溶蚀作用：二叠系砾岩多由中基性火山碎屑组成，浊沸石则多是在钾、镁、钙等富含碱金属流体的碱性环境下形成的碱性矿物。当有机质排酸并运移到含浊沸石的砾岩储层后，有机酸便会对中基性的火山碎屑和浊沸石进行溶蚀，进而形成溶蚀孔。浊沸石的溶蚀是储层形成次生孔隙进而改善储层物性的关键因素。声波测井受到岩石骨架和粒间孔隙的影响，而核磁共振能够提供不受岩性影响的孔隙度曲线，因此选用核磁有效孔隙度与声波时差孔隙度的差值可以表征溶蚀孔。

2. 基于成岩作用表征的含浊沸石砾岩储层分类方法

基于上述成岩作用的测井表征方法，对研究区内15口井二叠系含浊沸石砾岩储层进行储层测井分类评价，形成了浊沸石含量与储层物性、成岩作用综合关系。按照成岩作用，可以将浊沸石含量与核磁有效孔隙度交会图［图8-55（a）］分为3个区域：①区域，由于强烈压实作用，导致原生孔隙大量减少，浊沸石胶结缺乏孔隙空间，基本无溶蚀孔，基质物性差，因此导致产能差；②区域，压实作用较弱，为浊沸石生成预留了原生孔隙空间，浊沸石形成后由于有机酸的强烈溶蚀形成大量的溶蚀孔，这一类储层物性最好，试油后可以形成工业油气流；③区域为中等压实的岩石，保留一定量的原生孔，浊沸石大量胶结后，由于溶蚀作用不够强烈，溶蚀孔较少，这类储层物性中等—差，产能中等—差。表8-5给出了含浊沸石砾岩储层三类储层的具体分类指标。

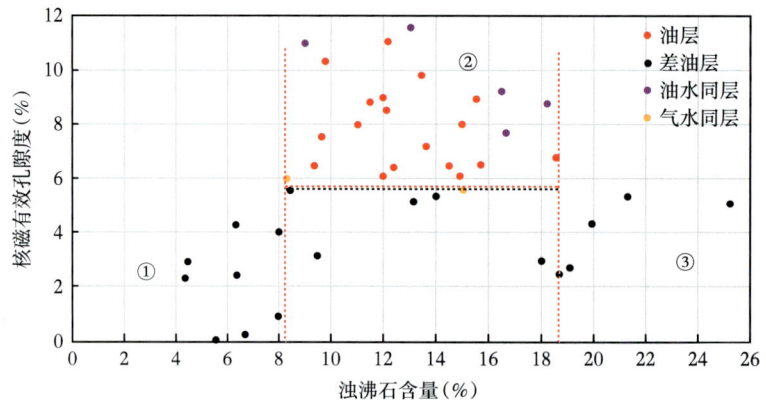

(a)浊沸石含量与核磁有效孔隙度交会图

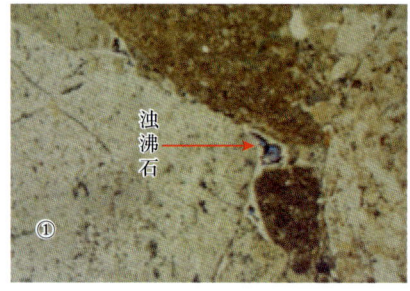

(b)强压实作用,少量浊沸石,孔隙度=4.1%

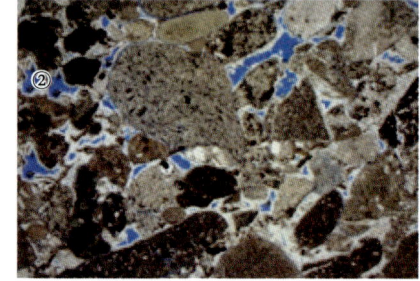

(c)弱压实,中量浊沸石,大量溶蚀孔,孔隙度=15.2%

(d)中等压实,大量浊沸石,少量溶蚀孔,孔隙度=5.4%

图 8-55　浊沸石含量与储层物性、成岩作用综合关系图

表 8-5　玛湖凹陷二叠系含浊沸石储层分类方案

成岩相	压实作用	胶结作用		溶蚀作用	核磁共振有效孔隙度（%）	日产液量（m³）	典型井
	压实系数	黏土含量（%）	浊沸石含量（%）	溶蚀孔隙度（%）			
强压实、弱胶结、弱溶蚀	2.55~3	0.5~2	0~0.85	<2	<6	<5	玛东2
强压实、中等胶结、强溶蚀	1.3~2	0.5~3	8.5~18.5	2~8	>5.8	>10	玛湖11、玛湖22、玛湖40、
中等压实、强胶结、中—弱溶蚀	2~2.55	3~6	18.5~25	2~3	2.2~7	<10	玛湖10、玛湖16、玛湖32

第三节 超压砾岩储层测井评价

据不完全统计，世界上有180个沉积盆地发育超压地层体系，其中油气分布与超压存在因果关系的约有160个[27]，而我国有30多个地区或盆地发育超压，并在超压层系中发现大量油气[28]。随着勘探开发程度加大，准噶尔盆地油气藏勘探开发对象日趋复杂，在盆地环玛湖凹陷陆续发现三叠系百口泉组和二叠系上、下乌尔禾组等多套超压地层体系。超压储层具有物性相对好、产能高的特点[29-30]，成为寻找优质储层的重点勘探领域之一。开展超压储层成因机理、测井响应特征及识别方法、超压对储层物性的影响及其油气赋存关系等方面的研究对指导下一步勘探开发具有重要的意义。

一、地质概况及储层特征

1. 地质概况

玛湖1井区二叠系上乌尔禾组是准噶尔盆地内典型的超压砾岩油藏。该井区所处的中拐凸起形成于石炭纪末期，为向南东倾伏、向北西抬升的大型鼻状构造。二叠系各层组依次超覆在石炭系之上。二叠纪末期抬升加剧，隆起顶部的石炭系、二叠系遭受剥蚀。玛湖凹陷南斜坡区石炭纪末至二叠纪，盆地西北缘—玛湖凹陷进入前陆发展阶段，至三叠纪形成统一的内陆坳陷盆地。玛湖凹陷南斜坡区整体为一大型的单斜构造，地层倾角3°~5°，地层倾向东南，局部发育低幅度鼻凸。该区发育近东西向断裂，形成于印支期，喜马拉雅期部分断裂再次活动，主要受凹陷发育时期压扭剪切应力作用，断裂性质以走滑为主，平行展布，断面较陡直，同时发育与走滑断裂相伴生的羽状断裂，形成时期与走滑断裂相同，平面上与走滑断裂呈锐角交切关系，规模较小。

该地区处于盆地边缘与中心的过渡带，既接受了大量的边缘粗碎屑沉积，同时也接受了大量湖相泥岩沉积。二叠纪至白垩纪沉积演化过程中，由二叠系冲积扇、扇三角洲的近湖泊沉积，到三叠系的砾质辫状河、三角洲、湖泊沉积，以及侏罗系的扇三角洲、三角洲、湖泊沉积，最终到白垩系的三角洲、湖泊细碎屑、泥岩沉积，几经水进水退，在斜坡区形成了丰富的储集砂体，既有砾岩，也有砂岩，从而形成了多种储盖组合类型，为油气成藏奠定了基础。

玛湖1井区紧邻玛湖凹陷生烃中心，具备良好的成藏条件。玛湖凹陷是准噶尔盆地重要的生烃区之一，二叠系内部发育佳木河组、风城组、下乌尔禾组三套烃源层。根据玛湖013井二叠系上乌尔禾组油源地化分析，原油Pr/Ph小，略大于1，Pr/C_{17}与Ph/C_{18}低，含低丰度的β-胡萝卜烷，表明其母质形成于弱还原环境；萜烷组成以三环萜为主，五环藿烷含量极低；原油碳同位素偏轻。地化特征表明，该区二叠系上乌尔禾组油藏原油主要来自玛湖凹陷高成熟的风城组烃源岩，下乌尔禾组烃源岩也有贡献。

2. 储层特征

玛湖1井区二叠系上乌尔禾组主要发育扇三角洲前缘亚相沉积，储层岩性主要为（深）灰色、绿灰色、褐灰色砾岩。根据42块岩石薄片资料统计结果，砾石成分主要为凝灰岩（平均含量40.5%），其次为沉积岩岩屑（平均含量35.0%），中酸性喷出岩岩屑（平均含量24.5%）。砂岩成分石英含量平均2.5%，长石3.1%，凝灰岩岩屑89.9%，沉积岩岩屑1.3%，中酸性喷出岩岩屑 3.2%。砾石粒径在 2~35mm 不等，多为次棱角—次圆状，分选差，颗粒支撑。储层填隙物主要为泥质，极少量的绿泥石；胶结物以黏土、硅质和方解石为主，少量的黄铁矿，胶结程度中等—致密。

据玛湖 1 井区上乌尔禾组 368 块样品孔隙度分析，储层孔隙度范围在 3.10%~14.30%，中值为 6.25%；311 块样品渗透率分析，渗透率范围在 0.018~959mD，中值为 1.88mD。据本区上乌尔禾组 226 块油层段样品分析，孔隙度范围在 6.10%~14.30%，中值为 7.32%；185 块油层段样品渗透率分析，渗透率范围在 0.018~959mD，中值为 2.20mD，属于特低孔、特低渗储层。

玛湖 1 井区二叠系上乌尔禾组 18 个铸体薄片资料分析表明，储层发育原生和次生孔隙，原生孔隙为剩余粒间孔，次生孔隙主要为粒间溶孔和粒内溶孔，少量的界面缝。荧光薄片反映油气主要赋存于粒间孔和溶孔内。压汞资料显示，本区上乌尔禾组储层毛细管压力曲线主要为偏细歪度，排驱压力变化较大，孔隙分选性中等，以微孔、细—微细孔喉为主，排驱压力 0.02~1.51MPa，平均为 0.29MPa；饱和中值压力 0.12~18.79MPa，平均为 9.58MPa；饱和中值半径 0.04~6.22μm，平均为 0.47μm；最大进汞饱和度 51.5%~84.3%，平均为 62.0%。

二、超压砾岩油藏成因分析

1. 地层异常压力分布特征

根据 100 余口不同深度、不同层位的试油实测地层压力资料，建立了玛湖凹陷地层压力与深度的关系（图 8-56）。玛湖凹陷侏罗系及以上地层基本为常压，三叠系、二叠系地层压力由正常压力逐渐过渡为异常高压，最高压力系数达到 1.65，横向受泥岩厚度影响，超压程度差异较大。

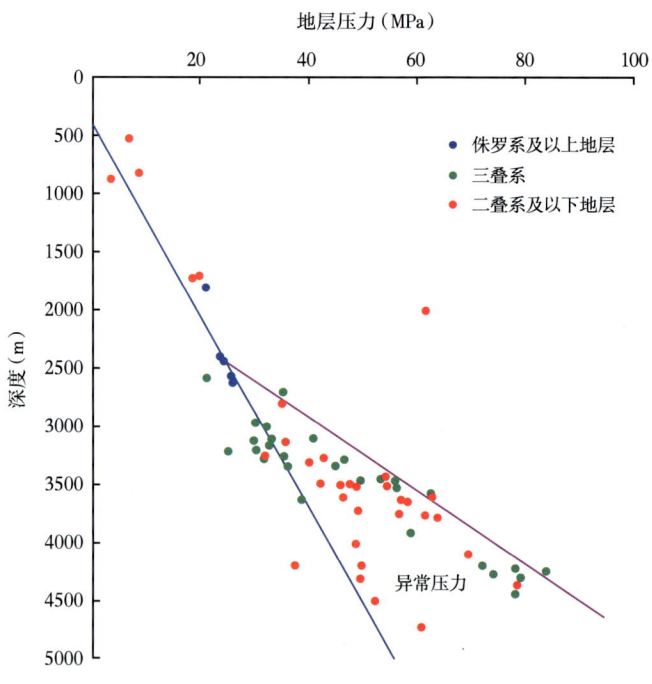

图 8-56　玛湖凹陷现今地层压力垂向分布特征图

2. 超压地层成因分析

超压形成机制多样[31]，包括机械压实、化学溶解与沉淀、流体热膨胀、有机质生烃和裂解、黏土矿物脱水、构造作用（如侧向挤压等）、承压作用、古压力、流体注入及气水密度差等10余种形式。学者研究认为，流体热增压和矿物转化脱水作用很难成为异常高压形成的主要因素，构造挤压作用、快速沉积引起的欠压实作用和烃类的生成作用是全球典型超压盆地异常高压形成的主因，他源超高压传导作用可以改变某一地区中—浅部地层异常高压的分布。快速沉积的厚层泥岩内部压实与排水不平衡，孔隙水支撑一部分上覆岩石的重力，造成泥岩内部孔隙度和孔隙流体压力偏大，形成异常高压。由此可见，这种异常高压的形成条件是泥岩的沉积厚度大，沉积速率高[32]。

玛湖凹陷在二叠纪是沉降中心，三叠纪初的沉降中心南移，玛湖凹陷只是邻近沉降中心，凹陷内部沉积有厚层湖相泥岩。通过选取玛南斜坡区三叠系白碱滩组厚层泥岩（图8-57中顶部蓝色部分）为正常压实基准，由上而下建立了三叠系白碱滩组、克拉玛依组、百口泉组及二叠系上乌尔禾组泥岩段声波随深度变化关系。从不同地层泥岩段声波时差曲线可知，地层的超压程度与泥岩的厚度存在联系。图8-57（a）显示的MH2井泥岩厚度小，声波时差偏移小，反映了地层的欠压实程度低，实测地层压力系数1.05；图8-57（c）显示MH15井泥岩厚度大，声波时差异常增大，反映了地层超压程度高，实测地层压力系数1.55。因此，泥岩声波时差曲线存在异常偏大现象，说明玛湖凹陷二叠系上乌尔禾组泥岩，即图8-57中黄色以下部分存在欠压实现象。快速沉积欠压实作用是玛湖凹陷异常高压形成的主要因素。

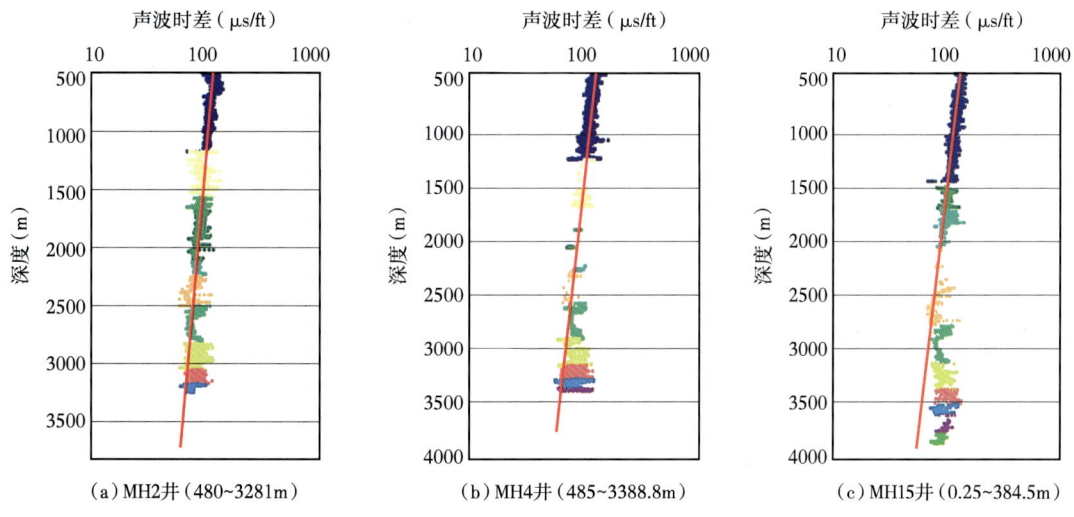

图 8-57 玛湖凹陷声波时差与深度的关系图

三、超压砾岩储层测井评价方法

1. 超压砾岩储层测井响应特征分析

超压带中泥岩异常高的声波时差和低电阻率在解释由欠压实引起的异常高压现象时符合了人们对这种物理现象因果关系的一般理解，因为泥岩压实不平衡意味着对应高孔隙度、低岩石密度和高地层水含量。早在 20 世纪七八十年代，许多学者利用测井响应成功地解释了由欠压实导致的异常高压现象，指出超压泥岩中的声波时差和视电阻率可能反映了超压引起的泥岩本身的结构变化，并可能是流体超压的直接响应，而不是高孔隙度异常的响应，并解释了压实地层超压带出现高声波时差（低纵波速度）和低电阻率响应的原因：①超压带中泥岩的高声波时差可能是由于超压泥岩中含气和水的微裂隙降低了声波的传播能力；②超压带中泥岩的低电阻率可能是因为超压导致泥岩中形成大量的微裂隙，从而增加了超压泥岩中束缚水的相互联系致使电阻率降低[33]。

玛湖 1 井区二叠系上乌尔禾组的超压带中的泥岩、砾岩均具有高声波时差的特征，其中，砾岩的异常幅度相对较小，研究认为低声速异常可能是孔隙流体超压导致颗粒间有效应力减小直接引起的。超压地层首先是由于泥岩的欠压实造成的，声波时差增大，泥岩电阻率降低，表现为地层压力升高。由表 1 可见，地层压力系数与声波时差呈正向关系，超压越强，地层压力越高，声波时差越大。地层压力系数与泥岩的电阻率呈逆向关系，地层压力越高，泥岩的电阻率越低。因此，可以通过泥岩的电阻率和声波时差来识别储层的超压程度。

表 8-6　测井曲线与地层压力系数统计表

层号	泥岩电阻率（Ω·m）	声波时差（μs/ft）	地层压力系数
1	3.55	70.3	1.002
2	2.48	69.0	1.052
3	2.48	69.3	1.232
4	2.50	73.5	1.332
5	1.95	67.0	1.336
6	1.50	72.9	1.492
7	1.69	78.2	1.543

2. 超压砾岩储层渗透率计算方法

相对于常规油气藏而言，超压地层快速堆积，储层泥质含量高，有效孔隙度低，但渗透性比正常压实的储层高数十倍至数百倍，Coates、SDR 等渗透率计算模型在超压储层渗透率计算中效果不太理想，因此，亟须构建适应超压砾岩储层的渗透率测井评价方法。

1）超压对砾岩储层的影响

玛湖凹陷二叠系乌尔禾组超压发育，超压对储层的影响主要表现在以下三方面：①超压滞缓孔隙流体运动，减缓或抑制成岩作用，保留大量原生孔隙；②超压支撑部分上覆岩体的负荷，减少地层的有效应力，减缓超压层的压实作用，保留原始储集空间；③超压使上覆封隔层和围岩发生破裂，形成微裂缝，增加储集空间，改善储层连通性，提高储层的渗透性。

超压层内部的砾岩明显具有高渗透率特征，从图 8-58 铸体薄片分析，支撑砾岩保留了储层粒间孔隙，超压使砾面孔"撑开"，储层孔隙结构发生了变化，地层"存储孔"与"连通孔"大于正常压实地层，增强了储层的连通性，渗透率提高数百倍。储层砾面孔隙发育，具有孔隙和微细裂缝的双重孔隙结构特征，储层的连通性好，克服毛细管阻力小，在核磁上表现为大孔隙的结构特征，毛细管孔隙小，形成了高渗透性储层。从玛湖凹陷乌尔禾组3口井不同压力储层孔渗对比看出，由于超压储层有效孔隙度低，平均在6%左右，正常压实的储层孔隙度平均在9%，但渗透性比正常压实的储层高的多。正常压实的储层的孔隙度、渗透率关系的斜率比超压储层的隙度、渗透率关系的斜率小，超压越强，储层的渗透性越好（图8-58）。上述分析表明，超压储层的孔隙结构与渗透性受超压作用控制明显，超压越强，储层的渗透性越好，含油性越好。

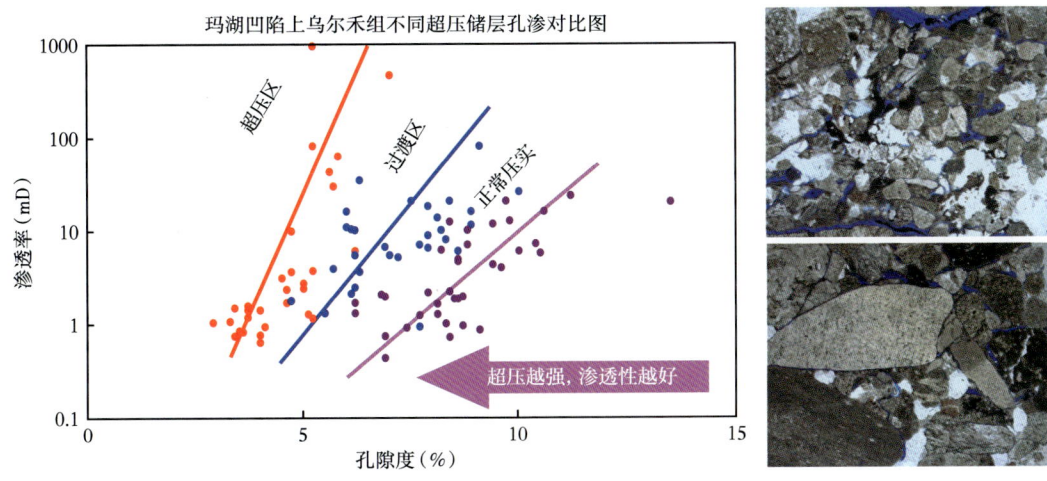

图8-58　不同储层孔渗分析对比图

2）超压物性指数（P_i）

欠压实成因超压条件下，地层存储孔与连通孔大于正常压实地层，超压增加了储层空间，改善了储层的渗流能力[34]。因此，超压强度是油气形成和储层产能的主控因素，据此构建了超压储层的物性表征方法。通过分析地层压力系数与声波时差及超压泥岩电阻率具有较好的关系，建立了超压物性指数（P_i）与地层压力关系公式（式8-23、式8-24）。超压物性指数反映了储层的品质好坏，同时也反映了储层超压程度，表现为储层的超压越强，储层的物性越好，储层的含油性越高（图8-59）。

$$P_i = \frac{DT}{R_{sh}} \tag{8-23}$$

$$P_i = a\rho - b \tag{8-24}$$

式中　a——相关系数；
　　　b——常数；
　　　P_i——超压物性指数；
　　　DT——储层声波时差值，μs/ft；
　　　R_{sh}——相邻的泥岩电阻率值，Ω·m；
　　　ρ——地层压力系数。

超压物性指数反映了储层的品质好坏，同时也反映了储层超压程度，表现为储层超压越强，储层的物性越好，储层的含油性越好。

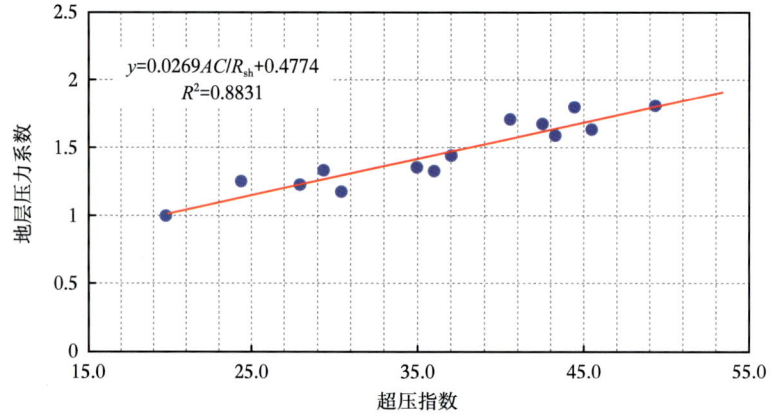

图 8-59　超压物性指数与地层压力系数交会图

利用超压物性指数能定量评价地层超压程度，超压越强储层品质越好，如图 8-60 所示，MH016 井为典型的超压层，超压指数为 40，指示地层压力系数约为 1.7，该段试油压裂后 2.5mm，日产油 10.65t，地层压力系数为 1.85。

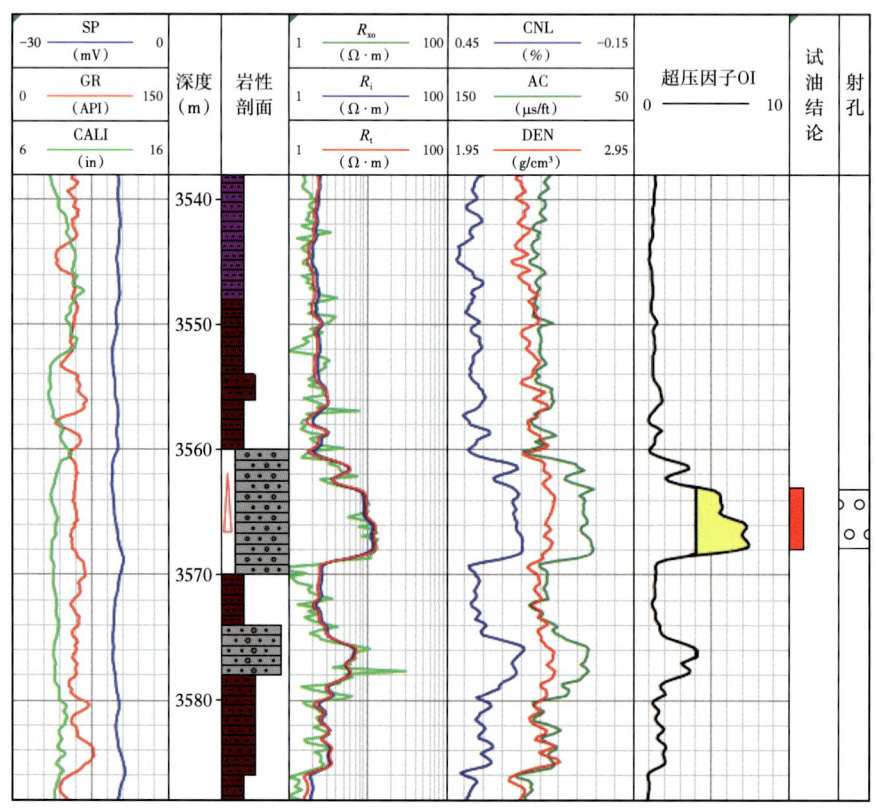

图 8-60　MH016 井乌尔禾组超压井段综合测井图

3）超压砾岩储层渗透率计算方法

采用Coates渗透性模型和SDR弛豫时间渗透性模型分别计算超压砾岩储层的渗透率，计算结果与岩心分析渗透率具有较大的误差。Coates模型中，束缚水的确定方法对渗透率的计算结果有很大的影响。当孔隙中含有轻烃，特别是天然气时，束缚水与自由流体均需做含烃及含氢指数校正。此外，系数C有很强的地区经验性，需要由实验确定。SDR模型不受束缚水模型的影响，但岩石孔隙中含有烃时，T_2分布的几何平均值会发生变化，使估算的渗透率也不一样，并且不能做含烃校正。

鉴于上述渗透率计算方法的不适用性，根据渗透率与孔隙结构、地层超压有关的特点，开展了地层超压与渗透率关系研究，形成了一种新的超压砾岩储层计算渗透率方法。基于超压储层渗透率的主控因素为储层的超压强度和储层孔隙结构，在SDR模型的基础上，引入了超压物性指数和储层孔隙结构指数，构建了新的核磁处理渗透率模型（式8-25）：

$$K = A\left(\frac{\phi}{100}\right)^4 \times T_{2gm}^2 \times P_i \times f_i \quad (8-25)$$

式中 K——SDR超压模型计算的渗透率，mD；

T_{2gm}——T_2谱的几何平均值，ms；

P_i——超压物性指数；

f_i——孔隙结构指数。

核磁共振测井曲线测量值综合反映孔隙结构指的变化，孔隙结构指数f_i为核磁可动烃孔隙度与有效孔隙度之比（ϕ_f/ϕ_e），因此，式（8-26）可写为

$$K = A\left(\frac{\phi}{100}\right)^4 \times T_{2gm}^2 \times \frac{DT}{R_{sh}} \times \frac{\phi_f}{\phi_e} \quad (8-26)$$

式中 A——经验系数，由岩心数据刻度。

采用SDR超压模型［式（8-26）］对玛湖013井渗透率重新计算，结果如图8-61所示。玛湖013井乌尔禾组第一套储层为超压层，深度为3641.1~3656.3m，SDR超压模型计算的渗透率分布在1.13~82.8mD，平均为20.03mD，为优质储层。该段试油初期日产达100.1t，目前稳定日产27.9t，在基质孔隙度不高的情况下，渗透率对产量起决定作用。该井3682~3690.3m的第二套常压储层目前稳定日产8.38t。超压段SDR超压核磁渗透率模型计算结果与岩心分析值对应很好，在常压段也较为一致，因常压段地层压力系数约为1，SDR超压模型渗透率计算结果与SDR传统模型相当。

采用新模型对玛湖凹陷二叠系乌尔禾组5口井超压储层进行了渗透率计算（图8-62），将解释结果与岩心分析渗透率进行了对比分析，二者相关系数达到0.9565。SDR超压模型考虑了超压程度对储层渗透率的影响，克服了常规方法的不足，提高了渗透率计算的可靠性。

3. 超压砾岩储层分类方法

基于对超压储层的认识，提出了超压物性指数与孔隙结构指数相结合的储层分类方

法。超压泥岩电阻率的大小与储层产能具有较好相关性（图 8-63 左上），泥岩电阻率越低，超压越强，产能越高；超压储层声波时差的大小与储层产能具有较好相关性（图 8-63 左中），声波时差越大，超压越强，产能越高；超压储层物性指数的大小与储层产能具有较好相关性（图 8-63 左下），超压物性指数越大，超压越强，产能越高。据此，通过核磁共振测井的可动流体孔隙度与有效孔隙度之比构建的孔隙结构指数与储层超压物性指数建立了储层分类方法，依据产能大小，将储层分为 4 类，构建的储层分类图版符合率 100%（图 8-63 右）。

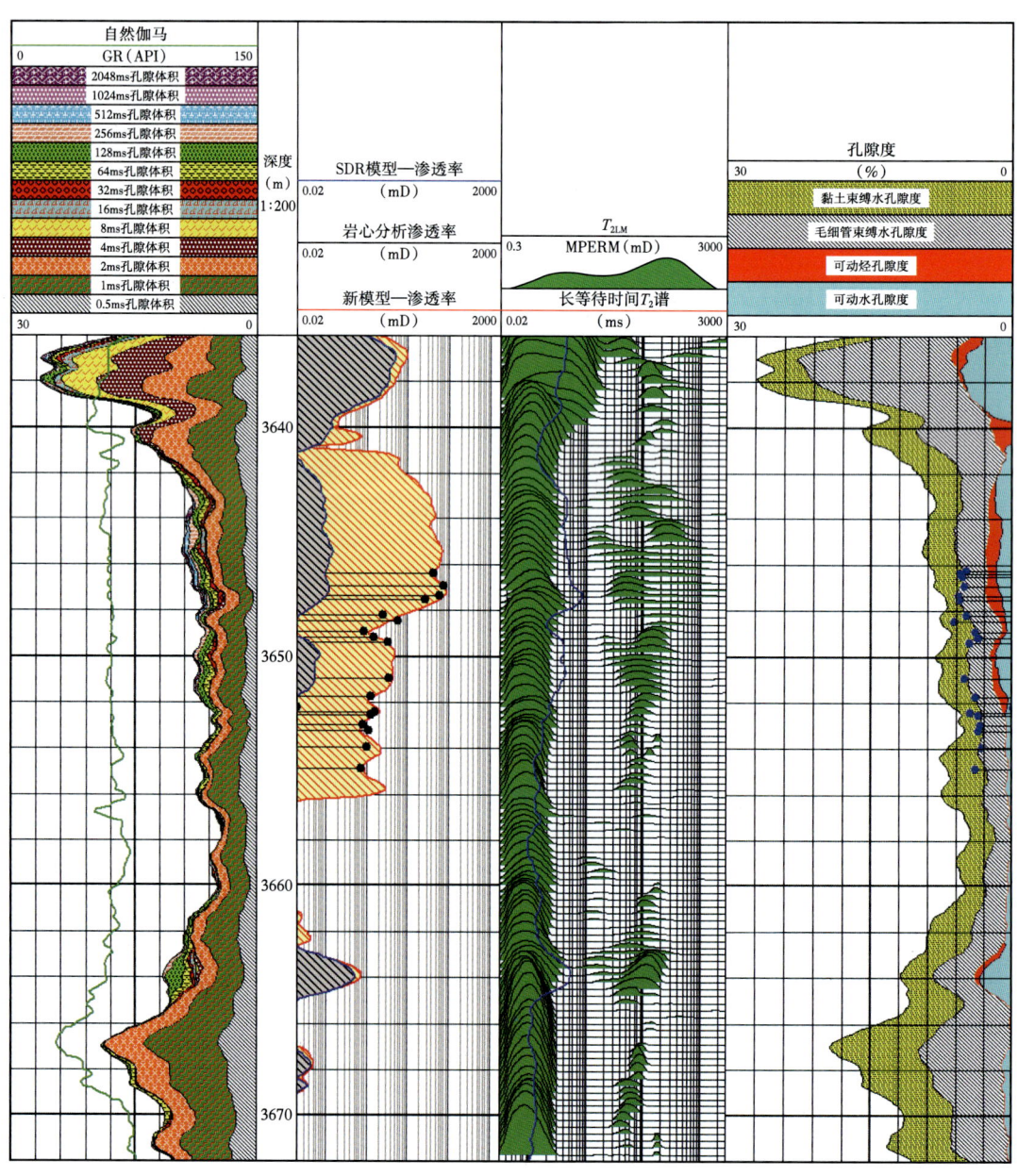

图 8-61　SDR 超压模型核磁渗透率处理成果对比图（玛湖 013 井）

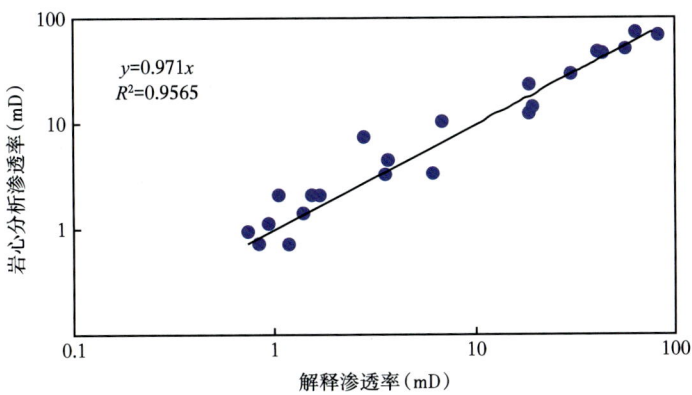

图 8-62　岩心分析渗透率与 SDR 超压模型计算渗透率对比图

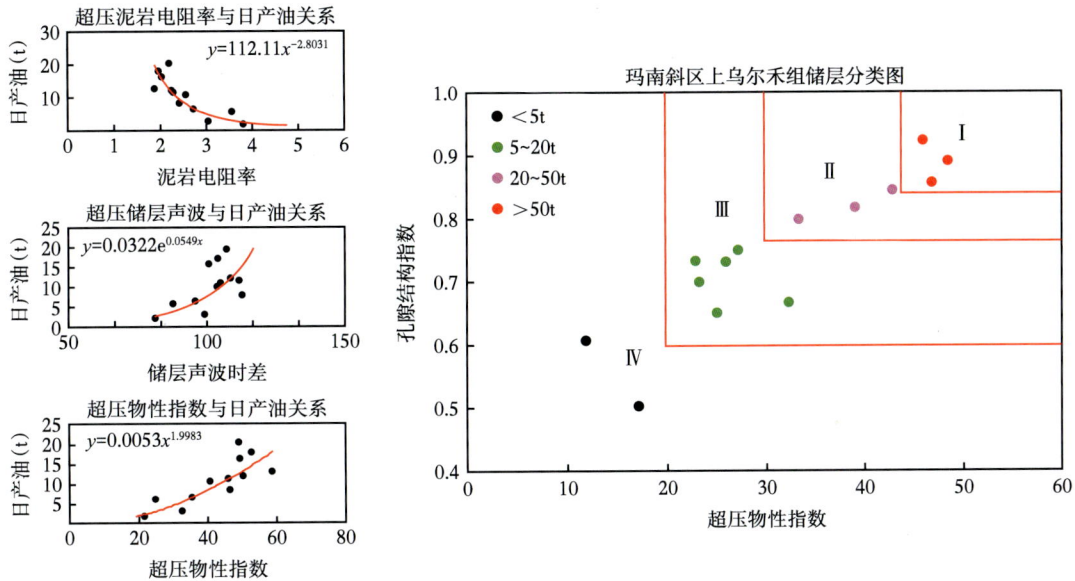

图 8-63　上乌尔禾组储层产能分析与储层分类图

参 考 文 献

[1] Stasuik L D.The Origin of Pyrobitumens in Upper Devonian Leduc Formation Gas Reservoirs, Alberta, Canada: An Optical and EDS Study of Oil to Gas Transformation[J].Marine & Petroleum Geology, 1997, 14（7-8）: 915-929.

[2] Hwang R J, Teerman S C, Carlson R M.Geochemical comparison of reservoir solid bitumens with diverse origins[J].Organic Geochemistry, 1998, 29（1）: 505-517.

[3] 苏圣民, 蒋有录, 刘玉虎.松辽盆地梨树断陷下白垩统储层沥青特征及其与油气成因的关系 [J].天然气工业, 2023, 43（2）: 44-55.

[4] 陈强路, 范明, 尤东华.塔里木盆地志留系沥青砂岩储集性非常规评价[J].石油学报, 2006, 27(1): 30-33.

[5] 陈世加，王明筱，路俊刚，等.沥青对储层物性及油层产能的影响[J].西南石油大学学报（自然科学版），2010，32（2）：1-6+193.

[6] 黄文明，徐邱康，刘树根，等.中国海相层系油气成藏过程与储层沥青耦合关系：以四川盆地为例[J].地质科技情报，2015，34（6）：159-168.

[7] 田兴旺，胡国艺，李伟，等.四川盆地乐山—龙女寺古隆起地区震旦系储层沥青地球化学特征及意义[J].天然气地球科学，2013，24（5）：982-990.

[8] 陈哲龙，柳广弟，曹正林，等.储层沥青成因及其石油地质意义——以准噶尔盆地玛湖凹陷百口泉组为例[J].中国矿业大学学报，2018，47（2）：391-399.

[9] 纪友亮.固态沥青对储层储集性能的影响[J].石油勘探与开发，1995，22（4）：87-91.

[10] Saidian M, Rasmussen T, Nasser M, et al.Qualitative and Quantitative Reservoir Bitumen Characterization: A Core to Log Correlation Methodology[J].Interpretation-A Journal of Subsurface Characterization, 2015, 3（1）: 142-157.

[11] 殷榕，赖强，吴煜宇，等.碳酸盐岩储层沥青质测井识别与孔隙度校正——以四川盆地安岳气田龙王庙组为例[J].天然气勘探与开发，2022，45（2）：31-38.

[12] 操应长，姜在兴，夏斌，等.声波时差测井资料识别层序地层单元界面的方法、原理及实例[J].沉积学报，2003（2）：318-323.

[13] 杨红霞，陈雪昆，田雨桐，等.玛湖凹陷斜坡区下乌尔禾组沸石类矿物形成机理[J].新疆石油地质，2019，40（6）：658-665.

[14] 吴和源，唐勇，孙玮，等.准噶尔盆地中拐凸起二叠系佳木河组砂砾岩沸石胶结特征及其成岩机制分析[J].岩石矿物学杂志，2018，37（1）：75-86.

[15] 朱世发，朱筱敏，王绪龙，等.准噶尔盆地西北缘二叠系沸石矿物成岩作用及对油气的意义[J].中国科学：地球科学，2011，41（11）：1602-1612.

[16] 万敏.中拐凸起二叠系致密砂砾岩储层的成因及有利区块预测[J].新疆石油天然气，2011，7（4）：17-20+105-106.

[17] 杨晓萍，裘一楠.鄂尔多斯盆地上三叠统延长组浊沸石的形成机理、分布规律与油气关系[J].沉积学报，2002，20（4）：628-632.

[18] 许琳，常秋生，张妮，等.玛东地区下乌尔禾组储层成岩作用与成岩相[J].新疆石油地质，2019，

[19] 付爽，庞雷，许学龙，等.准噶尔盆地玛湖凹陷下乌尔禾组储层特征及其控制因素[J].天然气地球科学，2019，30（4）：468-477.

[20] 美国斯伦贝谢测井公司.测井解释常用岩石矿物手册[M].吴庆岩，张爱军，译.北京：石油工业出版社，1998.

[21] 连丽霞，杨红霞.准噶尔盆地西北缘中拐地区二叠系沸石类矿物对储层的影响[J].地质论评，2017，63（Sl）：91-94.

[22] 孙惠敏.含沸石储层测井评价方法研究[D].中国石油大学（北京），2018.

[23] 洪有密.测井原理与综合解释[M].山东东营：中国石油大学出版社，2007.

[24] 毛锐，许琳，房涛，等.核磁共振测井在低渗砾岩储层评价中的应用——以玛湖凹陷下三叠统百口泉组为例[J].新疆石油地质，2018，39（2）：114-118.

[25] Jiang, M, An, H, Gao, X, et al. Consumption-based multi-objective optimization model for minimizing energy consumption: A case study of China[J]. Energy, 2020, 208: 118384.

[26] Cheng L, Prasad M, Michelena R J, et al., 2020, Using rock-physics models to validate rock composition from multimineral log analysis[J].Geophysics: Journal of the Society of Exploration Geophysicists, 2022, 2: 87.

[27] Shi W Z, Xiw Y H, Wang Z F, et al.Characteristics of overpressure distribution and its implication for

hydrocarbon exploration in the Qiongdongnan Basin[J].Journal of Asian Earth Science, 2013, 66（8）: 150-165.
[28] 马启富, 陈斯忠, 张启明, 等. 超压盆地与油气分布 [M]. 北京: 地质出版社, 2000: 1-30.
[29] 金秋月, 何生, 卢梅. 渤海湾盆地车镇凹陷超压特征与油气赋存关系 [J]. 地质科技情报, 2015, 34 (3): 113-118.
[30] 冯志强, 张顺, 冯子辉. 在松辽盆地发现"油气超压运移包络面"的意义及油气运移和成藏机理探讨 [J]. 中国科学: 地球科学, 2011, 41 (12): 1872-1883.
[31] 薛冈, 管路平, 王良书, 等. 盆地超压地层识别方法——以四川盆地通南巴构造带为例 [J]. 地球物理学进展, 2004, (3): 645-651.
[32] 高岗, 黄志龙, 王兆峰, 等. 地层异常高压形成机理的研究 [J]. 西安石油大学学报, 2005, 120 (1): 1-7.
[33] 何生, 何治亮, 杨智, 等. 准噶尔盆地腹部侏罗系超压特征和测井响应以及成因 [J]. 地球科学, 2009, 34 (3): 457-470.
[34] 冯冲, 姚爱国, 汪建富, 等. 准噶尔盆地玛湖凹陷异常高压分布和形成机理 [J]. 新疆石油地质, 2014, 35 (6): 640-645.